# 岩土钻凿工具用钢

肖上工　孙莎莎　马建祎　徐随成　编著

北　京
冶　金　工　业　出　版　社
2025

## 内 容 提 要

本书较为系统地介绍了岩土钻凿工具用钢（如锥体连接钎杆、整体钎杆用钢，凿岩钻车用螺纹连接钎杆用钢，镐钎用钢，凿岩钎（钻）头用钢，螺纹钎具连接套用钢，凿岩机钎尾用钢，矿用牙轮用钢，截齿用钢，盾构机刀具用钢，潜孔钻具用钢等）的性能数据，包括其化学成分、物理性能、力学性能、工艺性能及主要生产厂家等。

本书可供岩土钻凿工具生产、科研及使用单位的相关人员阅读，也可供从事钢材研究、应用的有关人员参考。

**图书在版编目（CIP）数据**

岩土钻凿工具用钢 / 肖上工等编著. -- 北京 : 冶金工业出版社，2025. 6. -- ISBN 978-7-5240-0085-3

Ⅰ. TG142. 45

中国国家版本馆 CIP 数据核字第 2025GV6023 号

**岩土钻凿工具用钢**

**出版发行** 冶金工业出版社　**电　话** (010)64027926
**地　址** 北京市东城区嵩祝院北巷 39 号　**邮　编** 100009
**网　址** www. mip1953. com　**电子信箱** service@ mip1953. com

责任编辑　于昕蕾　美术编辑　彭子赫　版式设计　郑小利
责任校对　王永欣　责任印制　禹　蕊
北京印刷集团有限责任公司印刷
2025 年 6 月第 1 版，2025 年 6 月第 1 次印刷
710mm×1000mm　1/16；17 印张；331 千字；261 页
**定价 98. 00 元**

**投稿电话　(010)64027932　投稿信箱　tougao@cnmip. com. cn**
**营销中心电话　(010)64044283**
**冶金工业出版社天猫旗舰店　yjgycbs. tmall. com**
（本书如有印装质量问题，本社营销中心负责退换）

# 编写委员会

长沙矿冶研究院有限责任公司
钢铁研究总院有限公司
首钢贵阳特殊钢有限责任公司
湖南华菱涟源钢铁有限公司
山东天工岩土工程设备有限公司
西宁特殊钢股份有限公司
抚顺特殊钢股份有限公司
东北特殊钢集团股份有限公司
建龙北满特殊钢有限责任公司

# 前　言

岩土钻凿工程是指利用凿岩、钻孔、切削等工程机械配用凿岩钎（钻）具对岩土体进行钻凿爆破孔或破碎岩土的过程。凿岩钎（钻）具是一种消耗性工具，它广泛用于金属矿、非金属矿、燃料矿等矿物的开采，也广泛应用于铁道、公路、水利、水电、基础工程、市政工程、国防工程等施工领域。在钻凿或破碎岩土过程中，凿岩钎（钻）具要承受冲击、扭转、弯曲及拉压等复杂应力的作用，以及受到剧烈磨损和排粉、排渣的高压水（气）冲刷和腐蚀，使用条件非常苛刻，通常使用一定期限以疲劳断裂、磨损等形式失效，无法继续使用。因此，对用于制作它的钢材有着严格的要求，掌握钢材技术性能参数，制定合理制造工艺，与凿岩钎（钻）具产品的使用寿命有直接的关系。

为使钎具行业了解和掌握凿岩钎具用钢的性能参数，20 世纪 90 年代末期，中国钢结构协会钎钢钎具分会曾经组织黎炳雄、赵长友、肖上工、董鑫业、胡铭等编写了《钎具用钢手册》一书，当时受到钎具界同仁的一致好评。但限于当时我国钎具产品以顶锤式凿岩钎具为主，该书内容具有一定的局限性。二十多年过去了，我国已发展成为凿岩钎（钻）具的生产大国，产品种类大幅增加，产品品种规格齐全，实现了系列化、标准化，非常有必要补充和完善钎（钻）具用钢的技术资料。因此，为便于从事岩土钻凿工具生产及科研人员选择钢种，在部分参考《钎具用钢手册》一书的基础上，中国钢结构协会钎钢钎具分会组织有关单位及人员收集、整理了国内外曾使用或正在使用以及推荐使用的钢种编写了本书，内容包括化学成分、物理性能、力学性能、工艺性能、主要生产厂等，共计 59 个钢种。所列钢种参照钻凿工具产品类型进行编排，根据行业需要增列了热作锻钎模具钢等技术内容。

本书由肖上工研究员级高级工程师执笔主持编写工作，参加编写工作的人员还有孙莎莎、马建祎、徐随成等。在编写过程中，华南理工大学原校长刘正义教授不顾88岁高龄对书稿进行了审查，并提出了很多好的意见和建议；长沙矿冶研究院甘海仁教授级高工审查并修改了书稿中的部分内容；中国钢结构协会钎钢钎具分会胡铭做了大量的组织工作，还对本书的初稿编排进行了审核校对并提供了某钢种的部分技术资料；长沙矿冶研究院高波高级工程师在技术资料查询方面给予了大力支持，在此一并表示谢意。

本书在编写过程中，参考了有关资料，在此向有关作者表示至诚的感谢。

虽然本书是由几位多年从事岩土钻凿工具用钢生产、科研、开发的人员共同编写的，但由于水平所限，时间仓促以及数据、资料收集不全等原因，书中难免有不妥之处，敬请广大读者批评指正。

编著者

2025年5月

# 目　　录

# 1 锥体连接钎杆、整体钎杆用钢

锥体连接钎杆、整体钎杆一般是指 H22、H25 六角形中空钎钢制作的钎杆，适用于小型气动凿岩机或液压凿岩机的浅孔凿岩作业。整体钎杆是头部镶有硬质合金的钎杆，在发达国家和一些发展中国家应用十分广泛。锥体连接钎杆的头部是圆锥形，与有锥孔的钎头相连接配合后才能进行凿岩，我国浅孔凿岩几乎全部是锥体连接钎杆，这种钎杆在加拿大及部分发展中国家也有应用。

这类钎杆用钢在国外应用最广的是 95CrMo，属合金工具钢类，同类的还有 95Cr 等。合金结构钢类有 40SiMnCrNiMo、38CrNi3Mo、38SiCrV、40MnMo 等。个别国家还有用弹簧钢类 55Si2Mn 及渗碳钢 18CrNi3Mo 的。国内经过长时间的筛选，认为弹簧钢类 55SiMnMo 属比较理想的钢号。早期应用广泛的 T8、T8Cr 钢现已基本被淘汰。

锥体连接钎杆和整体钎杆对钢种的主要要求是：

（1）高的疲劳强度和良好的韧性配合。

（2）低的缺口敏感性和低的疲劳裂纹扩展速率。

（3）在控轧控冷或正火状态下能获得 HRC40 左右的硬度，以保证钎杆的弹性。淬回火后达到 HRC50～54 的硬度，以保证钎尾在凿岩机活塞冲击下不产生堆顶或炸顶。

（4）加热时有小的脱碳倾向。

## 1.1 55SiMnMo 钢

55SiMnMo 钢是我国研制成功的用于浅孔凿岩的锥体连接钎杆专用钢种，系贝氏体钢，由 55Si2MoV 改进而来。用硅锰合金化，弹性极限及疲劳极限均较高。钼的加入对钢由奥氏体分解为珠光体的转变有强烈的抑制作用，有利于贝氏体的形成。与此同时，钼能降低含硅钢的过热敏感性和石墨化倾向。在热轧空冷情况下得到粒状或板条状贝氏体为主和富碳的残留奥氏体组织。经我国学者研究表明：55SiMnMo 钢富碳残留奥氏体无论是条状或块状，对疲劳裂纹的扩展均有良好的抑制作用。大量试验、生产和使用证明对采用 55SiMnMo 钢制造的 H22mm 钎杆，创造了我国锥体连接钎杆使用寿命的最高纪录。

### 1.1.1 化学成分

55SiMnMo 中空钢的化学成分（熔炼成分）应符合表 1-1 的规定。

表 1-1 55SiMnMo 中空钢的化学成分（GB/T 1301—2008）

（质量分数,%）

| C | Si | Mn | Mo | Cu | S | P |
|---|---|---|---|---|---|---|
| 0. 50~0. 60 | 1. 10~1. 40 | 0. 60~0. 90 | 0. 40~0. 55 | ≤0. 25 | ≤0. 025 | ≤0. 025 |

### 1.1.2 临界温度

55SiMnMo 钢的临界温度如表 1-2 所示。

表 1-2 55SiMnMo 钢的临界温度 （℃）

| $A_{c_1}$ | $A_{c_3}$ | $A_{r_1}$ | $A_{r_3}$ | $M_s$ | $M_z$ |
|---|---|---|---|---|---|
| 760 | 785 | 680 | 735 | 275 | 室温以下 |

注：试验用钢的化学成分（质量分数,%）为 C 0. 58，Si 1. 30，Mn 0. 71，Mo 0. 50。

### 1.1.3 力学性能

#### 1.1.3.1 室温力学性能

55SiMnMo 钢的室温力学性能如表 1-3 所示。

表 1-3 55SiMnMo 钢的室温拉伸性能

| 处理条件 | $R_m$/MPa | $R_{p0.2}$/MPa | $A$/% | $Z$/% |
|---|---|---|---|---|
| 热轧 | 1235 | 634 | 17. 5 | 20 |
| 870 ℃×20 min 正火 | 1039 | 522 | 17. 5 | 50 |
| 870 ℃油淬、450 ℃回火 | 1509 | 1450 | 14 | 35 |

#### 1.1.3.2 冲击吸收能量和缺口敏感度

55SiMnMo 钢的冲击吸收能量和缺口敏感度如表 1-4 所示。

表 1-4 55SiMnMo 钢的冲击吸收能量和缺口敏感度

| 热处理制度 | $KU_2$/J | $KV_2$/J | 缺口敏感度$\frac{KV_2}{KU_2}$ |
|---|---|---|---|
| 860 ℃退火<br>870 ℃正火 | 30 | 17 | 0. 57 |

#### 1.1.3.3 断裂韧度

55SiMnMo 钢的断裂韧度如表 1-5 所示。

**表 1-5 55SiMnMo 钢的断裂韧度** (MPa · $m^{1/2}$)

| 热处理制度 | 试样 1 号 | 试样 2 号 | 试样 3 号 |
|---|---|---|---|
| 试样经 830 ℃×30 min 正火+200 ℃×2 h 回火 | 50 | 44 | 45 |

## 1.1.4 工艺性能

### 1.1.4.1 热成型工艺参数

55SiMnMo 钢的热成型工艺参数如表 1-6 所示。

**表 1-6 55SiMnMo 钢的热成型工艺参数**

| 加热温度/℃ | 开始温度/℃ | 终止温度/℃ | 冷却方式 |
|---|---|---|---|
| 1050~1150 | 1000~1100 | ≥850 | 空冷或风冷 |

### 1.1.4.2 热处理工艺参数

55SiMnMo 钢的热处理工艺参数如表 1-7 所示。

**表 1-7 55SiMnMo 钢的热处理工艺参数**

| 项目 | 正火 | 高温回火或软化退化 | 淬火 | 回火 |
|---|---|---|---|---|
| 加热温度/℃ | 840~880 | 680 | 860~880 | 320~340 |
| 冷却方式 | 空冷或风冷 | 空冷 | 油冷 | 油冷或水冷 |
| 硬度（HRC） | 30~40 | 25 以下 | ≥55 | 50~54 |

### 1.1.4.3 等温转变曲线

55SiMnMo 钢的等温转变曲线如图 1-1 所示。

### 1.1.4.4 淬透性曲线

55SiMnMo 钢的淬透性曲线如图 1-2 所示。

## 1.1.5 规格品种

55SiMnMo 钢的规格品种主要包括 H19、H22、H25、H28 中空六角钢，中空菱形钢。

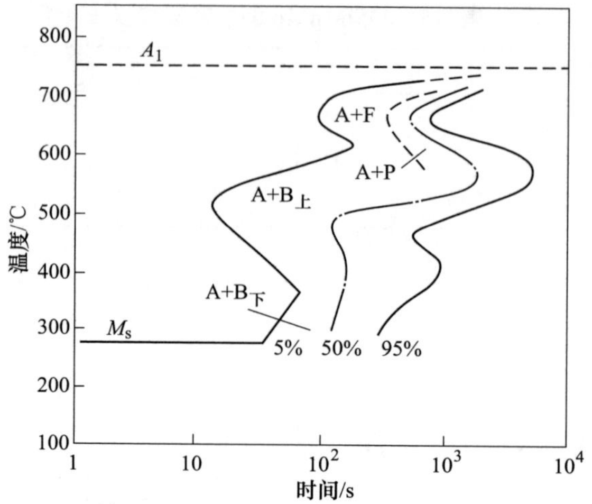


图 1-1　55SiMnMo 钢的等温转变曲线

（试验用钢成分（质量分数,%）为 C 0.58，Si 1.30，Mn 0.71，Mo 0.50；采用磁性法初测，金相法校核）

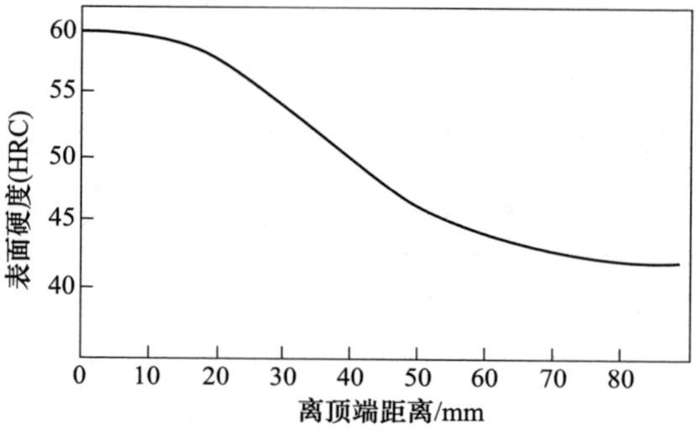


图 1-2　55SiMnMo 钢的淬透性曲线

### 1.1.6　主要生产厂

55SiMnMo 钢主要由大冶特殊钢公司、首钢贵阳特钢公司、抚顺特殊钢公司、南京钢铁股份有限公司、西宁特殊钢公司、石家庄钢铁公司等生产钢坯，国内各中空钢生产企业均可加工生产中空钢。

## 1.2　95CrMo 钢

95CrMo 钢曾经是制作锥体连接钎杆和整体钎杆用量较大的钎具用钢。在 20 世纪 70 年代初期，除中国外，世界各国生产的中空钢中，95CrMo 产量都排在首位。该钢号由轴承钢加入 0.15%～0.30%的 Mo 发展而来。在热轧状态下具有较高的疲劳强度和耐磨性，显微组织为索氏体+屈氏体。最大的优点是在热轧或正火状态下能获得 HRC34~42 的稳定硬度值。在严格和全面的制钎工艺条件和正常使用下曾经达到 150~250 m/支的使用寿命，曾一度被认为是整体钎杆和锥体连接钎杆首选钢种。95CrMo 钢的缺点是锻造性能较差，加热温度范围窄，缺口敏感性大，工艺要求严格，易产生过热、过烧现象。

### 1.2.1 化学成分

95CrMo 中空钢的化学成分（熔炼成分）应符合表 1-8 的规定。

**表 1-8 95CrMo 钢的化学成分（GB/T 1301—2008）**（质量分数,%）

| C | Si | Mn | Cr | Mo | Cu | P | S |
|---|---|---|---|---|---|---|---|
| 0.90~1.00 | 0.15~0.40 | 0.15~0.40 | 0.80~1.20 | 0.15~0.30 | ≤0.25 | ≤0.025 | ≤0.025 |

### 1.2.2 临界温度

95CrMo 钢的临界温度如表 1-9 所示。

**表 1-9 95CrMo 钢的临界温度** （℃）

| $A_{cm}$ | $A_{c_1}$ | $A_{r_1}$ | $M_s$ |
|---|---|---|---|
| 850 | 755 | 720 | 190 |

注：用钢成分（质量分数,%）为 C 0.89，Si 0.49，Mn 0.30，Cr 1.53，Mo 0.33；奥氏体化温度为 900 ℃。

### 1.2.3 力学性能

#### 1.2.3.1 室温力学性能

95CrMo 钢的室温力学性能如表 1-10 所示。

**表 1-10 95CrMo 钢的室温力学性能（不小于）**

| 状态 | $R_m$ /MPa | $R_{p0.2}$ /MPa | $\sigma_{-1}$ /MPa | $A$ /% | $Z$ /% | $KU_2$ /J | 硬度（HRC） |
|---|---|---|---|---|---|---|---|
| 热轧状态① | 1320 | | 350 | 9 | 26 | 47 | 36~48 |
| 热轧状态② | 1300 | 850 | | | | | 34~42 |

① 用钢化学成分（质量分数,%）为 C 0.95，Si 0.24，Mn 0.24，Cr 1.24，Mo 0.27；
② 用钢化学成分（质量分数,%）为 C 0.97，Si 0.24，Mn 0.27，Cr 1.00，Mo 0.22。

#### 1.2.3.2 回火硬度曲线

95CrMo 钢经 850 ℃油淬后不同温度回火（回火时间均为 30 min）的回火硬度曲线如图 1-3 所示。

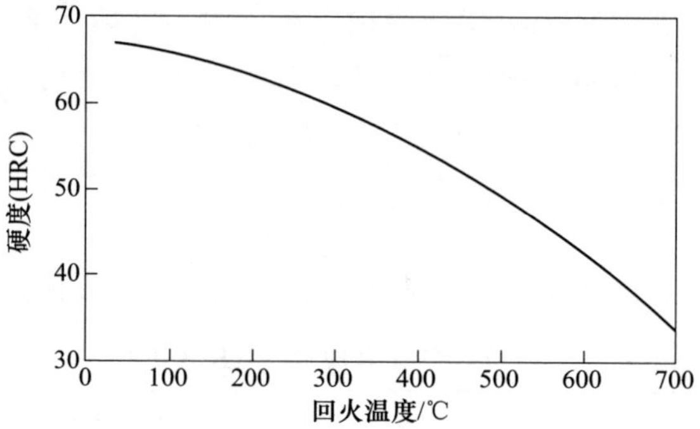


图 1-3　95CrMo 钢回火硬度曲线

## 1.2.4　工艺性能

### 1.2.4.1　热成型工艺参数

95CrMo 钢的热成型工艺参数如表 1-11 所示。

**表 1-11　热成型工艺参数**

| 加热温度/℃ | 开始温度/℃ | 终止温度/℃ | 冷却方式 |
|---|---|---|---|
| <1100 | ≥1040 | ≥850 | 空冷或保温冷却 |

### 1.2.4.2　热处理工艺参数

95CrMo 钢的热处理工艺参数如表 1-12 所示。

**表 1-12　热处理工艺参数**

| 项目 | 正火 | 退火 1 | 退火 2 | 完全退火 | 淬火 1 | 淬火 2 | 回火 | 热轧 |
|---|---|---|---|---|---|---|---|---|
| 温度/℃ | 900~1000 | 705~735 | 785~815 | 770~790 | 800~830 | 860~880 | 480~520 | |
| 冷却方式 | 空冷 | 空冷 | 随炉冷或保温冷却 | 随炉冷至 715 ℃保温 1 h 后空冷 | 热油淬火 | 压缩空气淬火 | 空冷 | 空冷 |
| 硬度（HRC） | | 31 | 18 | 18 | 65 | 65 | 49~52 | 34~42 |

注：感应加热可适当提高 50~100 ℃。

### 1.2.4.3　等温转变曲线

95CrMo 钢的等温转变曲线如图 1-4 所示。

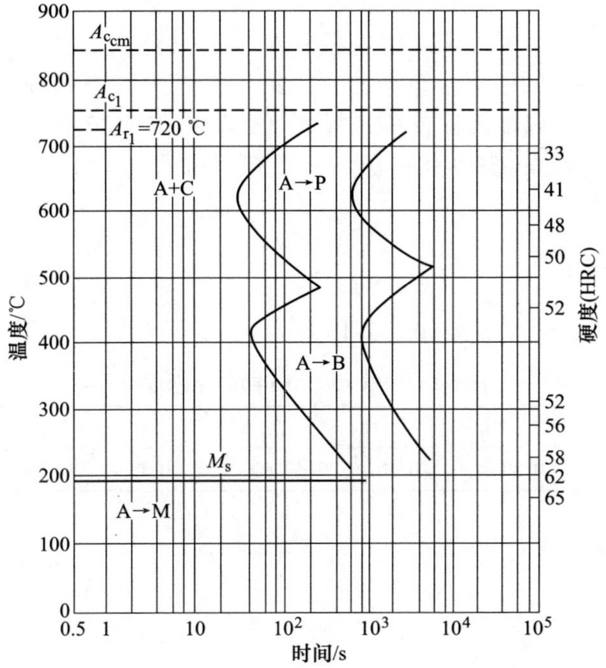


图 1-4　95CrMo 钢的等温转变曲线

（用钢成分（质量分数,%）为 C 0.89，Si 0.49，Mn 0.30，Cr 1.53，Mo 0.33；奥氏体化温度为 840 ℃）

### 1.2.5　交货状态

热轧状态 HRC34~42，允许脱碳层深度外表面不大于 0.2 mm，内表面不大于 0.1 mm。

### 1.2.6　规格品种

95CrMo 钢的规格品种包括 H19、H22、H25、H28 中空六角钢，菱形中空钎钢或实芯钎钢，圆形中空钢 *R*40~55 mm 用作钎头壳体钢。

### 1.2.7　主要生产厂

95CrMo 钢主要由大冶特殊钢公司、抚顺特殊钢公司、南京钢铁股份有限公司、西宁特殊钢公司、石家庄钢铁公司等生产钢坯，根据客户订货要求，国内各中空钢生产企业均可加工生产中空钢。

## 1.3 38CrNi3Mo 钢

38CrNi3Mo 钢是日本用于锥体连接钎杆和高频淬火的凿岩钻车螺纹钎杆钢种，属 CrNi3Mo 系列的中碳合金结构钢。由于 CrNi3Mo 系钢种含 Ni 量较高，有很好的韧塑性，为了保证锥体连接钎杆的杆体硬度 HB400 和钎尾硬度 HRC50 的要求，含碳量提高到 0.33%~0.43%。该钢有很高的空淬性，有白点敏感性和回火脆性倾向。

### 1.3.1 化学成分

38CrNi3Mo 钢的化学成分如表 1-13 所示。

**表 1-13 38CrNi3Mo 钢的化学成分** （质量分数，%）

| C | Si | Mn | Cr | Ni | Mo | P | S |
|---|---|---|---|---|---|---|---|
| 0.33~0.43 | 0.15~0.35 | 0.30~1.00 | 0.30~0.70 | 2.50~3.50 | 0.15~0.40 | ≤0.030 | ≤0.030 |

### 1.3.2 物理参数

#### 1.3.2.1 临界温度

38CrNi3Mo 钢的临界温度如表 1-14 所示。

**表 1-14 38CrNi3Mo 钢的临界温度（近似值）** （℃）

| $A_{c_1}$ | $A_{c_3}$ | $M_s$ | $T_A$ |
|---|---|---|---|
| 705 | 750 | 290 | 880 |

#### 1.3.2.2 密度

38CrNi3Mo 钢的密度为 7.768 $g/cm^3$。

#### 1.3.2.3 比热容

38CrNi3Mo 钢的比热容如表 1-15 所示。

**表 1-15 38CrNi3Mo 钢的比热容**

| 温度/℃ | 34 | 204 | 512 |
|---|---|---|---|
| $c$/cal·(g·℃)$^{-1}$ | 0.111 | 0.130 | 0.153 |

注：1 cal=4.1868 J。

#### 1.3.2.4 线膨胀系数

38CrNi3Mo 钢的线膨胀系数如表 1-16 所示。

表 1-16　38CrNi3Mo 钢的线膨胀系数 $\alpha$

| 温度/℃ | 25～100 | 25～200 | 25～400 | 25～600 |
|---|---|---|---|---|
| $\alpha$/℃$^{-1}$ | $11.6\times10^{-6}$ | $13.2\times10^{-6}$ | $13.4\times10^{-6}$ | $13.5\times10^{-6}$ |

#### 1.3.2.5　导热系数

38CrNi3Mo 钢的导热系数如表 1-17 所示。

表 1-17　38CrNi3Mo 钢的导热系数 $\lambda$

| 温度/℃ | 200 | 300 | 400 | 600 |
|---|---|---|---|---|
| $\lambda$/W·(m·K)$^{-1}$ | 37.7 | 36 | 34.8 | 32.7 |

### 1.3.3　力学性能

#### 1.3.3.1　弹性模量

（1）弹性模量 $E$：208 GPa；
（2）切变弹性模量 $G$：81 GPa。

#### 1.3.3.2　室温力学性能

38CrNi3Mo 钢的室温力学性能如表 1-18 所示。

表 1-18　38CrNi3Mo 钢的室温力学性能（不小于）

| 热处理毛坯直径/mm | 热处理制度 | $R_m$ /MPa | $R_{p0.2}$ /MPa | $A$/% | $Z$/% | $KU_2$ /J |
|---|---|---|---|---|---|---|
| 25 | 820～840 ℃60 min 油淬，500～530 ℃回火水冷 | 1080 | 990 | 16 | 67.0 | 121 |
| | 840 ℃油淬，600 ℃ 30 min 回火油冷 | 896.5 | 813.5 | 20 | 68 | 118 |
| | 840 ℃油淬，600 ℃ 120 min 回火油冷 | 882 | 784 | 22.5 | 66 | 122 |
| | 840 ℃油淬，650 ℃ 30 min 回火油冷 | 843 | 686 | 22.5 | 65 | 157 |
| | 840 ℃油淬，650 ℃ 120 min 回火油冷 | 823 | 705.5 | 23 | 65 | 141 |

注：用钢化学成分（质量分数,%）为 C 0.32，Si 0.27，Mn 0.40，Cr 0.85，Ni 2.95。

#### 1.3.3.3 抗拉强度与疲劳极限

38CrNi3Mo 钢的抗拉强度与相对应的疲劳极限如表 1-19 所示。

**表 1-19 38CrNi3Mo 钢的抗拉强度与相对应的疲劳极限**

| $R_m$/MPa | 1303 | 1048.5 | 931 | 833 |
| --- | --- | --- | --- | --- |
| $\sigma_{-1}$/MPa | 500 | 480 | 412 | 373 |

注：用钢成分（质量分数,%）为 C 0.35，Cr 0.70，Ni 3.57。

#### 1.3.3.4 不同温度回火后的力学性能

38CrNi3Mo 钢不同温度回火后的力学性能见图 1-5。

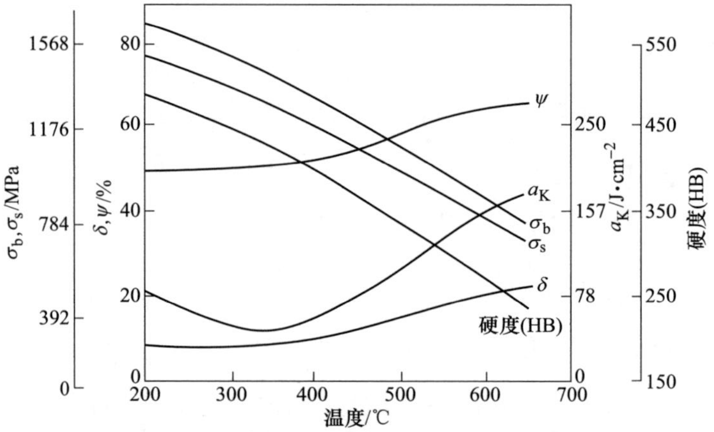


图 1-5 38CrNi3Mo 钢不同温度回火后的力学性能
（用钢成分在标准范围之内；820 ℃油淬，回火油冷）

#### 1.3.3.5 不同尺寸钢坯热处理后的力学性能

38CrNi3Mo 钢不同尺寸钢坯热处理后的力学性能见图 1-6。

### 1.3.4 工艺性能

#### 1.3.4.1 热成型工艺参数

38CrNi3Mo 钢的热成型工艺参数如表 1-20 所示。

**表 1-20 38CrNi3Mo 钢的热成型工艺参数**

| 加热温度/℃ | 开始温度/℃ | 终止温度/℃ | 冷却方式 |
| --- | --- | --- | --- |
| 1150 | 1100 | >850 | 缓冷 |

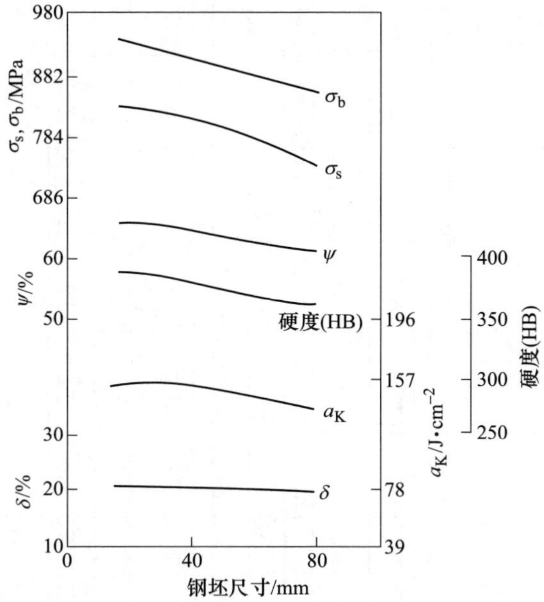


图 1-6 38CrNi3Mo 钢不同尺寸钢坯热处理后的力学性能

（用钢成分（质量分数,%）为 C 0.33，Si 0.31，Mn 0.52，Cr 0.7，Ni 2.87，P 0.027，S 0.020；820 ℃油淬，580~600 ℃回火空冷）

#### 1.3.4.2 热处理工艺参数

38CrNi3Mo 钢的热处理工艺参数如表 1-21 所示。

**表 1-21 38CrNi3Mo 钢的热处理工艺参数**

| 项目 | 退火 | 软化退火 | 回火 | 淬火 | 回火 | 感应加热淬火后回火 |
|---|---|---|---|---|---|---|
| 温度/℃ | 810~830 | 680~700 | 840~860 | 820~840 | 500~650 | 180~200 |
| 冷却方式 | 缓冷 | 空冷 | 空冷 | 油或淬火液 | 水冷或油冷 | 空冷 |
| 硬度（HB） | ≤279 | ≤279 | | ≥HRC56 | 按需要 | 表面≥HRC56，心部≤300 |

#### 1.3.4.3 等温转变曲线

38CrNi3Mo 钢的等温转变曲线如图 1-7 所示。

### 1.3.5 交货状态

38CrNi3Mo 钢热轧状态交货，硬度（HRC）为 28~45。

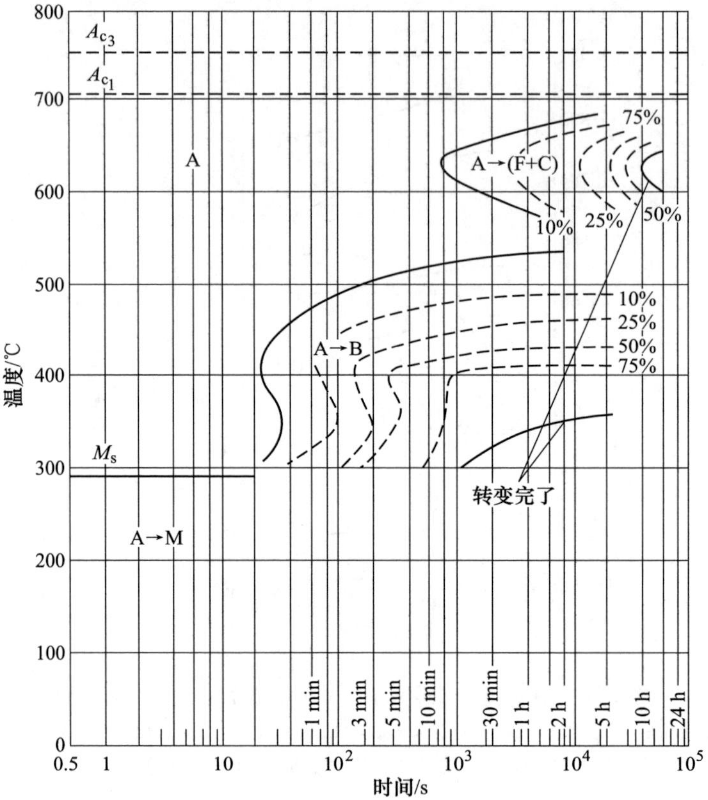


图 1-7　38CrNi3Mo 钢的等温转变曲线

（用钢成分（质量分数,%）为 C 0.36，Si 0.27，Mn 0.24，Cr 0.91，Ni 2.8）

### 1.3.6　规格品种

38CrNi3Mo 中空钢的规格品种主要有 H22、H25、H28、H32、H35、H38、R32、R38、R46、R51。

### 1.3.7　主要生产厂

38CrNi3Mo 钢主要由大冶特殊钢公司、抚顺特殊钢公司、南京钢铁股份有限公司、西宁特殊钢公司等生产钢坯，根据客户订货要求，国内各中空钢生产企业均可加工生产中空钢。

## 1.4　38CrSiV 钢

德国和奥地利用此钢做整体钎杆。此钢含较多的铬和硅，并加有一定量的钒，所以淬透性比 40Cr 好，回火稳定性好，强度和耐磨性较高，低温冲击韧性也较高，但存在一定的回火脆性。

### 1.4.1　化学成分

38CrSiV 钢的化学成分如表 1-22 所示。

**表 1-22　38CrSiV 钢的化学成分**　（质量分数,%）

| C | Si | Mn | Cr | V | P | S |
|---|---|---|---|---|---|---|
| 0.35~0.43 | 1.00~1.30 | 0.30~0.60 | 1.30~1.60 | 0.10~0.20 | ≤0.035 | ≤0.035 |

### 1.4.2　物理性能

#### 1.4.2.1　临界温度

38CrSiV 钢的临界温度如表 1-23 所示。

**表 1-23　38CrSiV 钢的临界温度（近似值）**　（℃）

| $A_{c_1}$ | $A_{c_3}$ | $M_s$ | $T_A$ |
|---|---|---|---|
| 760 | 815 | 325 | 920 |

注：用钢成分（质量分数,%）为 C 0.40，Si 1.52，Mn 0.42，Cr 1.24，V 0.12。

#### 1.4.2.2　密度

38CrSiV 钢的密度为 7.74 g/cm³。

#### 1.4.2.3　线膨胀系数

38CrSiV 钢的线膨胀系数如表 1-24 所示。

**表 1-24　38CrSiV 钢的线膨胀系数 $\alpha$**

| 温度/℃ | 20~100 | 20~200 | 20~400 | 20~600 |
|---|---|---|---|---|
| $\alpha$/℃$^{-1}$ | $11.7\times10^{-6}$ | $12.7\times10^{-6}$ | $14\times10^{-6}$ | $14.8\times10^{-6}$ |

#### 1.4.2.4　导热系数

38CrSiV 钢的导热系数如表 1-25 所示。

**表 1-25　38CrSiV 钢的导热系数 $\lambda$**

| 温度/℃ | 200 | 300 | 400 | 600 |
|---|---|---|---|---|
| $\lambda$/W·(m·K)$^{-1}$ | 36.87 | 35.61 | 34.77 | 33.52 |

## 1.4.3　力学性能

### 1.4.3.1　室温力学性能

38CrSiV 钢的室温力学性能如表 1-26 所示。

**表 1-26　38CrSiV 钢的室温力学性能**

| 热处理毛坯直径/mm | 热处理制度 | $R_m$ /MPa | $R_{p0.2}$ /MPa | $A$/% | $Z$/% | $KU_2$ /J | 备注 |
|---|---|---|---|---|---|---|---|
| 25 | 900 ℃油淬，600 ℃回火，水或油冷 | ≥980 | ≥833 | ≥12 | ≥50 | ≥55 | 50炉钢 |
| | 900 ℃油淬，630 ℃回火油冷 | 980~1176 / 1071 | 862~1058 / 932 | 12~21.5 / 16.5 | 49~63 / 56 | 55~106 / 76 | |
| 30 | 860 ℃65 min 油淬，410 ℃240 min 回火水冷 | 1514 | 1409 | 11 | 38 | 29 | |

注：分子为数据范围，分母为平均值。

### 1.4.3.2　不同温度回火后的力学性能

38CrSiV 钢不同温度回火后的力学性能如图 1-8 所示。

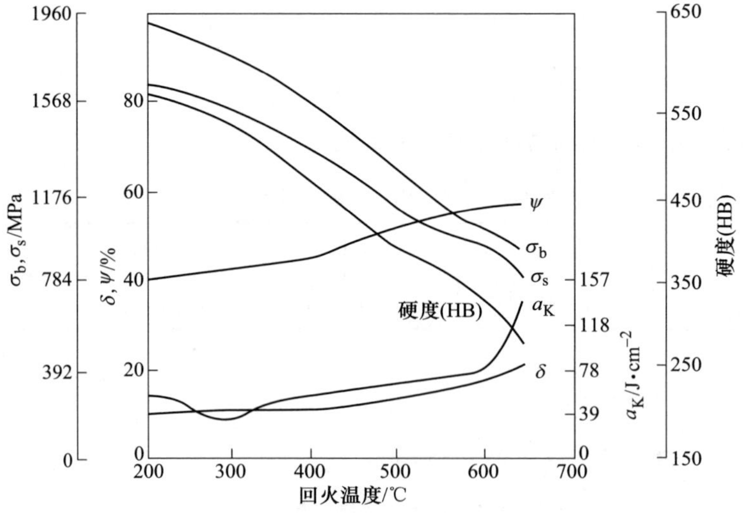


图 1-8　38CrSiV 钢不同温度回火后的力学性能

（用钢成分在标准规定范围内；900 ℃油淬，500 ℃以上回火水冷；回火保温 120 min）

#### 1.4.3.3 不同截面钢坯热处理后的力学性能

38CrSiV 钢不同截面钢坯热处理后的力学性能如图 1-9 所示。

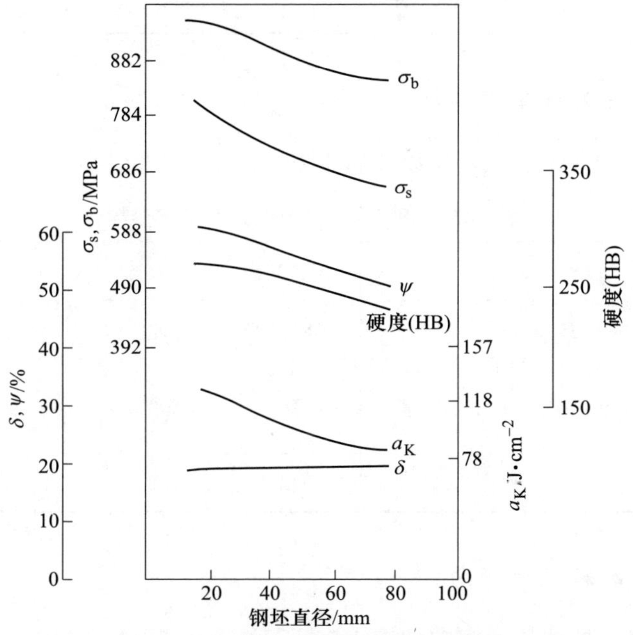


图 1-9 38CrSiV 钢不同截面钢坯热处理后的力学性能

（用钢成分（质量分数,%）为 C 0.40，Si 1.13，Mn 0.50，Cr 1.47，Ni 0.28，V 0.12，P 0.027，S 0.018；900 ℃油淬，640 ℃回火水冷）

#### 1.4.3.4 低温冲击吸收能量

38CrSiV 钢的低温冲击吸收能量如表 1-27 所示。

**表 1-27 38CrSiV 钢的低温冲击吸收能量**

| 热处理制度 | 在下列温度时的 $KU_2$/J | | | | |
|---|---|---|---|---|---|
| | 0 ℃ | -20 ℃ | -40 ℃ | -60 ℃ | -80 ℃ |
| 910 ℃ 60 min 油淬，450 ℃回火 120 min 水冷 | 48 | 40 | 38 | 37 | 38 |

### 1.4.4 工艺性能

#### 1.4.4.1 热成型参数

38CrSiV 钢的热成型参数如表 1-28 所示。

**表 1-28　38CrSiV 钢的热成型参数**

| 加热温度/℃ | 开始温度/℃ | 终止温度/℃ | 冷却方式 |
|---|---|---|---|
| 1180~1220 | 1150~1180 | 850 | ≥75 mm 时缓冷 |

#### 1.4.4.2　热处理工艺参数

38CrSiV 钢的热处理工艺参数如表 1-29 所示。

**表 1-29　38CrSiV 钢的热处理工艺参数**

| 项目 | 退火 | 正火 | 高温回火 | 淬火 | 回火 |
|---|---|---|---|---|---|
| 温度/℃ | 860~880 | 900 | 660~690 | 880~920 | 250~680 |
| 冷却方式 | 缓冷或炉冷 | 空冷 | 油冷 | 油冷或水冷 | 空冷、油冷或水冷 |
| 硬度（HB） | ≤255 | ≤350 | ≤255 | | 按需要 |

#### 1.4.4.3　晶粒长大倾向

38CrSiV 钢的晶粒长大倾向如表 1-30 所示。

**表 1-30　38CrSiV 钢的晶粒长大值**

| 加热温度/℃ | 1050 | 1100 | 1150 | 1200 | 1250 | 1280 |
|---|---|---|---|---|---|---|
| 晶粒度/级 | 4~5 | 3~4 | 3 | 2~3 | 2 | 2 |

#### 1.4.4.4　等温转变曲线

38CrSiV 钢的等温转变曲线如图 1-10 所示。

#### 1.4.4.5　淬透性带

38CrSiV 钢的淬透性带如图 1-11 所示。

### 1.4.5　主要生产厂

38CrSiV 钢主要由大冶特殊钢公司、抚顺特殊钢公司、南京钢铁股份有限公司、西宁特殊钢公司等生产钢坯，根据客户订货要求，国内各中空钢生产企业均可加工生产中空钢。

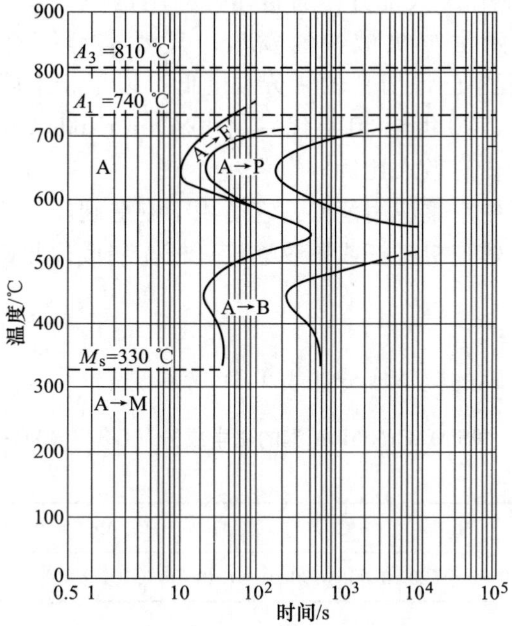


图 1-10　38CrSiV 钢的等温转变曲线

（用钢成分（质量分数,%）为 C 0.36，Si 1.19，Mn 0.45，Cr 1.65，V 0.10；奥氏体化温度为 880 ℃）

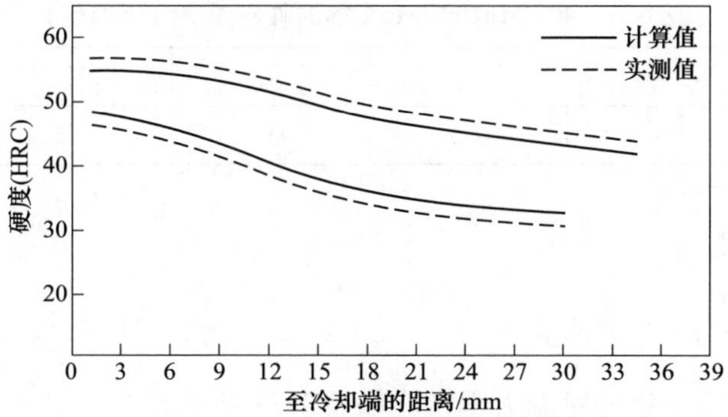


图 1-11　38CrSiV 钢的淬透性带

（用钢成分在标准规定范围内，可按虚线或实线两种要求供货；900 ℃正火，880 ℃端淬）

## 1.5　40SiMnCrNiMoA(Z708)钢

40SiMnCrNiMoA 钢是一种高强度钢，在热轧状态下具有很好的韧性和抗冲击能力。它具有马氏体或贝氏体组织，热轧条件下平均硬度（HRC）为 44~45。20

世纪 60 年代前国外制作的大部分普通整体钎杆用钢一直采用类滚珠轴承钢，即 95CrMo 钢。但是由于凿岩机械快速发展，其要求钎钢有更大的应变能力，95CrMo 钢在使用过程中已证明它的疲劳强度低，以至于不能完全保证钎杆所希望的使用寿命。因此，20 世纪 60 年代后期 40SiMnCrNiMoA 钢在生产整体钎杆或锥体连接钎杆用钢中占有较大比例。

40SiMnCrNiMoA 中空钢应用范围：它适用于制造硬质合金整体钎杆、扩孔钎头导杆、H28 以下锥体连接钎杆或螺纹连接钎杆。瑞典称此钢种为 Z708。

### 1.5.1　化学成分

40SiMnCrNiMoA 钢的化学成分如表 1-31 所示。

**表 1-31　40SiMnCrNiMoA 钢的化学成分（GB/T 1301—2008）**

（质量分数,%）

| C | Si | Mn | Cr | Ni | Mo | Cu | P | S |
|---|---|---|---|---|---|---|---|---|
| 0. 36～0. 45 | 1. 30～1. 60 | 0. 60～1. 20 | 0. 60～0. 90 | 0. 40～0. 70 | 0. 20～0. 40 | ≤0. 25 | ≤0. 025 | ≤0. 025 |

### 1.5.2　临界温度

40SiMnCrNiMoA 钢的临界温度如表 1-32 所示。

**表 1-32　40SiMnCrNiMoA 钢的临界温度（近似值）**　（℃）

| $A_{c_1}$ | $A_{c_3}$ | $A_{r_1}$ | $A_{r_3}$ | $M_s$ | $M_z$ |
|---|---|---|---|---|---|
| 755 | 820 | 690 | 755 | 355 | 140 |

### 1.5.3　力学性能

#### 1.5.3.1　室温力学性能

40SiMnCrNiMoA 钢的室温力学性能如表 1-33 所示。

**表 1-33　40SiMnCrNiMoA 钢的室温力学性能**

| 热处理制度 | $R_m$/MPa | $R_{p0.2}$/MPa | $A$/% | $Z$/% | $KV_2$/J |
|---|---|---|---|---|---|
| 860 ℃×1 h 油淬，100 ℃×1 h 回火空冷 | 2086 | 1543 | 10 | 37 | 22 |
| 860 ℃×1 h 油淬，200 ℃×1 h 回火空冷 | 1877 | 1520 | 13 | 50 | 30 |
| 860 ℃×1 h 油淬，300 ℃×1 h 回火空冷 | 1823 | 1578 | 11 | 51 | 27 |
| 860 ℃×1 h 油淬，400 ℃×1 h 回火空冷 | 1664 | 1459 | 13 | 53 | 20 |
| 860 ℃×1 h 油淬，500 ℃×1 h 回火空冷 | 1414 | 1274 | 12 | 50 | 19 |

续表 1-33

| 热处理制度 | $R_m$/MPa | $R_{p0.2}$/MPa | $A$/% | $Z$/% | $KV_2$/J |
|---|---|---|---|---|---|
| 860 ℃×1 h 油淬，600 ℃×1 h 回火空冷 | 1186 | 1057 | 16 | 54 | 54 |
| 860 ℃×1 h 油淬，700 ℃×1 h 回火空冷 | 930 | 775 | 23 | 61 | 93 |

40SiMnCrNiMoA 钢在不同回火温度下的力学性能见图 1-12，40SiMnCrNiMoA 钢在不同温度下回火硬度见图 1-13。

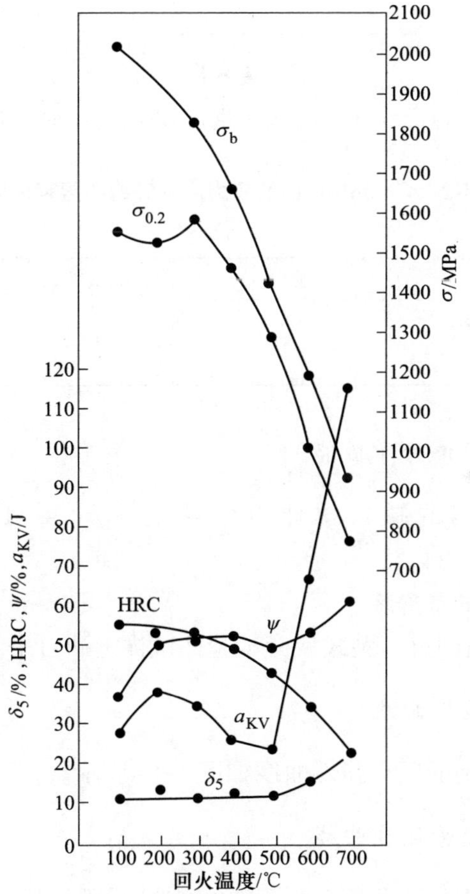


图 1-12　40SiMnCrNiMoA 钢在不同回火温度下的力学性能

### 1.5.3.2　应力腐蚀开裂极限强度因子

40SiMnCrNiMoA 钢的应力腐蚀开裂极限强度因子如表 1-34 所示。

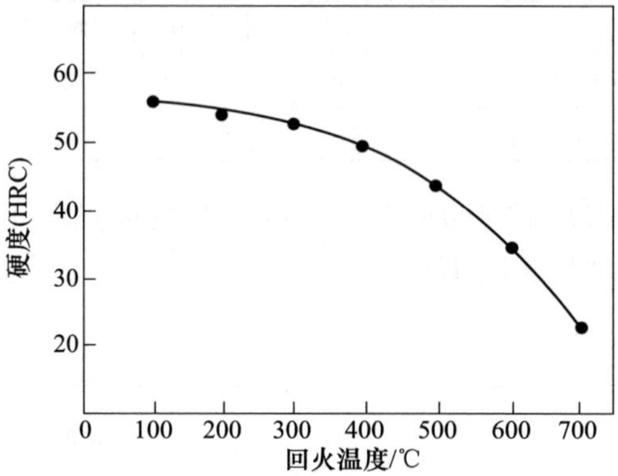


图 1-13　40SiMnCrNiMoA 钢在不同温度下回火硬度

**表 1-34　40SiMnCrNiMoA 钢的应力腐蚀开裂极限强度因子 KISCC**

（MPa · $m^{1/2}$）

| 热处理制度 | 试样 1 号 | 试样 2 号 | 试样 3 号 |
|---|---|---|---|
| 试样经 830 ℃×30 min 正火+200 ℃×2 h 回火 | 83 | 82 | 73 |

#### 1.5.3.3　缺口拉伸力学性能

40SiMnCrNiMoA 钢的缺口拉伸力学性能：$\sigma_{bH}$ = 1112 MPa、1171 MPa、1348 MPa；$\sigma_{bH}/R_m$ = 1.34。

试样取自热锻后的空冷坯。

试样经正火+低温回火，湿式疲劳试验往试样上滴自来水，860 mL/min。

#### 1.5.3.4　回火脆性曲线

40SiMnCrNiMoA 钢的回火脆性曲线如图 1-14 所示。

#### 1.5.3.5　弯曲疲劳强度曲线

40SiMnCrNiMoA 钢的弯曲疲劳强度曲线如图 1-15 所示。

### 1.5.4　工艺性能

#### 1.5.4.1　热成型工艺参数

40SiMnCrNiMoA 钢的热成型工艺参数如表 1-35 所示。

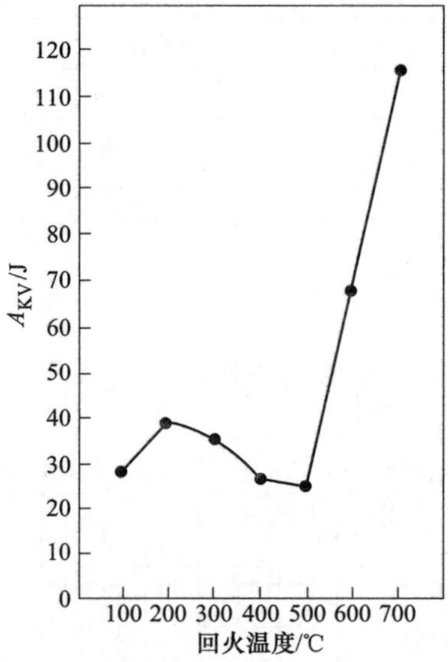


图 1-14　40SiMnCrNiMoA 钢的回火脆性曲线

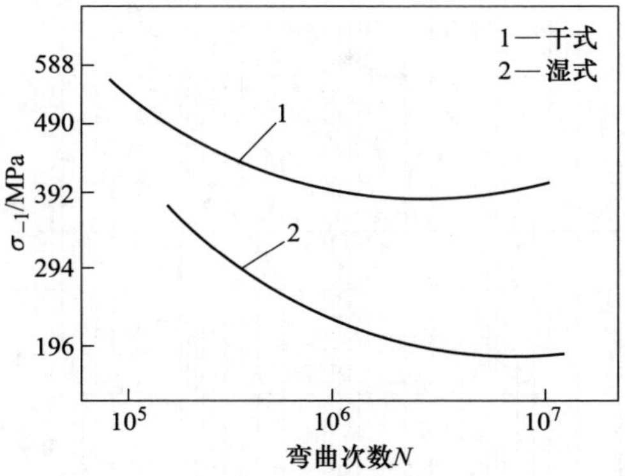


图 1-15　40SiMnCrNiMoA 钢的弯曲疲劳强度曲线

**表 1-35　40SiMnCrNiMoA 钢的热成型工艺参数**

| 加热温度/℃ | 开始温度/℃ | 终止温度/℃ | 冷却方式 |
|---|---|---|---|
| 1150～1200 | 1050～1100 | ≥850 | 缓冷 |

### 1.5.4.2　热处理工艺参数

40SiMnCrNiMoA 钢的热处理工艺参数如表 1-36 所示。

**表 1-36　40SiMnCrNiMoA 钢的热处理工艺参数**

| 项目 | 退火 | 正火 | 高温回火 | 淬火 | 回火 |
|---|---|---|---|---|---|
| 加热温度/℃ | 700~750 | 880~900 | 660~680 | 860~880 | 200 |
| 冷却方式 | 炉冷 | 空冷 | 空冷 | 油冷 | 空冷 |
| 硬度（HB） | ≤260 | | ≤260 | | |

### 1.5.4.3　等温转变曲线

40SiMnCrNiMoA 钢的等温转变曲线如图 1-16 所示。

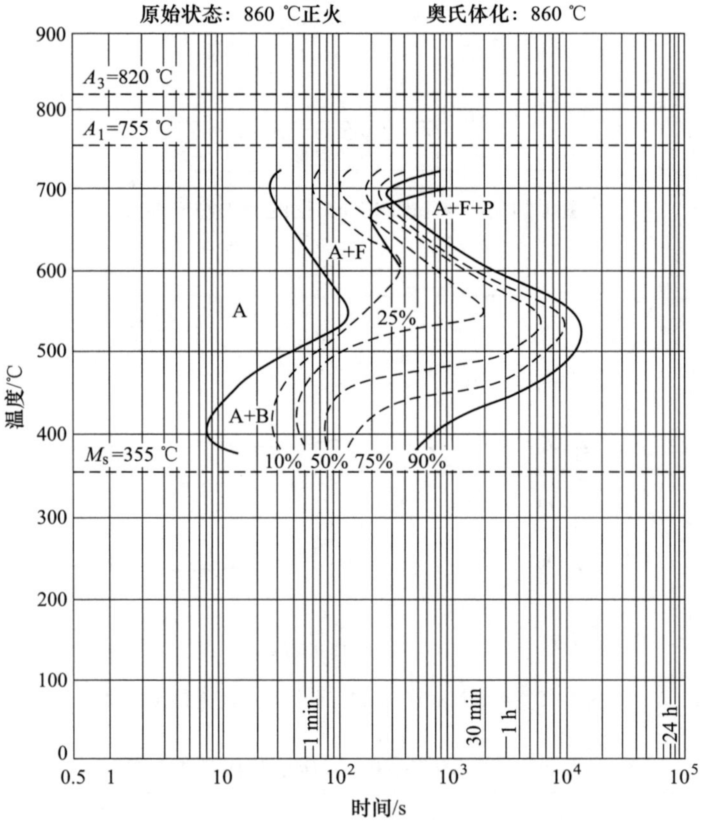


图 1-16　40SiMnCrNiMoA 钢的等温转变曲线

（用钢成分（质量分数,%）为 C 0.41，Si 1.47，Mn 0.43，Cr 0.74，Ni 0.49，Mo 0.25）

### 1.5.4.4　淬透性曲线

40SiMnCrNiMoA 钢的淬透性曲线如图 1-17 所示。

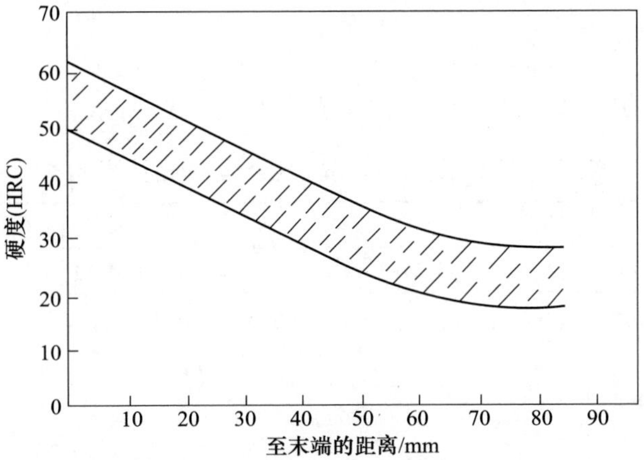


图 1-17 40SiMnCrNiMoA 钢的淬透性曲线
(用钢成分同图 1-16)

### 1.5.5 交货状态

退火或高温回火后 HBW≤269 或 $d_{HB}$≥3.7 mm。

### 1.5.6 主要生产厂

40SiMnCrNiMoA 钢主要由大冶特殊钢公司、抚顺特殊钢公司、南京钢铁股份有限公司、西宁特殊钢公司、石家庄钢铁公司等生产钢坯，根据客户订货要求，国内各中空钢生产企业均可加工生产中空钢。

## 1.6 22(24,27)SiMnNi2CrMoA 钢

22(24,27)SiMnNi2CrMoA 钢是系列钢种，只是含碳量差异。该钢种是一种低碳低合金超高强度钢，这种钢热淬火-回火后极限拉伸强度可达 1540~1680 MPa，在此范围，它具有较高的冲击韧度和较低的缺口敏感性及良好的延伸性。

该钢曾作为钎头壳体专用钢种，它具有很好的淬透性，室温空冷即可得到硬而韧的低碳板条马氏体，洛氏硬度（HRC）为 45~48，这种钢的正火温度和临界温度与所用铜基焊料的钎焊温度、合金片的磁饱和特性相配合，可以获得坚韧的壳体和良好的焊缝。瑞典称此钢为 FF710。

该钢种也适用于尺寸 35 mm 以下热轧圆形或六角形凿岩中空钢材，它可以空冷硬化及气体渗碳（因碳含量而异）。在气体渗碳硬化条件下，具有高的疲劳强度和耐磨性。作为钎具钢其应用范围有：硬质合金焊片钎头、热过盈固齿钎头，

硬质合金整体钎杆、扩孔钎头导杆、锥体连接钎杆、接杆钎杆、钎尾杆等。

### 1.6.1 化学成分

22(24,27)SiMnNi2CrMoA 钢的化学成分如表 1-37 所示。

**表 1-37 22(24,27)SiMnNi2CrMoA 钢的化学成分** （质量分数,%）

| C | Si | Mn | Cr | Ni | Mo | Cu | P | S |
|---|---|---|---|---|---|---|---|---|
| 0.18~0.28 | 1.30~1.70 | 1.20~1.50 | 0.25~0.35 | 1.65~2.00 | 0.30~0.40 | ≤0.25 | ≤0.025 | ≤0.025 |

注：$w(O)\leqslant 15\times10^{-6}$，$w(H)\leqslant 1.5\times10^{-6}$，$w(N)=(80\sim120)\times10^{-6}$。

### 1.6.2 临界温度

22(24,27)SiMnNi2CrMoA 钢的临界温度如表 1-38 所示。

**表 1-38 22(24,27)SiMnNi2CrMoA 钢的临界温度** （℃）

| $A_{c_1}$ | $A_{c_3}$ | $M_s$ | $M_f$ |
|---|---|---|---|
| 709~727 | 795~799 | 319~324 | 192~206 |

注：试验用钢主要化学成分（质量分数,%）为 C 0.27，Si 1.59，Mn 1.38，Ni 1.90，Cr 0.29，Mo 0.35。

### 1.6.3 力学性能

#### 1.6.3.1 常规力学性能

22(24,27)SiMnNi2CrMoA 钢的常规力学性能如表 1-39 所示。

**表 1-39 22(24,27)SiMnNi2CrMoA 钢的常规力学性能**

| $R_{p0.2}$/MPa | $R_m$/MPa | $A$/% | $Z$/% | $KV_2$/J |
|---|---|---|---|---|
| 1333 | 1612 | 13 | 54 | 30 |

圆坯（或方坯）试样经（920 ℃±5 ℃）×30 min 正火+890 ℃×30 min 油淬+200 ℃×60 min 回火后，纵向力学性能不低于表 1-39 所示的数值。

#### 1.6.3.2 断裂韧度

断裂韧度 $K_{IC}$ 为 112 MPa · $m^{1/2}$（试样热处理工艺与常规力学性能试样相同）。

#### 1.6.3.3 弹性模量

弹性模量 $E$（室温）为 2.06 GPa。

## 1.6.4 工艺性能

### 1.6.4.1 热成型（热轧）工艺参数

22(24,27)SiMnNi2CrMoA 钢的热成型（热轧）工艺参数如表 1-40 所示。

**表 1-40 22(24,27)SiMnNi2CrMoA 钢的热成型（热轧）工艺参数**

| 加热温度/℃ | 开始温度/℃ | 终止温度/℃ | 冷却方式 |
|---|---|---|---|
| 1160~1200 | 1150~1190 | ≥900 | 空冷 |

### 1.6.4.2 热处理工艺参数

22(24,27)SiMnNi2CrMoA 钢的热处理工艺参数如表 1-41 所示。

**表 1-41 22(24,27)SiMnNi2CrMoA 钢的热处理工艺参数**

| 项目 | 退火 | 正火 | 高温回火 | 淬火 | 回火 |
|---|---|---|---|---|---|
| 加热温度/℃ | 600~745<br>636~663 | 925~935 | 650 | 880~900 | 200 |
| 冷却方式 | 空冷 | 空冷 | 空冷 | 油冷 | 空冷 |
| 硬度（HB） | ≤230 | 375~401 | ≤260 | 444~461 | 429~436 |

### 1.6.4.3 等温冷却转变曲线

22(24,27)SiMnNi2CrMoA 钢的奥氏体等温冷却转变曲线如图 1-18 所示。

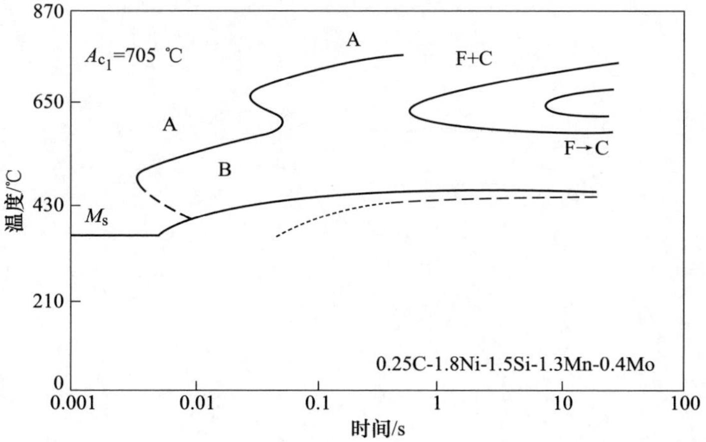


图 1-18 22(24,27)SiMnNi2CrMoA 钢的奥氏体等温冷却转变曲线

### 1.6.5　主要生产厂

22(24,27)SiMnNi2CrMoA 钢主要由大冶特殊钢公司、抚顺特殊钢公司、南京钢铁股份有限公司、西宁特殊钢公司、石家庄钢铁公司等生产钢坯，根据客户订货要求，国内各中空钢生产企业均可加工生产中空钢。

# 2　凿岩钻车用螺纹连接钎杆用钢

由于是凿岩钻车使用的钎具，因此钻车用螺纹连接钎杆的受力条件和工作状态与人工操作轻型凿岩机用锥体连接钎杆或整体钎杆有很大不同，失效情况和破断机理也比锥体连接钎杆或整体钎杆的复杂。因此，钻车螺纹连接钎杆用钢要根据钎杆所受应力和工作情况，失效分析和断裂机理来设计钎杆用钢，通常需要满足以下基本要求：

（1）高的耐磨性和高的韧性。钻车螺纹连接钎杆的主要失效部位是螺纹磨损与断裂，要求螺纹表面有足够的耐磨性，螺纹部位所受应力很大，容易产生应力集中导致的断裂，要求螺纹部位要有很高的韧性。

（2）高的疲劳强度和足够的刚性和弹性。钻车螺纹连接钎杆在凿岩过程中承受高频冲击应力作用，其破坏属疲劳断裂，螺纹连接钎杆用钢要有高的疲劳强度。钎杆中孔要通水进行湿式凿岩，还要求高的腐蚀疲劳强度。钻车螺纹连接钎杆一般较长或是接杆凿岩，凿岩机的推力很大，所以要求钻车螺纹连接钎杆用钢要有好的刚性和足够的弹性。

（3）低的缺口敏感性和低的疲劳裂纹扩展速率。钻车螺纹连接钎杆破坏绝大部分属疲劳破坏，钎杆用钢应具有低的缺口敏感性和低的疲劳扩展速率，将有利于延长疲劳源孕育期和疲劳裂纹的扩展期，达到提高钻车螺纹连接钎杆的寿命的目的。

（4）要有一定的高温硬度和抗高温软化性。钻车螺纹连接钎杆的螺纹失效机理是微动磨损和冲击磨损。螺纹连接钎杆所受高频冲击应力，其冲击频率一般在 3600~9000 次/min，阴阳螺纹之间往往产生高热。当钢的性能或经过热处理后，螺纹具有一定的高温硬度或抗高温软化能力时，将能减少因高频冲击产生的高热引起的硬度降低和快速磨损，从而提高螺纹的耐磨性和延长螺纹连接钎杆的寿命。

（5）要有足够高的强度。液压凿岩机是 20 世纪 70 年代开始生产并得到应用的一种新型凿岩机械，它具有能量利用率高、输出功率大、钻进速度快、噪声低、工作现场条件好、环境污染小、凿岩效率高及延长钎具寿命等优点。而与之配套的螺纹钎杆，是技术含量很高的钎杆品种，它的外形为一细长杆体，它的服役条件是在腐蚀介质中承受多冲拉压、多冲弯曲和多冲扭转的载荷，因而要求所用的钢铁材料性能必须优良、可靠。经测算，在液压凿岩机冲击功为 340 J 的载荷条件下，螺纹钎杆发生断裂的瞬间实际受力为 823 MPa。因而钎杆必须选用抗拉强度在 1373 MPa、屈服强度在 1275 MPa 以上的超高强度钢，这就对凿岩用中空钢提出了更高的要求。

目前常用的钢种很难达到上述性能的综合要求，即在单一或简单的热处理条件下也很难达到。要满足上述性能要求，需要在选择螺纹连接钎杆用钢的同时，对螺纹连接钎杆要进行的热处理或强化工艺一并考虑，或先确定主要热处理工艺或强化手段再进行钢种选择。因此，螺纹连接钎杆用钢也可以分为三类，即渗碳热处理类（如 23CrNi3Mo、22SiMnCrNi2Mo 等）、感应热处理类（如 38CrNi3Mo、40SiMnCrMoV 等）和常规热处理类（如 35SiMnMoV 等）。现国内外螺纹钎杆大部分采用前两类，而且渗碳热处理类占比更大，其质量高、寿命长。感应热处理类比例小，只在大直径接杆钎杆系列中采用，钻车钎杆系列较少使用，质量寿命次之；常规热处理类工艺较简单，只能满足螺纹钎杆的部分性能要求，质量寿命较低，现已很少采用。

目前 23CrNi3Mo 是世界各国钻车螺纹连接钎杆应用最多的钢种，经渗碳低温回火后，表面有高的疲劳强度和耐磨性，心部有良好的综合力学性能，低温冲击韧性也很好，是目前螺纹钎杆的首选钢种。用钻孔法生产的中空钢，经正确的制钎、热处理工艺，一般凿岩寿命可达 2000~3000 m。

38CrNi3Mo 是世界各国用感应淬火热处理做钻车螺纹连接钎杆最多的钢种，该钢在淬火高温回火后有良好的综合力学性能。螺纹部位最好经调质处理后再进行高频表面淬火和低温回火，经上述工艺处理后螺纹表面硬度可达到 HRC55 左右。高频表面淬火层不宜太深，否则会降低螺纹部位的整体韧性。该钢的淬透性好，机加工前螺纹部位需经软化退火，切削性能良好，有白点敏感性和回火脆性倾向。多用做大规格的圆形接杆钎，经正确的制钎、热处理工艺，一般凿岩寿命可达 1000~1200 m/支。

而 35SiMnMoV 钢若采用常规的热处理方法，很难满足螺纹钎杆的基本要求。只有在缺少整体渗碳炉或感应表面淬火设备的情况下，为暂时应急才选用常规热处理工艺来制作螺纹连接钎杆。

## 2.1　35SiMnMoV 钢

35SiMnMoV 钢可制作螺纹连接钎杆，也可用来制作锥体连接六角钎杆。近年来采掘设备正朝着大功率、高效率、液压化、深孔凿岩的方向快速发展，随着中深孔技术的不断发展，高效率、大功率液压凿岩机得到了广泛应用，该钢种已难适应现实的需求，现主要用作导轨式气动凿岩机螺纹连接钎杆。

### 2.1.1　化学成分

35SiMnMoV 钢的化学成分如表 2-1 所示。

表 2-1 35SiMnMoV 钢的化学成分（GB/T 1301—2008）

（质量分数,%）

| C | Si | Mn | Mo | V | Cu | S | P |
|---|---|---|---|---|---|---|---|
| 0.29~0.41 | 0.60~0.90 | 1.30~1.60 | 0.40~0.60 | 0.07~0.15 | ≤0.25 | ≤0.025 | ≤0.025 |

## 2.1.2 临界温度

35SiMnMoV 钢的临界温度如表 2-2 所示。

表 2-2 35SiMnMoV 钢的临界温度

| $A_{c_1}$/℃ | $A_{c_3}$/℃ | $M_s$/℃ | $M_z$/℃ | $A_{r_1}$/℃ | $v_{冷}$/℃·$s^{-1}$ | $M_{回火分解}$/℃ |
|---|---|---|---|---|---|---|
| 737 | 816 | 385 | 189 | 329~475 | 3.26 | 329~475 |

注：试验用钢化学成分（质量分数,%）为 C 0.33，Si 0.72，Mn 1.30，Mo 0.47，V 0.10，Cr 0.04，Ni 0.04，Cu 0.12，S 0.007，P 0.020。

## 2.1.3 力学性能

### 2.1.3.1 热处理对力学性能及寿命的影响

热处理制度对 35SiMnMoV 钢的力学性能及凿岩寿命的影响如表 2-3 所示。

表 2-3 热处理制度对 35SiMnMoV 钢的力学性能及凿岩寿命的影响

| 热处理制度 | 力学性能 | | | | | 凿岩平均寿命 /m·根$^{-1}$ |
|---|---|---|---|---|---|---|
| | $R_m$/MPa | $R_{p0.2}$/MPa | $A$/% | $Z$/% | $KV_2$/J | |
| 等温淬火，900 ℃加热，310 ℃等温 30 min | 1622 | 1362 | 9.5 | 54 | 62 | 63.2 |
| 900 ℃淬火，350 ℃回火 1 h | 1499 | 1259 | 13 | 50 | 70 | 62 |
| 900 ℃正火，200 ℃回火 1 h | 1303 | 809 | 14 | 43 | 57 | ($f$=14~16)200<br>($f$=10~12)300 |

### 2.1.3.2 弯曲疲劳试验

经测定，35SiMnMoV 钢在正火并低温回火条件下，钢的弯曲疲劳强度 $\sigma_{-1}$ = 568 MPa，此值与瑞典的 30CrNi3Mo 钢相当。

### 2.1.3.3 缺口敏感度

为了衡量钢种在应力集中条件下的敏感性，以及对于冶金缺陷及热处理缺陷的敏感性，进行了正火状态下的缺口敏感性试验，结果如下：

梅氏冲击吸收能量 $KU_2=62$ J，夏氏冲击吸收能量 $KV_2=28$ J，夏氏冲击吸收能量 $KV_2$/梅氏冲击吸收能量 $KU_2=28$ J/62 J=0.45。

抗拉强度 $R_m=1303$ MPa，缺口抗拉强度 $\sigma_{bH}=1588$ MPa，$\sigma_{bH}/R_m=1.218$。

### 2.1.4　工艺性能

#### 2.1.4.1　热成型工艺

35SiMnMoV 钢的热成型工艺参数如表 2-4 所示。

**表 2-4　35SiMnMoV 钢的热成型工艺参数**

| 加热温度/℃ | 开始温度/℃ | 终止温度/℃ | 冷却方式 |
|---|---|---|---|
| 1180~1200 | 1150~1180 | ≥850 | 缓冷 |

#### 2.1.4.2　热处理

A　淬（正）火温度的选择

35SiMnMoV 钢加热温度与性能的关系如图 2-1 所示。

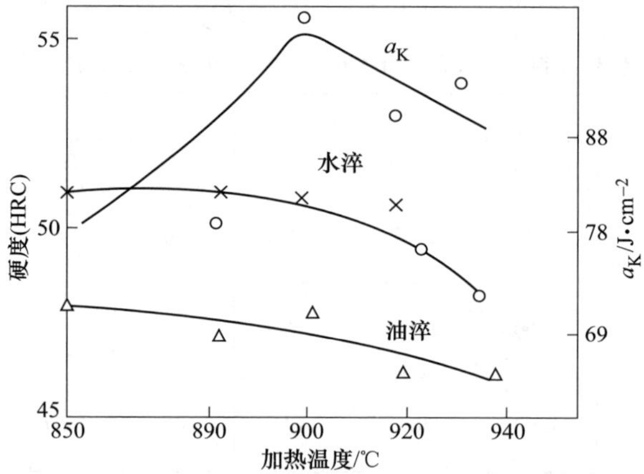


图 2-1　35SiMnMoV 钢加热温度与性能的关系

从图 2-1 可以看出，随着淬火加热温度的变化，硬度变化不大，即少量铁素体的存在不影响淬硬性；但冲击韧性的变化较为明显，少量铁素体存在将显著降低钢的冲击韧性。

金相分析表明，淬火温度超过 940 ℃时，晶粒将显著粗化。因此，建议淬（正）火温度以 $A_{c_3}$+(30~40 ℃）为宜，一般控制在 900 ℃左右为好。

B　模拟正火

35SiMnMoV 钢的模拟正火曲线如图 2-2 所示。

模拟正火的试样为 $\phi$40 mm×70 mm 圆棒，经 900 ℃ 保温 1 h 正火后，采用电火花切割成 $\phi$40 mm×35 mm，然后磨成 $\phi$40 mm×30 mm 测定切割面硬度，试验结果如图 2-2 所示。

由图 2-2 可以看出，35SiMnMoV 钢的淬透性良好，在正火状态下，也能保证钎杆径向力学性能均匀一致。

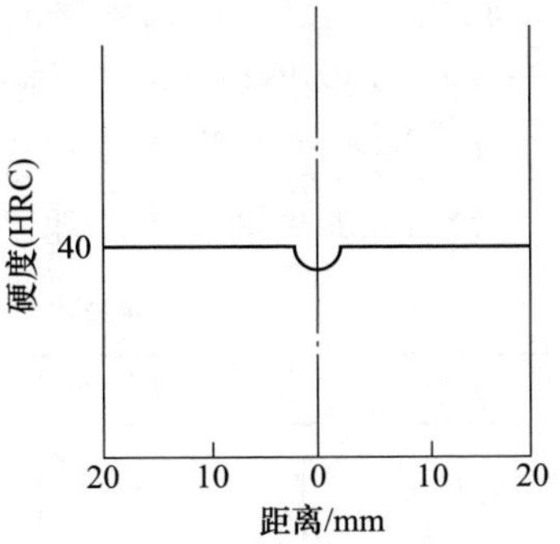

图 2-2　35SiMnMoV 钢的模拟正火曲线

C　回火稳定性

35SiMnMoV 钢的力学性能随回火温度而变化的情况如图 2-3 所示。

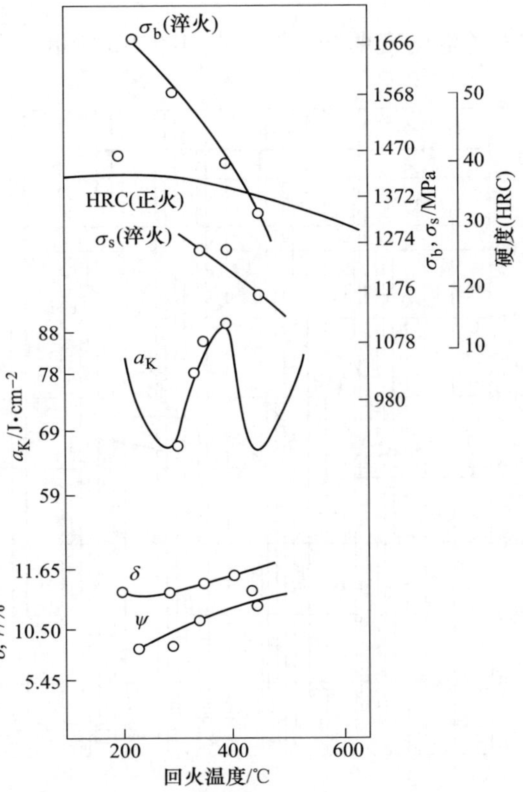

图 2-3　35SiMnMoV 钢回火时力学性能的变化

由图 2-3 可知，35SiMnMoV 钢回火稳定性良好，当回火温度超过 600 ℃时才明显软化，这也是贝氏体钢的优点，为软氮化、调质处理提供了条件。但是，在 250~350 ℃和 400~500 ℃两个温度区间回火，将出现第一、二类回火脆性。

D　热处理工艺参数

35SiMnMoV 钢的热处理工艺参数如表 2-5 所示。

**表 2-5　35SiMnMoV 钢的热处理工艺参数**

| 项目 | 退火 | 软化退火 | 正火 | 淬火 | 回火 |
|---|---|---|---|---|---|
| 温度/℃ | 860~880 | 680~720 | 880~900 | 860~880 | 220~450<br>640~660 |
| 冷却方式 | 炉冷 | 空冷 | 空冷 | 油冷 | 油冷或空冷 |
| 硬度（HBW） | ≤245 | ≤269 | >321 | >50（HRC） | 按需要 |

### 2.1.4.3　等温转变曲线

35SiMnMoV 钢的等温转变曲线如图 2-4 和图 2-5 所示。

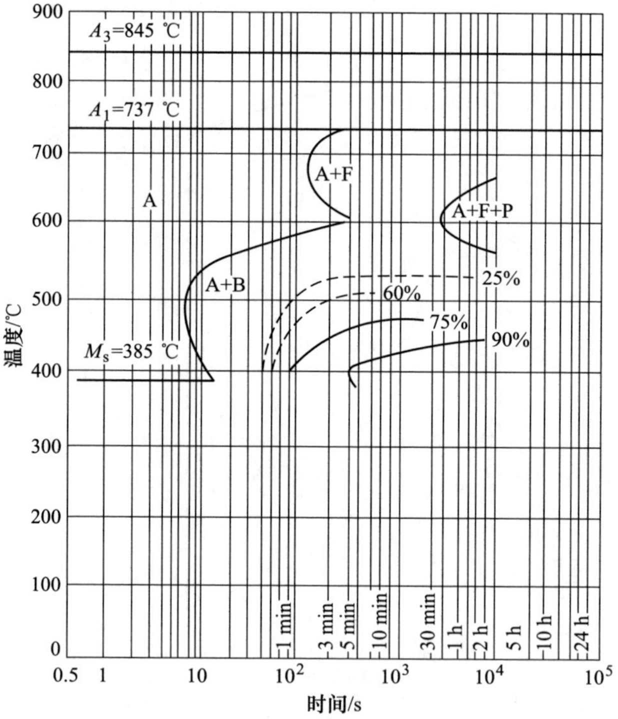


图 2-4　35SiMnMoV 钢的等温转变曲线

原始状态 1：高温回火，奥氏体化，900 ℃×15 min。晶粒度<10。

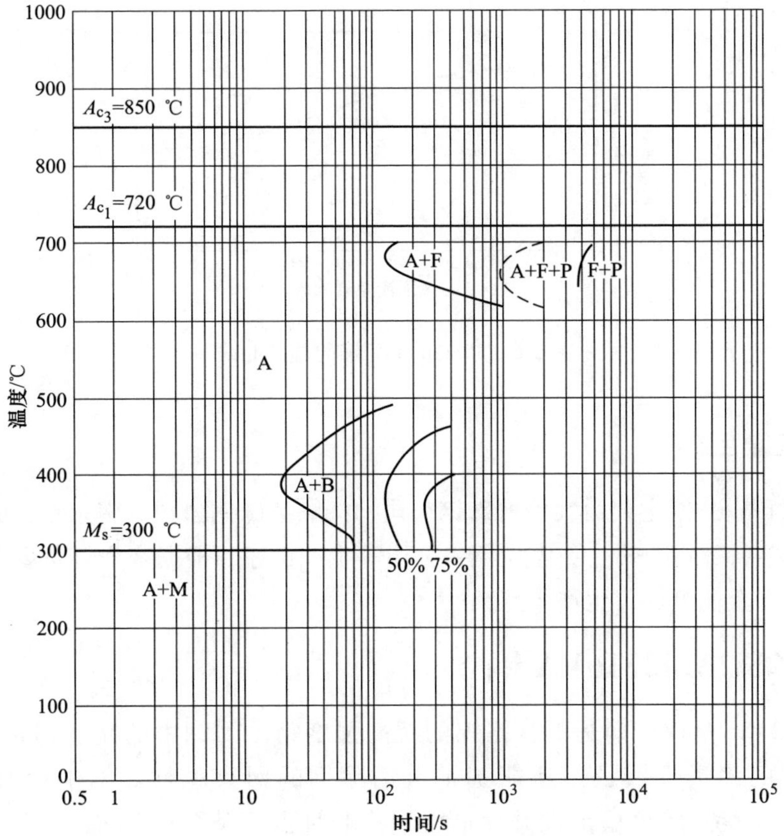


图 2-5 35SiMnMoV 钢的等温转变曲线

等温转变曲线采用磁性法初测，金相法终测。试验用钢成分与临界点用钢成分相同。

$M_s$ 点 385 ℃仅供参考，原因是在等温试验时（340 ℃）可获得理想的组织和性能，所以估计 $M_s$ 点低于 340 ℃，经理论计算 $M_s$ 点约为 315 ℃。

原始状态 2：退火，奥氏体化，920 ℃×15 min。试验用钢成分（质量分数,%）为 C 0.34，Si 1.54，Mn 1.74，Mo 0.386，V 0.276，P 0.020，S 0.005。

#### 2.1.4.4 端淬曲线

35SiMnMoV 钢的端淬曲线如图 2-6 所示。

### 2.1.5 交货状态

热轧状态交货。

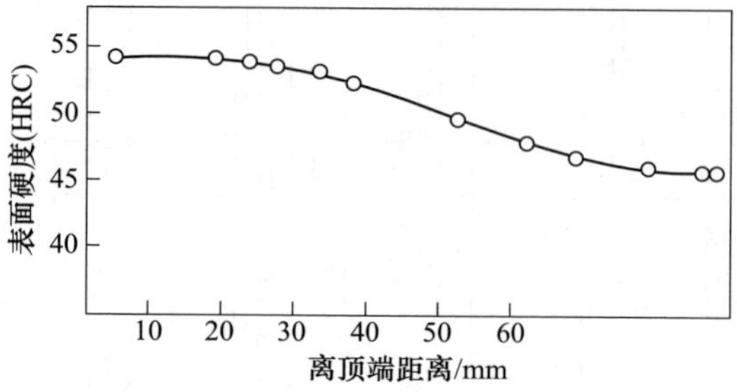


图 2-6 35SiMnMoV 钢的端淬曲线

### 2.1.6 主要生产厂

35SiMnMoV 钢主要由大冶特殊钢公司、抚顺特殊钢公司、南京钢铁股份有限公司、西宁特殊钢公司、石家庄钢铁公司等生产钢坯，根据客户订货要求，国内中空钢生产企业可加工生产中空钢。

## 2.2 32Si2Mn2MoVA 钢

32Si2Mn2MoVA 钢是不含铬镍的超高强度钢。因钢中的锰、钼含量较高，故具有高的淬透性，且钼还能基本上消除钢的回火脆性。钢中含有较高的硅，可以提高其回火稳定性并使低温回火脆性温度从 250 ℃提高到 350 ℃以上，因而淬火应力得到较好的消除，并且对韧性有利。此钢可做螺纹连接钎杆用钢。

### 2.2.1 化学成分

32Si2Mn2MoVA 钢的化学成分如表 2-6 所示。

**表 2-6 32Si2Mn2MoVA 钢的化学成分** （质量分数,%）

| C | Si | Mn | Mo | V | S | P |
|---|---|---|---|---|---|---|
| 0. 30~0. 36 | 1. 45~1. 75 | 1. 60~1. 90 | 0. 35~0. 55 | 0. 20~0. 35 | ≤0. 025 | ≤0. 025 |

### 2.2.2 物理性能

#### 2.2.2.1 临界温度和导热系数

32Si2Mn2MoVA 钢的临界温度和导热系数如表 2-7 所示。

**表 2-7 32Si2Mn2MoVA 钢的临界温度和导热系数**

| 临界温度/℃ | | | | 在下列温度时的导热系数 λ/W·(m·K)$^{-1}$ | | | | |
|---|---|---|---|---|---|---|---|---|
| $A_{c_1}$ | $A_{c_3}$ | $A_{r_1}$ | $A_{r_3}$ | 100 ℃ | 200 ℃ | 300 ℃ | 400 ℃ | 500 ℃ |
| 745 | 880 | 625 | 768 | 23.9 | 24.7 | 25.5 | 26.4 | 27.6 |

#### 2.2.2.2 线膨胀系数

32Si2Mn2MoVA 钢的线膨胀系数如表 2-8 所示。

**表 2-8 32Si2Mn2MoVA 钢的线膨胀系数**

| 温度/℃ | 20~100 | 20~200 | 20~300 | 20~400 | 20~500 | 20~600 | 20~700 |
|---|---|---|---|---|---|---|---|
| 线膨胀系数 α/℃$^{-1}$ | 10.87 $\times10^{-6}$ | 11.97 $\times10^{-6}$ | 12.67 $\times10^{-6}$ | 13.26 $\times10^{-6}$ | 13.41 $\times10^{-6}$ | 13.85 $\times10^{-6}$ | 14.16 $\times10^{-6}$ |

### 2.2.3 力学性能

#### 2.2.3.1 弹性模量

32Si2Mn2MoVA 钢的弹性模量如表 2-9 所示。

**表 2-9 32Si2Mn2MoVA 钢在下列温度时的弹性模量**

| 温度/℃ | 20 | 100 | 200 | 300 |
|---|---|---|---|---|
| 弹性模量 $E$/GPa | 213.6 | 207.8 | 198.9 | 191.1 |

#### 2.2.3.2 室温力学性能

32Si2Mn2MoVA 钢的室温力学性能如表 2-10 所示。

**表 2-10 32Si2Mn2MoVA 钢的室温力学性能（实测数据）**

| 热处理工艺 | $R_m$/MPa | $R_{p0.2}$/MPa | $A$/% | $Z$/% | $KU_2$/J |
|---|---|---|---|---|---|
| (920±10) ℃淬火，280~320 ℃回火 | 1813~1921 | 1715~1803 | 10~10.5 | 44~46 | 50~61 |

#### 2.2.3.3 回火温度对力学性能的影响

32Si2Mn2MoVA 钢的回火温度对力学性能的影响如图 2-7 所示。

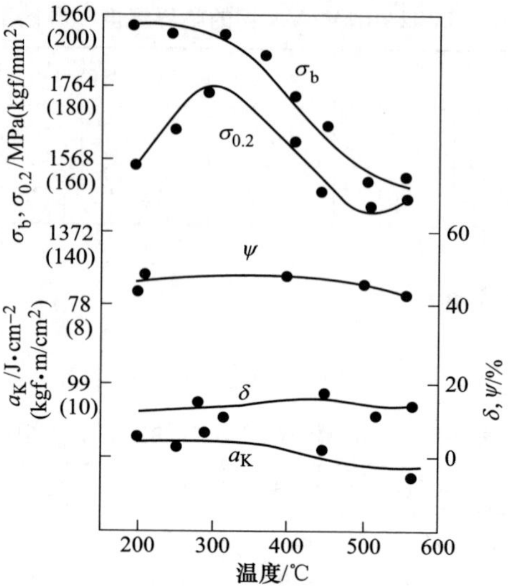


图 2-7　32Si2Mn2MoVA 钢的回火温度对力学性能的影响

（920 ℃±10 ℃淬火，回火时保温 2 h）

### 2.2.3.4　缺口拉伸强度

32Si2Mn2MoVA 钢的缺口拉伸强度如表 2-11 所示。

**表 2-11　32Si2Mn2MoVA 钢的缺口拉伸强度**

| 回火温度/℃ | $R_m$/MPa | $\sigma_{bH}$/MPa | 应力集中系数 $K_1$ | 缺口敏感系数 $K=\sigma_{bH}/R_m$ |
|---|---|---|---|---|
| 290 | 1823 | 2009 | 4.9 | 1.10 |
| 320 | 1808 | 2196 | 4.9 | 1.21 |
| 350 | 1779 | 2058 | 5.0 | 1.16 |

注：试样尺寸为外径 10 mm，缺口底部直径 7 mm，缺口角 60°，缺口底部曲率半径 0.12 mm。

### 2.2.3.5　常规力学性能及断裂韧度

32Si2Mn2MoVA 钢在不同热处理制度下的常规力学性能及断裂韧度如表 2-12 所示。

**表 2-12　32Si2Mn2MoVA 钢在不同热处理制度下的常规力学性能及断裂韧度**

| 热处理 | | $R_m$/MPa | $R_{p0.2}$/MPa | $A$/% | $Z$/% | $KU_2$/J | $K_{IC}$ /MPa · m$^{1/2}$ |
|---|---|---|---|---|---|---|---|
| 淬火温度/℃ | 回火温度/℃ | | | | | | |
| 920 | 240 | 1954 | 1672 | 11.0 | 46.0 | 46 | 89.5 |

续表 2-12

| 热处理 | | $R_m$/MPa | $R_{p0.2}$/MPa | $A$/% | $Z$/% | $KU_2$/J | $K_{IC}$ /MPa · $m^{1/2}$ |
|---|---|---|---|---|---|---|---|
| 淬火温度/℃ | 回火温度/℃ | | | | | | |
| 920 | 280 | 1954 | 1774 | 10.5 | 49 | 53 | 84.0 |
| 920 | 320 | 1885 | 1674 | 12 | 49 | 54 | 79.5 |

注：试验用钢主要成分（质量分数,%）为 C 0.35，Mn 1.94，Si 1.49，Mo 0.55，V 0.14；$K_{IC}$值为 4 个试样的平均值。

#### 2.2.3.6 较高温度下的拉伸性能

32Si2Mn2MoVA 钢在较高温度下的拉伸性能如表 2-13 所示。

**表 2-13 32Si2Mn2MoVA 钢在较高温度下的拉伸性能**

| 试验温度/℃ | $R_m$/MPa | $A$/% | $Z$/% |
|---|---|---|---|
| 300 | 1700 | 16 | 50 |
| 320 | 1681 | 16 | 56 |

#### 2.2.3.7 低温冲击吸收能量

32Si2Mn2MoVA 钢的低温冲击吸收能量如表 2-14 所示。

**表 2-14 32Si2Mn2MoVA 钢的低温冲击吸收能量**

| 回火温度/℃ | 在下列温度时的 $KU_2$/J | | | | | | | |
|---|---|---|---|---|---|---|---|---|
| | -70 ℃ | -60 ℃ | -40 ℃ | -30 ℃ | -20 ℃ | 0 ℃ | 20 ℃ | 60 ℃ |
| 320 | | 43 | 46 | | 47 | 45 | 46 | |
| 370 | 42 | | | 49 | | 49 | 48 | 51 |

### 2.2.4 工艺性能

#### 2.2.4.1 热成型工艺

32Si2Mn2MoVA 钢的热成型工艺参数如表 2-15 所示。

**表 2-15 32Si2Mn2MoVA 钢的热成型工艺参数**

| 加热温度/℃ | 开始温度/℃ | 终止温度/℃ | 冷却方式 |
|---|---|---|---|
| 1150~1180 | 1050~1100 | ≥850 | 砂冷或炉冷 |

#### 2.2.4.2 热处理工艺

32Si2Mn2MoVA 钢的热处理工艺参数如表 2-16 所示。

**表 2-16 32Si2Mn2MoVA 钢的热处理工艺参数**

| 项目 | 高温软化回火 | 正火 | 淬火 | 回火 |
|---|---|---|---|---|
| 加热温度/℃ | 680~700 | 900~920 | 920 | 280~320 |
| 冷却方式 | 炉冷 | 空冷 | 油冷 | 空冷 |

### 2.2.5 主要生产厂

32Si2Mn2MoVA 钢主要由大冶特殊钢公司、抚顺特殊钢公司、南京钢铁股份有限公司、西宁特殊钢公司、石家庄钢铁公司等生产钢坯，山东鹏瑞凿岩科技公司、河南千王钎具公司、首钢贵阳特殊钢公司等中空钢生产企业可以根据客户需求生产中空钢。

## 2.3 40SiMnCrMoVA 钢

40SiMnCrMoVA 钢是在 20 世纪 80 年代国家“六五”科技攻关中由北京科技大学、北京钢铁研究总院、贵阳特殊钢公司共同研制、开发的改渗碳淬火工艺为感应淬火工艺的重型钎杆用钢。用此钢做成的 *R*38 mm×3050 mm 梯形螺纹重型钎杆，20 世纪 80 年代末期在珠海快捷石矿有限公司等地与国外钎具制造公司的同类钎杆进行工业性对比试验，取得较高的凿岩寿命和比较理想的使用结果，并通过了鉴定，获得国家科技进步奖三等奖。不足之处是该钢没有大量生产和投入市场。

### 2.3.1 化学成分

40SiMnCrMoVA 钢的化学成分如表 2-17 所示。

**表 2-17 40SiMnCrMoVA 钢的化学成分** （质量分数，%）

| C | Si | Mn | Cr | Mo | V | S | P |
|---|---|---|---|---|---|---|---|
| 0.37~0.43 | 1.10~1.20 | 1.00~1.30 | 0.80~1.20 | 0.40~0.60 | 0.05~0.15 | ≤0.025 | ≤0.025 |

### 2.3.2 临界温度

40SiMnCrMoVA 钢的临界温度如表 2-18 所示。

表 2-18 40SiMnCrMoVA 钢的临界温度 (℃)

| $A_{c_1}$ | $A_{c_3}$ | $B_s$ | $B_z$ |
|---|---|---|---|
| 762 | 845 | 455 | 290 |

注：$B_s$ 为贝氏体开始转变温度，$B_z$ 为贝氏体转变终止温度。采用 HTV 型示差热膨胀仪，以 3 ℃/min 升温，并以 40~60 ℃/min 降温。

## 2.3.3 力学性能

### 2.3.3.1 常温力学性能

40SiMnCrMoVA 钢的常温力学性能如表 2-19 所示。

表 2-19 40SiMnCrMoVA 钢的常温力学性能

| 钢号 | 热处理工艺 | $R_m$ /MPa | $R_{p0.2}$ /MPa | $A$/% | $Z$/% | 硬度(HRC) | $KU_2$/J | $KV_2$/J | 断裂韧度 /MPa · $m^{1/2}$ |
|---|---|---|---|---|---|---|---|---|---|
| 40SiMnCrMoVA | 正火 | 1503 | 1011 | 6 | 20 | 43 | 61 | 26 | 65 |
| 40CrNi3Mo | 正火 | 1749 | 1249 | 3 | 3 | 56 | 44 | 18 | 57 |
| 40SiMnCrMoVA | 调质 | 855 | 700 | 16 | 56 | 21 | 110 | 72 | |
| 40CrNi3Mo | 调质 | 1032 | 520 | 13 | 42 | 27 | 54 | 30 | |

### 2.3.3.2 接触疲劳强度

40SiMnCrMoVA 及 40CrNi3Mo 钢的接触疲劳强度如表 2-20 所示。

表 2-20 40SiMnCrMoVA 及 40CrNi3Mo 钢的接触疲劳强度

| 钢号 | $\sigma_{lim}$/MPa | | | | 平均值/MPa |
|---|---|---|---|---|---|
| 40SiMnCrMoVA | 1138 | 1599 | 794 | 784 | 1079 |
| 40CrNi3Mo | 1991 | 1422 | 431 | 117 | 1236 |

40SiMnCrMoVA 及 40CrNi3Mo 在室温大气下的 $S$-$N$ 曲线如图 2-8 所示。

40SiMnCrMoVA 及 40CrNi3Mo 在滴水介质下的 $S$-$N$ 曲线如图 2-9 所示。

## 2.3.4 工艺性能

### 2.3.4.1 低温回火脆性

V 形缺口冲击试样经 950 ℃加热淬火，而后于不同温度回火（1 h）空冷，测其冲击吸收能量，并在低温回火脆性温度取试样做透射电镜，观察其组织。低温回火脆性区在 400 ℃附近，这主要是钢中含 Si，致使回火脆性温度范围提高。这样在淬火后于 300~350 ℃范围内回火也不至于使韧性降低使钎杆发生脆断。

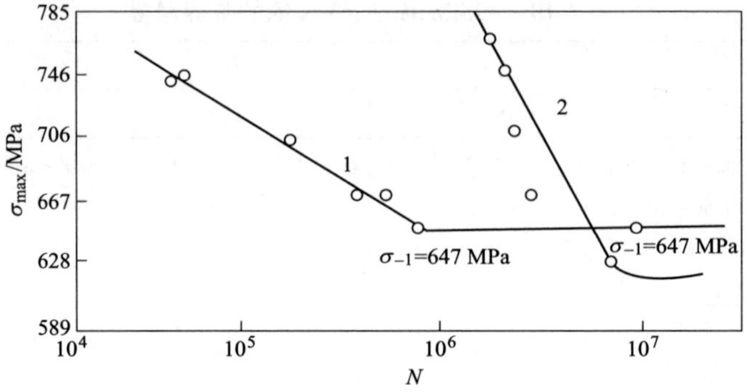


图 2-8　40SiMnCrMoVA 及 40CrNi3Mo 在室温大气下的 $\sigma_{max}$-$N$ 曲线

1—40SiMnCrMoVA；2—40CrNi3Mo

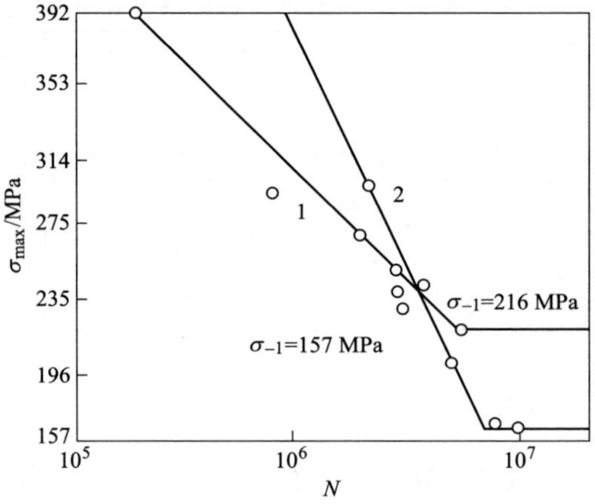


图 2-9　40SiMnCrMoVA 及 40CrNi3Mo 在滴水介质下的 $S$-$N$ 曲线

1—40SiMnCrMoVA；2—40CrNi3Mo

400~420 ℃回火试样在电镜下观察，明显可看出回火马氏体边界上存在渗碳体，这正是产生低温回火脆性的原因所在。

### 2.3.4.2　端淬

40SiMnCrMoVA 钢的端淬曲线如图 2-10 所示。

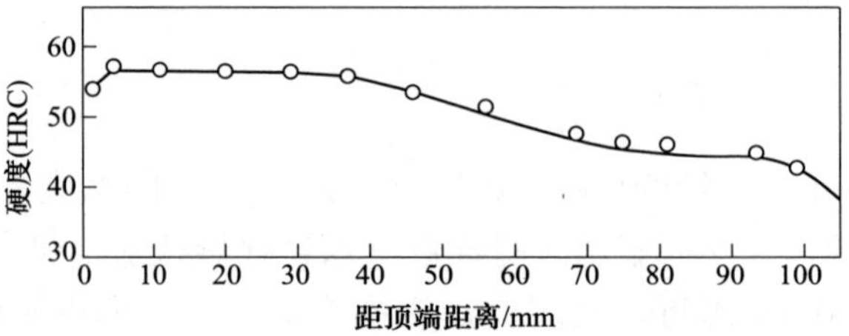


图 2-10　40SiMnCrMoVA 钢的端淬曲线

#### 2.3.4.3　连续冷却转变曲线

40SiMnCrMoVA 钢的连续冷却转变曲线如图 2-11 所示。

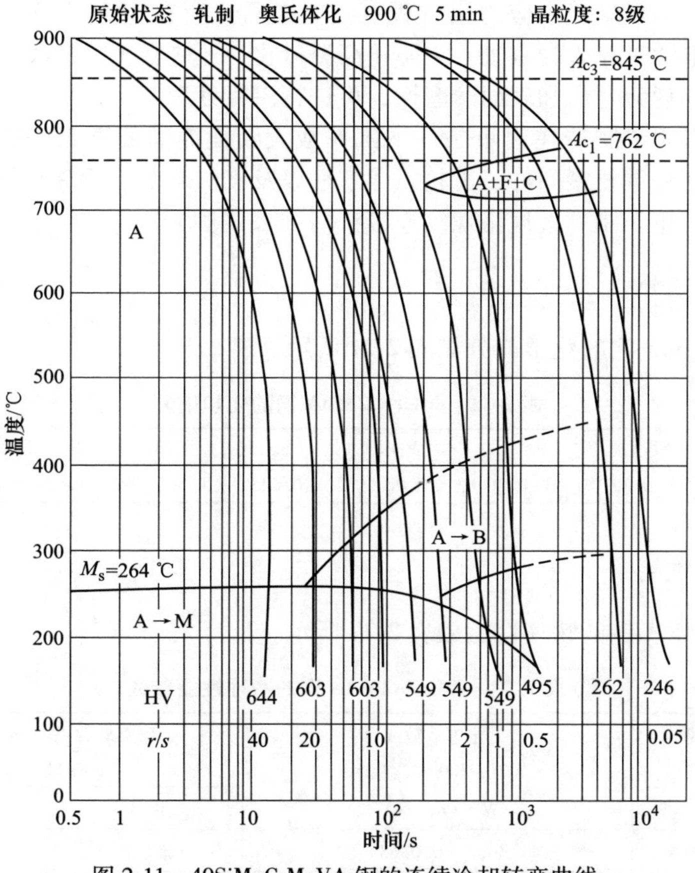

图 2-11　40SiMnCrMoVA 钢的连续冷却转变曲线

### 2.3.5　主要生产厂

40SiMnCrMoVA 钢主要由大冶特殊钢公司、抚顺特殊钢公司、南京钢铁股份有限公司、西宁特殊钢公司、石家庄钢铁公司等生产钢坯，山东鹏瑞凿岩科技公司、河南千王钎具公司、首钢贵阳特殊钢公司等中空钢生产企业可以根据客户需求生产中空钢。

## 2.4　40CrNi2MoA 钢

40CrNi2MoA 钢淬透性高，直径在 75 mm 以下时，油淬可以淬透，因含有钼，基本上可以避免回火脆性。此钢强度、塑性、韧性、疲劳强度及抗蠕变性能均良好。

此钢淬火后，适当调整其回火温度，可以获得不同的强度和韧塑性值。但在较高强度水平时，其氢脆敏感性增大，抗腐蚀开裂性差，在较高应力集中处，即使在慢速载荷或恒定低应力持久载荷下，也会发生脆性断裂。因此，在高强度水平下应用时，须尽量减小应力集中程度。电镀后，应在 185~195 ℃烘烤 8 h 以上，以驱除电镀时充入的氢气。为防止高温氧化，还应在 175~200 ℃再烘烤3 h。为提高零件的疲劳寿命和表面耐磨性，可进行渗氮处理。

此钢一般用于制造在繁重条件下工作或大断面而需要高强度的零件，如螺栓、螺钉、各种重要紧固件、齿轮、活塞杆以及飞机起落装置等其他构件。

此钢也可用于制作大规格螺纹连接钎杆（如德国）。

### 2.4.1　化学成分

40CrNi2MoA 钢的化学成分如表 2-21 所示。

**表 2-21　40CrNi2MoA 钢的化学成分**　　（质量分数,%）

| C | Si | Mn | P | S | Cr | Ni | Mo |
|---|---|---|---|---|---|---|---|
| 0.38~0.43 | 0.20~0.35 | 0.60~0.80 | ≤0.025 | ≤0.025 | 0.70~0.90 | 1.65~2.00 | 0.20~0.30 |

### 2.4.2　物理性能

40CrNi2MoA 钢的物理性能如表 2-22 所示。

**表 2-22　40CrNi2MoA 钢的物理性能参数**

| 临界温度（近似值）/℃ | | 导热系数 $\lambda$（20~300 ℃之间）/W·(m·K)$^{-1}$ | | | | 在下列温度时的电阻率 $\rho$ /μΩ·cm | | | |
|---|---|---|---|---|---|---|---|---|---|
| $A_{c_1}$ | $A_{c_3}$ | | | | | 50 ℃ | | 300 ℃ | |
| 732 | 774 | 36.3（0.0868） | | | | 11.7 | | 18.7 | |
| 温度/℃ | | 室温 | 100 | 200 | 300 | 400 | 500 | 600 | 700 |
| 线膨胀系数 $\alpha$/℃$^{-1}$ | | | $8.2\times10^{-6}$ | $10.5\times10^{-6}$ | $11.8\times10^{-6}$ | $13\times10^{-6}$ | $13.7\times10^{-6}$ | $13.75\times10^{-6}$ | $13.52\times10^{-6}$ |

注：线膨胀系数数据为室温与所列温度范围间的平均值。

### 2.4.3　力学性能

#### 2.4.3.1　弹性模量及切变弹性模量

40CrNi2MoA 钢的弹性模量及切变弹性模量如表 2-23 所示。

**表 2-23　40CrNi2MoA 钢的弹性模量及切变弹性模量**

| 弹性模量 $E$/GPa | 209.7 | 208.7 | 203.8 | 198.0 | 188.2 | 175.4 | 160.7 | 139.2 |
|---|---|---|---|---|---|---|---|---|
| 切变弹性模量 $G$/GPa | 75.7 | 74.3 | 72.0 | 69.1 | 65.5 | 61.0 | 54.9 | 45.9 |

### 2.4.3.2 室温力学性能

40CrNi2MoA 钢的室温力学性能如表 2-24 所示。

**表 2-24 40CrNi2MoA 钢的室温力学性能**

| 试样毛坯尺寸/mm | 热处理工艺 | $R_{p0.2}$/MPa | $R_m$/MPa | $A$/% | $Z$/% | $KU_2$/J | $K_{IC}$/MPa · $m^{1/2}$ |
|---|---|---|---|---|---|---|---|
| 25 | 900 ℃正火，850 ℃油淬，220 ℃回火 | ≥1520 | ≥1815 | ≥10 | ≥40 | ≥49 | |
| 25 | 850 ℃淬火，220 ℃回火 | 1550~1608 | 1883~2020 | 11~15 | 40~52 | 56~74 | 54.9~71.9 |

注：首行数据为有关标准规定，第二行为实测数据。

### 2.4.3.3 淬火后在不同温度回火后的室温力学性能

40CrNi2MoA 钢淬火后回火温度对力学性能的影响如图 2-12 所示。

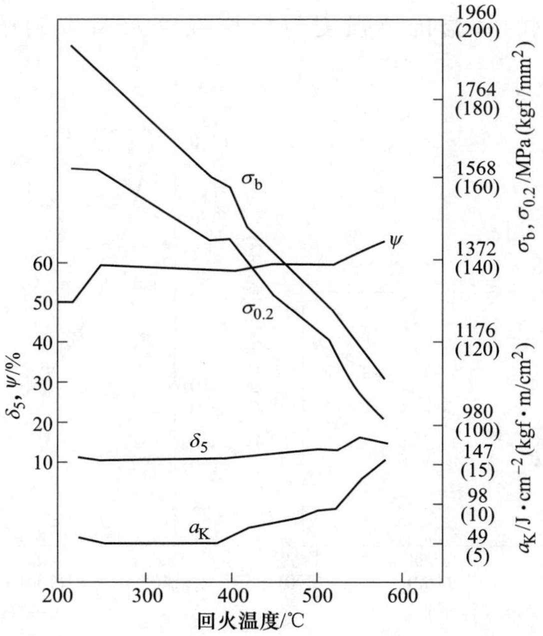


图 2-12 40CrNi2MoA 钢淬火后，回火温度对力学性能的影响

（试验用钢主要成分（质量分数,%）为 C 0.43，Cr 0.86，Ni 1.91，Mo 0.29）

### 2.4.3.4　不同熔炼方式对疲劳性能的影响

40CrNi2MoA 钢不同熔炼方式对疲劳性能的影响如图 2-13 所示。

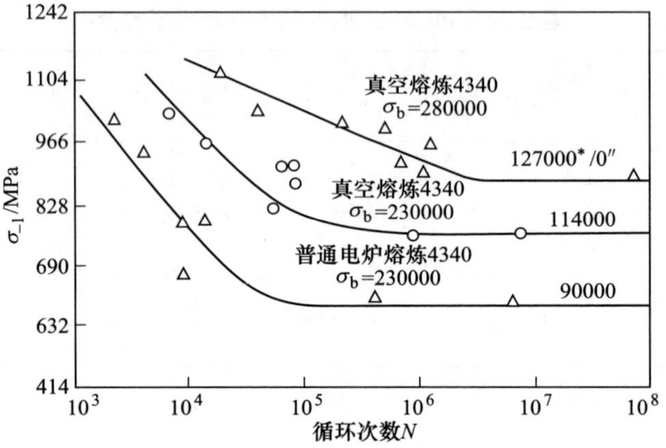


图 2-13　40CrNi2MoA 钢不同熔炼方式对疲劳性能的影响

### 2.4.3.5　室温抗拉强度与抗切强度及断裂韧性的关系

40CrNi2MoA 钢的室温抗拉强度与抗切强度及断裂韧性的关系如图 2-14 所示。

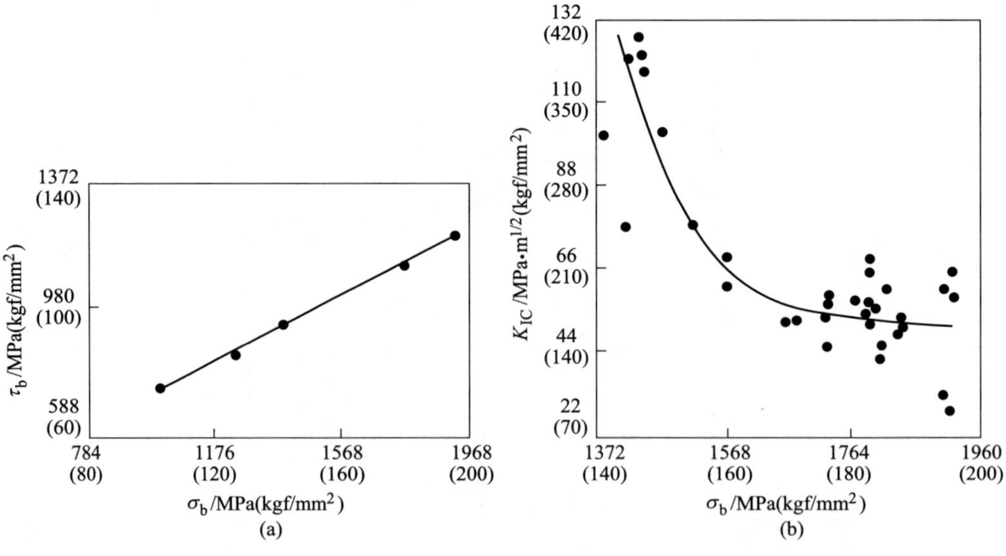


图 2-14　40CrNi2MoA 钢的室温抗拉强度与抗切强度及断裂韧性的关系

（a）抗拉强度 $\sigma_b$ 与抗切强度 $\tau_b$ 的关系曲线；（b）抗拉强度 $\sigma_b$ 与断裂韧性 $K_{IC}$ 的关系曲线

#### 2.4.3.6 高温抗拉性能

40CrNi2MoA 钢的高温抗拉性能如表 2-25 所示。

**表 2-25 40CrNi2MoA 钢的高温抗拉性能**

| 温度/℃ | $R_m$/MPa | $A$/% | $Z$/% |
|---|---|---|---|
| 250 | 1265 | 19 | 62.5 |
| 350 | 1152 | 20 | 73.0 |
| 450 | 956 | 19 | 775 |

注：试样经 900 ℃×20 min 正火，900 ℃×30 min 淬火，480 ℃×4 h 回火。

#### 2.4.3.7 低温冲击吸收能量

40CrNi2MoA 钢的低温冲击吸收能量如表 2-26 所示。

**表 2-26 40CrNi2MoA 钢的低温冲击吸收能量**

| 温度/℃ | -60 | -40 | -20 | 0 | 20 |
|---|---|---|---|---|---|
| $KU_2$/J | 44 | 44~46 | 42~46 | 47~50 | 43~48 |

### 2.4.4 工艺性能

#### 2.4.4.1 冶炼

在电炉、真空感应炉及自耗电极炉中熔炼，以及电渣重熔等。重熔钢的均匀性较好，性能大有改善，特别是横向性能。40CrNi2MoA 钢中平均气体含量如表 2-27 所示。

**表 2-27 40CrNi2MoA 钢中平均气体含量**

| 熔炼方法 | $H_2$ | $O_2$ | $N_2$ |
|---|---|---|---|
| 空气电炉 | $1.4\times10^{-6}$ | $25\times10^{-6}$ | $100\times10^{-6}$ |
| 真空炉 | $0.9\times10^{-6}$ | $4\times10^{-6}$ | $53\times10^{-6}$ |

#### 2.4.4.2 热成型工艺

40CrNi2MoA 钢的热成型工艺参数如表 2-28 所示。

**表 2-28 40CrNi2MoA 钢的热成型工艺参数**

| 加热温度/℃ | 开始温度/℃ | 终止温度/℃ | 冷却方式 |
|---|---|---|---|
| 1140~1200 | 1050~1100 | ≥850 | 缓冷 |

#### 2.4.4.3 被切削性

钢材在粗切削加工前进行高温回火，可得到部分球化组织，改善其被切削性。经热处理到所需强度水平后，仍可进行精加工；但加工后应进行消除残余应力处理。在冷状态下校直后，也应进行消除残余应力处理。

#### 2.4.4.4 焊接性能

需要时可以焊接。但焊条成分应与母材相同，电弧焊要用带药皮的焊条。薄板不宜点焊，因有自硬现象，易导致开裂。焊后应进行退火、正火及回火处理，以消除内应力。

#### 2.4.4.5 热处理工艺

40CrNi2MoA 钢的热处理工艺参数如表 2-29 所示。

**表 2-29 40CrNi2MoA 钢的热处理工艺参数**

| 项目 | 退火① | 正火① | 软化回火 | 淬火②③ | | 淬火后回火 | 消除应力及稳定化处理⑤~⑦ | 烘焙⑧ |
|---|---|---|---|---|---|---|---|---|
| 加热温度/℃ | 830~900 | 860~930 | 650~680 | 820~860 | 820~860 | 根据需要的强度来选择④ | 不超过淬火后的回火温度 | 180~195 |
| 冷却方式 | 炉冷到 600 ℃后灰中缓冷 | 空冷 | 空冷 | 油冷 | 200~210 ℃盐浴中保温不小于 10 min，而后空冷到 65 ℃以下 | 空冷 | 空冷或缓冷 | 空冷 |

①退火与正火的保温时间按工件最大厚度每 25 mm 1 h 计算。

②淬火奥氏体化温度下的保温时间按工件最大厚度每 25 mm 15 min 计算，但最少不少于 15 min；焊接工件，在奥氏体淬化前应先进行正火处理。

③应避免或消除脱碳，直径小于 75 mm 的圆棒可以油淬，较大截面工件可以水淬。

④淬火后回火温度及时间须根据需要的工件强度来选择，表 2-30 可作为参考。

**表 2-30 40CrNi2MoA 钢的回火温度及时间与所需强度的关系**

| 需要的工件强度/MPa | 1098~1235 | 1235~1372 | 1372~1519 | 1793~1931 |
|---|---|---|---|---|
| 回火温度/℃ | 510~590 | 450~510 | 400~455 | 200~260 |
| 回火时间/h | 4 | 4 | 4 | ≥6 |

低温回火的温度选择也须适当考虑工件淬火后的硬度，淬火硬度偏低时应采用下限，偏高时则可采用上限。回火时间一般按每 25 mm 需 2 h 计算，但不得小于 6 h。

⑤喷丸处理可改善高强度水平下的抗疲劳性能。热处理到强度超出 1760 MPa（180 $kgf/mm^2$）的材料，在清洗及电镀前应进行消除应力处理，喷丸处理后唯一允许进行的操作是研磨。

⑥工件经校直、切削等后，应进行消除残余应力处理，处理温度不得超过原来的回火温度，否则将导致工件强度的降低。

⑦热处理到 $\sigma_b$ 大于 1760 MPa 的工件或材料，最后应在 120 ℃再进行奥氏体稳定化处理 12~24 h。

⑧为了消除氢脆，工件电镀后应在 180~195 ℃烘焙至少 8 h。

#### 2.4.4.6　等温转变曲线

40CrNi2MoA 钢的等温转变曲线如图 2-15 所示。

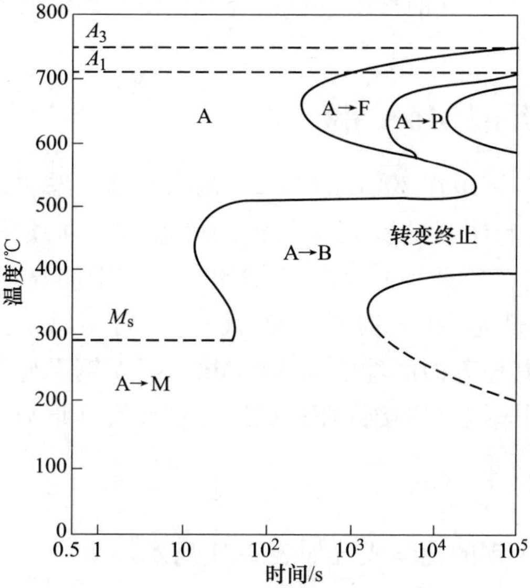


图 2-15　40CrNi2MoA 钢的等温转变曲线

（试验用钢主要成分（质量分数,%）为 C 0.4，Cr 0.8，Ni 1.8，Mo 0.3；奥氏体化温度为 845 ℃）

#### 2.4.4.7　淬透性

40CrNi2MoA 钢的淬透性带如图 2-16 所示。

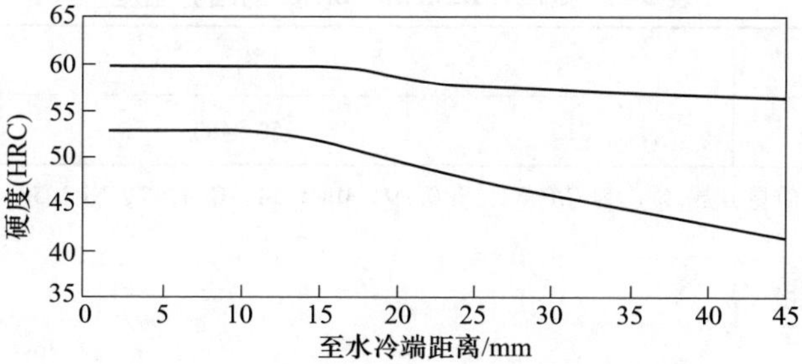


图 2-16　40CrNi2MoA 钢的淬透性带

### 2.4.5　主要生产厂

40CrNi2MoA 钢可以由大冶特殊钢公司、抚顺特殊钢公司、南京钢铁股份有限公司、西宁特殊钢公司、石家庄钢铁公司等生产钢坯，山东鹏瑞凿岩科技公司、河南千王钎具公司、首钢贵阳特殊钢公司等中空钢生产企业可以根据客户需求生产中空钢。

## 2.5　30CrMnSiNi2MoA 钢

30CrMnSiNi2MoA 钢是在 30CrMnSiNi2A 钢的基础上添加 0.20%~0.30%Mo 而形成的。添加钼以后最明显的变化是使钢的等温转变曲线的珠光体转变区向右移，从而进一步提高了淬透性；由于添加钼，既使钢明显地减小了回火脆性倾向，又改善了钢的低温冲击韧性，而且也有利于改进钢锭的表面质量。30CrMnSiNi2MoA 钢其他方面的性能与 30CrMnSiNi2A 钢无显著区别。

此钢也可用于制作螺纹连接钎杆和螺纹连接钎头（瑞典称作钎头 3 号）。

### 2.5.1　化学成分

30CrMnSiNi2MoA 钢的化学成分如表 2-31 所示。

**表 2-31　30CrMnSiNi2MoA 钢的化学成分**　　（质量分数,%）

| C | Si | Mn | Cr | Ni | Mo | P | S |
|---|---|---|---|---|---|---|---|
| 0.28~0.35 | 0.90~1.20 | 1.00~1.30 | 0.90~1.20 | 1.40~1.80 | 0.20~0.30 | ≤0.025 | ≤0.025 |

### 2.5.2　临界温度

30CrMnSiNi2MoA 钢的临界温度如表 2-32 所示。

**表 2-32　30CrMnSiNi2MoA 钢的临界温度**

| $A_{c_1}$ | $A_{c_3}$ | $A_r$ | $M_s$ |
|---|---|---|---|
| 750 | 815 | 350~480 | 340 |

注：用钢成分（质量分数,%）为 C 0.32，Si 0.99，Mn 1.14，Cr 1.12，Ni 1.58，Mo 0.20。

### 2.5.3　力学性能

#### 2.5.3.1　室温力学性能

30CrMnSiNi2MoA 钢的室温力学性能如表 2-33 所示。

表 2-33 30CrMnSiNi2MoA 钢的室温力学性能

| 热处理毛坯直径/mm | 热处理制度 | $R_m$ /MPa | $R_{p0.2}$ /MPa | A/% | Z/% | $KU_2$/J | 备注 |
| --- | --- | --- | --- | --- | --- | --- | --- |
| 25 | 900 ℃油淬，250 ℃回火，空冷；或 900 ℃加热，于(260±20) ℃等温淬火 | ≥1568 | | ≥9 | ≥40 | ≥46 | 50 炉钢① |
| | 890 ℃ 30 min 油淬，290 ℃ 180 min 回火，空冷 | $\frac{1634\sim1823}{1721}$ | $\frac{1382\sim1529}{1477}$ | $\frac{9\sim19}{12.3}$ | $\frac{45\sim57.3}{50.5}$ | $\frac{46\sim69}{54}$ | |

注：分子为数据范围，分母为平均值。

①协议力学性能指标。

### 2.5.3.2 不同热处理后的力学性能

30CrMnSiNi2MoA 钢不同温度回火的力学性能如图 2-17 所示。

30CrMnSiNi2MoA 钢等温淬火后不同温度回火的力学性能如图 2-18 所示。

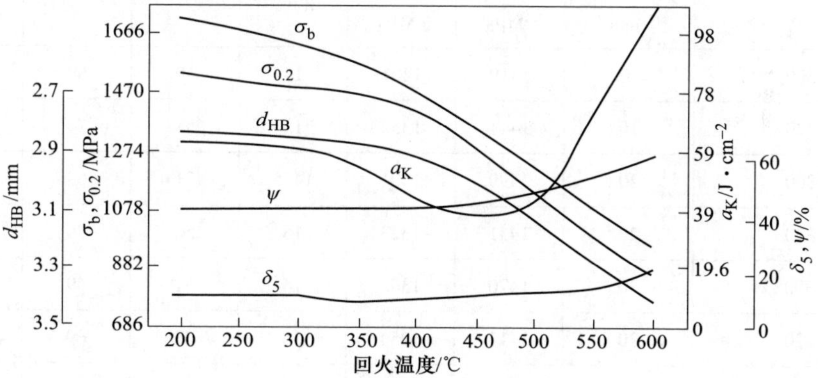


图 2-17 30CrMnSiNi2MoA 钢不同温度回火的力学性能

（用钢成分（质量分数,%）为 C 0.32，Si 0.99，Mn 1.14，Cr 1.12，Ni 1.58，Mo 0.20；试样取自 16 mm 厚的钢板，纵向，900 ℃ 15 min 油淬，不同温度回火 2 h 空冷）

### 2.5.3.3 等温淬火时等温时间对力学性能的影响

30CrMnSiNi2MoA 钢等温淬火时等温时间对力学性能的影响如表 2-34 所示。

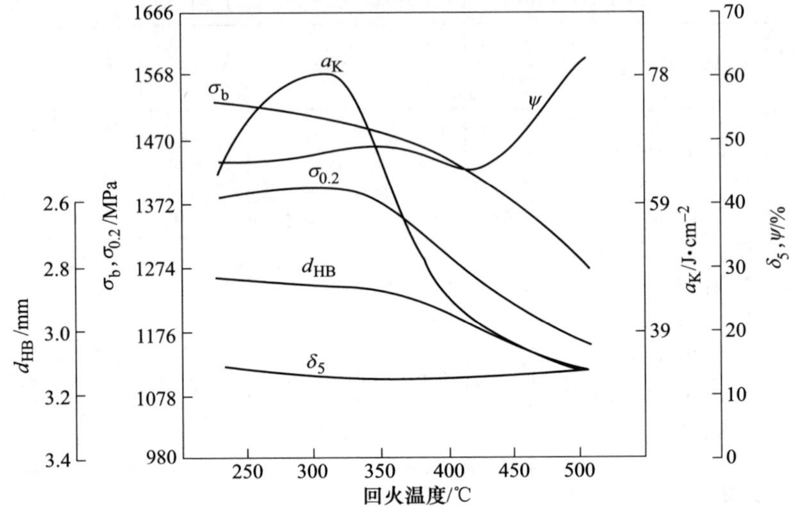


图 2-18　30CrMnSiNi2MoA 钢等温淬火后不同温度回火的力学性能

（用钢成分（质量分数,%）为 C 0.32，Si 0.99，Mn 1.14，Cr 1.12，Ni 1.58，Mo 0.20；试样取自 16 mm 厚的钢板，纵向；加热温度为 900 ℃，320 ℃等温后油冷；回火后空冷）

**表 2-34　30CrMnSiNi2MoA 钢等温淬火时等温时间对力学性能的影响**

| 等温介质温度 /℃ | 等温时间 /min | $R_m$ /MPa | $R_{p0.2}$ /MPa | A/% | Z/% | $KU_2$/J | 硬度 $d_{HB}$ /mm |
|---|---|---|---|---|---|---|---|
| 300 | 10 | 1519 | 1401 | 14 | 49 | 69 | 2.9 |
| 320 | 10 | 1441 | 1352 | 15 | 51 | 74 | 3.0 |
| 300 | 20 | 1490 | 1401 | 14.5 | 51 | 69 | 2.9 |
| 320 | 20 | 1431 | 1323 | 15 | 50 | 76 | 3.0 |
| 300 | 30 | 1470 | 1392 | 14 | 51 | 69 | 2.9 |
| 320 | 30 | 1411 | 1254 | 16 | 51 | 69 | 3.0 |
| 300 | 45 | 1470 | 1382 | 14 | 52 | 70 | 2.9 |
| 320 | 45 | 1382 | 1284 | 15 | 50 | 69 | 3.0 |

注：1. 用钢成分（质量分数,%）为 C 0.32，Si 0.99，Mn 1.14，Cr 1.12，Ni 1.58，Mo 0.20；

2. 试样取自 16 mm 厚的钢板，纵向，920 ℃ 15 min 后分别在 300 ℃和 320 ℃等温淬火，并且等温 10~45 min 后空冷。

#### 2.5.3.4　横向力学性能

30CrMnSiNi2MoA 钢的横向力学性能如表 2-35 所示。

表 2-35　30CrMnSiNi2MoA 钢的横向力学性能

| 锻材规格/mm×mm | 取样直径/mm | 热处理制度 | $R_m$/MPa | A/% | Z/% | $KU_2$/J |
|---|---|---|---|---|---|---|
| 180×180 | 25 | 900 ℃加热于 230 ℃等温淬火，然后 250 ℃回火 | 1664 | 11.5 | 41 | 58 |
| 220×220 | 25 | | 1671 | 12.0 | 41 | 54 |
| 300×300 | 25 | | 1658 | 12.0 | 42 | 58 |

### 2.5.3.5　等温淬火后的低温冲击吸收能量

30CrMnSiNi2MoA 钢等温淬火后的低温冲击吸收能量如表 2-36 所示。

表 2-36　30CrMnSiNi2MoA 钢等温淬火后的低温冲击吸收能量

| 热处理毛坯直径/mm | 热处理制度 | 下列温度时的冲击韧度 $KU_2$/J | | | |
|---|---|---|---|---|---|
| | | 20 ℃ | -20 ℃ | -40 ℃ | -60 ℃ |
| 25 | 900 ℃ 15 min 于 300 ℃等温淬火 | 61 | 43 | 45 | 47 |
| | 900 ℃ 15 min 于 320 ℃等温淬火 | 66 | 51 | 44 | 47 |

注：用钢成分（质量分数,%）为 C 0.32，Si 0.99，Mn 1.14，Cr 1.12，Ni 1.58，Mo 0.20；试样取自 16 mm 厚的钢板。

## 2.5.4　工艺性能

### 2.5.4.1　热成型工艺

30CrMnSiNi2MoA 钢的热成型工艺如表 2-37 所示。

表 2-37　30CrMnSiNi2MoA 钢的热成型工艺

| 加热温度/℃ | 开始温度/℃ | 终止温度/℃ | 冷却方式 |
|---|---|---|---|
| 1180~1200 | 1050~1120 | ≥800 | 缓冷 |

### 2.5.4.2　热处理工艺

30CrMnSiNi2MoA 钢的热处理工艺如表 2-38 所示。

表 2-38　30CrMnSiNi2MoA 钢的热处理工艺

| 项目 | 退火 | 正火 | 高温回火 | 淬火 | 回火 | 等温淬火 | 回火 |
|---|---|---|---|---|---|---|---|
| 温度/℃ | 660~700 | 900~920 | 650~680 | 890~910 | 230~350 | 900 | 250~350 |
| 冷却方式 | 炉内冷 | 空冷 | 空冷 | 油冷 | 空冷或油冷 | 250~320 ℃ | 空冷 |
| 硬度(HBW) | ≤255 | | ≤255 | ≥50 (HRC) | ≥45 (HRC) | | ≥440 |

### 2.5.4.3　等温转变曲线

30CrMnSiNi2MoA 钢的等温转变曲线如图 2-19 所示。

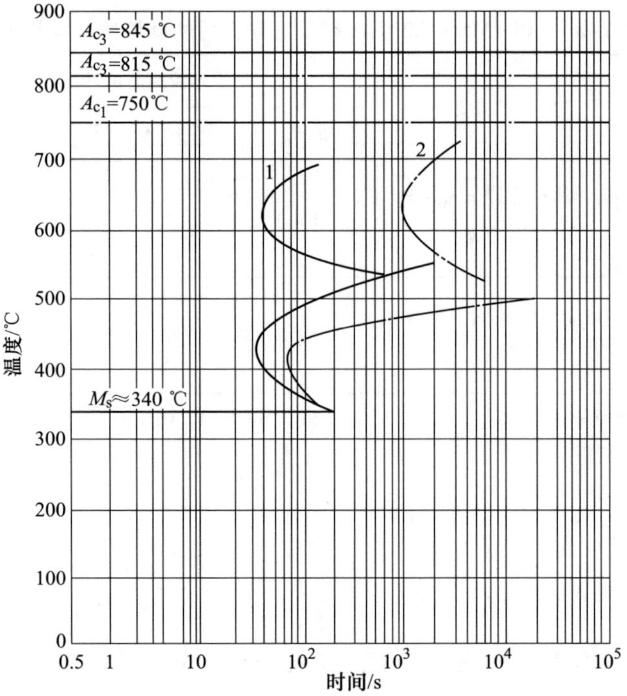


图 2-19　30CrMnSiNi2MoA 钢的等温转变曲线

（奥氏体化温度为 900 ℃；1—30CrMnSiNi2A 钢，用钢成分（质量分数,%）为 C 0.29，Si 1.11，Mn 1.15，Cr 1.2，Ni 1.7；2—30CrMnSiNi2MoA 钢，用钢成分（质量分数,%）为 C 0.32，Si 0.99，Mn 1.14，Cr 1.12，Ni 1.58，Mo 0.20）

## 2.5.5　交货状态

30CrMnSiNi2MoA 钢退火或高温回火后 HBW≤255 或 $d_{HB}$≥3.8 mm。

### 2.5.6 主要生产厂

30CrMnSiNi2MoA 钢可以由大冶特殊钢公司、抚顺特殊钢公司、南京钢铁股份有限公司、西宁特殊钢公司、石家庄钢铁公司等生产钢坯，山东鹏瑞凿岩科技公司、河南千王钎具公司、首钢贵阳特殊钢公司等中空钢生产企业可以根据客户需求生产中空钢。

## 2.6 23CrNi3MoA(EN27B)钢

23CrNi3MoA 为低碳高镍铬钼超高强度钢，热处理后具有良好的力学性能，可用来制作螺纹钎杆、钎尾及钎头，是螺纹连接钎杆的首选钢种。

### 2.6.1 化学成分

23CrNi3MoA 钢的化学成分如表 2-39 所示。

表 2-39 23CrNi3MoA 钢的化学成分 （质量分数,%）

| C | Si | Mn | Cr | Ni | Mo | Cu | P | S |
|---|---|---|---|---|---|---|---|---|
| 0.19~0.24 | 0.20~0.35 | 0.60~1.50 | 1.20~1.40 | 2.80~3.10 | 0.20~0.30 | ≤0.20 | ≤0.020 | ≤0.020 |

注：$w(O) \leqslant 15\times10^{-6}$，$w(H) \leqslant 1.5\times10^{-6}$，$w(N)=(80\sim120)\times10^{-6}$。

### 2.6.2 物理性能

23CrNi3MoA 钢的临界温度如表 2-40 所示。

表 2-40 23CrNi3MoA 钢的临界温度 （℃）

| $A_{c_1}$ | $A_{c_3}$ | $A_{r_1}$ | $A_{r_3}$ | $M_s$ | $M_f$ |
|---|---|---|---|---|---|
| 692~696 | 768~830 | 740 | 860 | 330~375 | 160~170 |

### 2.6.3 力学性能

#### 2.6.3.1 常规力学性能

23CrNi3MoA 钢的常规力学性能如表 2-41 所示。

表 2-41 23CrNi3MoA 钢的常规力学性能

| 热处理制度 | | | | 力学性能 | | | | |
|---|---|---|---|---|---|---|---|---|
| 淬火 | | 回火 | | | | | | |
| 温度/℃ | 冷却方式 | 温度/℃ | 冷却方式 | $R_m$/MPa | $R_{eL}$/MPa | $A$/% | $Z$/% | $KU_2$/J |
| 920±5 | 油冷 | 150~200 | 空冷 | ≥1375 | ≥980 | ≥10 | ≥40 | ≥78 |

2.6.3.2 不同状态下的常规力学性能

23CrNi3MoA 钢不同状态下的常规力学性能如表 2-42 所示。

**表 2-42 23CrNi3MoA 钢不同状态下的常规力学性能（不小于）**

| 热处理条件 | $R_{p0.2}$/MPa | $R_m$/MPa | $A$/% | $Z$/% | $KV_2$/J | 硬度（HBW） |
|---|---|---|---|---|---|---|
| 热轧 | 710 | 1150 | 11 | 39 | 45 | 350 |
| 退火 | 530 | 840 | 21 | 62 | | 240 |
| 正火 | 940 | 1520 | 12 | 54 | 70 | 370 |

2.6.3.3 断裂韧度

23CrNi3MoA 钢断裂韧度 $K_{IC}$ 为 117 MPa · $m^{1/2}$（试样热处理工艺：920 ℃加热，保温 1 h 淬油，200 ℃回火保温 2 h，出炉空冷）。

### 2.6.4 工艺性能

2.6.4.1 热成型工艺参数

23CrNi3MoA 钢的热成型（热轧）工艺参数如表 2-43 所示。

**表 2-43 23CrNi3MoA 钢的热成型（热轧）工艺参数**

| 加热温度/℃ | 开始温度/℃ | 终止温度/℃ | 冷却方式 |
|---|---|---|---|
| 1150～1170 | 1150～1160 | 850 | 空冷 |

2.6.4.2 热处理工艺参数

23CrNi3MoA 钢的热处理工艺参数如表 2-44 所示。

**表 2-44 23CrNi3MoA 钢的热处理工艺参数**

| 淬火温度/℃ | 正火温度/℃ | 回火温度/℃ | 渗碳温度/℃ | 退火温度/℃ |
|---|---|---|---|---|
| 调质 850～930<br>渗碳-淬火 850～870 | 850～910 | 低温回火 180～250<br>高温回火 500～600 | 850～930 | 600～670 |

2.6.4.3 奥氏体连续冷却曲线

23CrNi3Mo 钢渗碳后连续冷却转变曲线如图 2-20 所示。

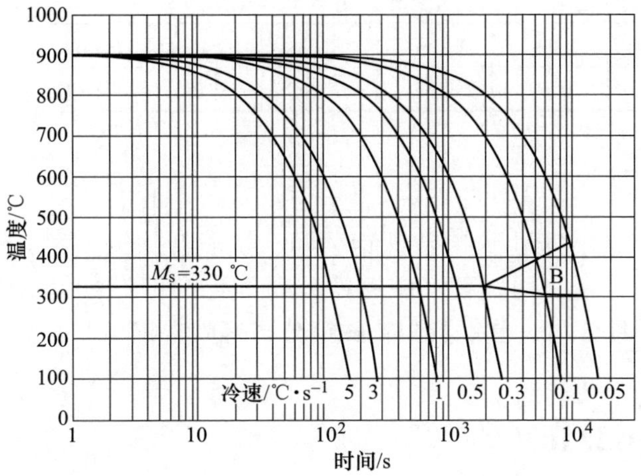


图 2-20 23CrNi3Mo 钢渗碳后连续冷却转变曲线

试验钢渗碳后的化学成分如表 2-45 所示。

**表 2-45 试验钢渗碳后的化学成分** （质量分数,%）

| C | Si | Mn | Cr | Ni | Mo | P | S |
|---|---|---|---|---|---|---|---|
| 0.22~0.85 | 0.26 | 0.7 | 1.26 | 2.9 | 0.24 | 0.017 | 0.004 |

根据实际测量的试验钢的相变温度以及组织分析，确定其连续冷却转变曲线，如图 2-21 所示。

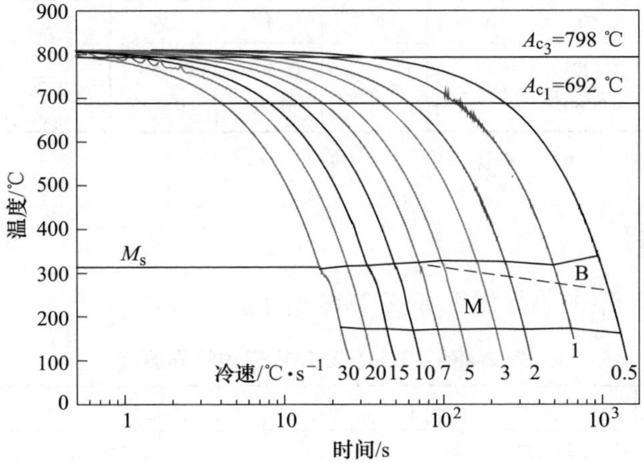


图 2-21 23CrNi3Mo 钢连续冷却转变曲线

试验钢化学成分如表 2-46 所示。

表 2-46　试验钢化学成分　（质量分数,%）

| C | Si | Mn | Cr | Ni | Mo | Cu | S | P |
|---|---|---|---|---|---|---|---|---|
| 0. 22 | 0. 28 | 0. 69 | 1. 31 | 2. 85 | 0. 26 | 0. 20 | 0. 025 | 0. 025 |

### 2.6.5　主要生产厂

23CrNi3MoA 钢主要由大冶特殊钢公司、抚顺特殊钢公司、南京钢铁股份有限公司、西宁特殊钢公司、石家庄钢铁公司等生产钢坯，山东鹏瑞凿岩科技公司、河南千王钎具公司、首钢贵阳特殊钢公司等中空钢生产企业可以根据客户需求生产中空钢。

## 2.7　20SiMn2MoV 钢

20SiMn2MoV 钢是一种高强度、高韧性的低碳马氏体淬火钢。这种钢具有较高的淬透性，在油中完全淬透的直径可达 60～80 mm（>95%马氏体）（直径 100 mm中心处可获得 85%马氏体），在水中完全淬透直径达 110～120 mm（>95%马氏体）（直径 160 mm 中心处可获得 85%马氏体）。该钢渗碳-淬火后可用作导轨式气动凿岩机螺纹连接钎杆。

### 2.7.1　化学成分

20SiMn2MoV 钢的化学成分如表 2-47 所示。

表 2-47　20SiMn2MoV 钢的化学成分　（质量分数,%）

| C | Si | Mn | Cr | Ni | Mo | V | Cu | P | S |
|---|---|---|---|---|---|---|---|---|---|
| 0. 17～0. 23 | 0. 90～1. 20 | 2. 20～2. 60 | ≤0. 25 | ≤0. 25 | 0. 30～0. 40 | 0. 05～0. 12 | ≤0. 20 | ≤0. 020 | ≤0. 020 |

注：$w(O) \leqslant 15\times10^{-6}$，$w(H) \leqslant 1.5\times10^{-6}$，$w(N)=(80\sim120)\times10^{-6}$。

### 2.7.2　物理性能

20SiMn2MoV 钢的临界温度如表 2-48 所示。

表 2-48　20SiMn2MoV 钢的临界温度　（℃）

| $A_{c_1}$ | $A_{c_3}$ | $A_{r_1}$ | $A_{r_3}$ | $M_s$ |
|---|---|---|---|---|
| 727 | 877 | 640 | 816 | 330 |

### 2.7.3　力学性能

20SiMn2MoV 钢的常规力学性能如表 2-49 所示。

表 2-49 20SiMn2MoV 钢的常规力学性能

| 热处理制度 | | | | 力学性能（不小于） | | | | |
|---|---|---|---|---|---|---|---|---|
| 淬火 | | 回火 | | | | | | |
| 温度/℃ | 冷却方式 | 温度/℃ | 冷却方式 | $R_m$ /MPa | $R_{p0.2}$ /MPa | $A$/% | $Z$/% | $KU_2$/J |
| 900±5 | 空冷或油冷 | 200 | 水冷或空冷 | 1470 | 1216 | 10 | 45 | 55 |

注：布氏硬度（HBW，退火或高温回火状态）≤269。

## 2.7.4 工艺性能

### 2.7.4.1 热成型工艺参数

20SiMn2MoV 钢的热成型（热轧）工艺参数如表 2-50 所示。

表 2-50 20SiMn2MoV 钢的热成型（热轧）工艺参数

| 加热温度/℃ | 开轧温度/℃ | 终轧温度/℃ | 冷却方式 |
|---|---|---|---|
| 1150~1200 | 1150~1190 | 800 | 空冷 |

### 2.7.4.2 热处理工艺参数

20SiMn2MoV 钢的热处理工艺参数如表 2-51 所示。

表 2-51 20SiMn2MoV 钢的热处理工艺参数

| 淬火温度/℃ | 正火温度/℃ | 回火温度/℃ | 渗碳温度/℃ | 退火温度/℃ |
|---|---|---|---|---|
| 调质 850~930<br>渗碳-淬火 800~850 | 850~910 | 低温回火 180~250 | 850~930 | 600~670 |

### 2.7.4.3 等温冷却转变曲线

20SiMn2MoV 钢的过冷奥氏体等温转变曲线如图 2-22 所示。

## 2.7.5 主要生产厂

20SiMn2MoV 钢可以由大冶特殊钢公司、抚顺特殊钢公司、南京钢铁股份有限公司、西宁特殊钢公司、石家庄钢铁公司等生产钢坯，山东鹏瑞凿岩科技公司、河南千王钎具公司、首钢贵阳特殊钢公司等中空钢生产企业可以根据客户需求生产中空钢。

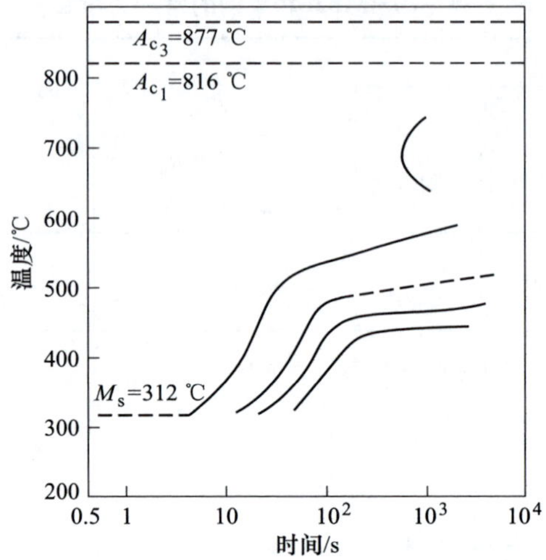


图 2-22　20SiMn2MoV 钢的过冷奥氏体等温转变曲线
（奥氏体化温度为 900 ℃）

## 2.8　25Cr3MoA(EN40B)钢

25Cr3MoA(EN40B) 钢具有良好的综合力学性能，是航空发动机的重要用钢（氮化钢）。瑞典山特维克公司也用其制作凿岩螺纹连接中空钎杆，又称 Sanbar23 钢。

### 2.8.1　化学成分

25Cr3MoA 钢的化学成分如表 2-52 所示。

**表 2-52　25Cr3MoA 钢的化学成分**　　（质量分数,%）

| C | Si | Mn | P | S | Cr | Ni | Mo | Cu |
|---|---|---|---|---|---|---|---|---|
| 0.20~0.28 | 0.10~0.35 | 0.40~0.70 | ≤0.020 | ≤0.020 | 3.00~5.00 | ≤0.3 | 0.50~0.70 | ≤0.20 |

### 2.8.2　临界温度

25Cr3MoA 钢的临界温度如表 2-53 所示。

**表 2-53　25Cr3MoA 钢的临界温度**　　（℃）

| $A_{c_1}$ | $A_{c_3}$ | $M_s$ |
|---|---|---|
| 790 | 855 | 350 |

注：试验用钢化学成分（质量分数,%）为 C 0.25，Si 0.24，Mn 0.51，Cr 3.05，Mo 0.55，Ni 0.02，P 0.019，S 0.013，Cu 0.04。

## 2.8.3 力学性能

25Cr3MoA 钢的常规拉伸性能如表 2-54 所示。

**表 2-54 25Cr3MoA 钢的常规拉伸性能**

| 热处理制度 | | | | 力学性能 | | | | |
|---|---|---|---|---|---|---|---|---|
| 淬火 | | 回火 | | | | | | |
| 温度/℃ | 冷却介质 | 温度/℃ | 冷却介质 | $R_m$ /MPa | $R_{p0.2}$ /MPa | $A$/% | $Z$/% | $KV_2$/J |
| 900±10 | 油 | 580~630 | 水或空气 | 930~1100 | ≥780 | ≥13 | ≥48 | ≥47 |

25Cr3MoA 钢的布氏硬度（HBW，退火状态）≤269。

## 2.8.4 工艺性能

### 2.8.4.1 热成型（热轧）工艺参数

25Cr3MoA 钢的热成型（热轧）工艺参数如表 2-55 所示。

**表 2-55 25Cr3MoA 钢的热成型（热轧）工艺参数**

| 规格 | 入炉温度/℃ | 加热温度/℃ | 加热时间/h | 终轧（锻）温度/℃ |
|---|---|---|---|---|
| 钢锭 | ≤850 | 1150~1200 | ≥3 | ≥850 |
| 钢坯 | 下限 | 1120~1180 | ≥3 | ≥800 |

850~1100 ℃温度区间锻造后，再经 910 ℃正火，640 ℃回火，可获得良好的力学性能。

### 2.8.4.2 热处理性能

不同淬火温度下 25Cr3MoA 钢的力学性能如表 2-56 所示。

**表 2-56 不同淬火温度下 25Cr3MoA 钢的力学性能**

| 淬火温度/℃ | $R_{p0.2}$/MPa | $R_m$/MPa | $A$/% | $Z$/% | $KV_2$/J | 硬度（HRC） |
|---|---|---|---|---|---|---|
| 910 | 938 | 1042 | 69.5 | 12.0 | 130.0 | 34.0 |
| 920 | 997 | 1109 | 68.0 | 11.0 | 148.0 | 35.0 |
| 930 | 1031 | 1158 | 66.0 | 11.0 | 155.0 | 36.0 |
| 940 | 1032 | 1175 | 65.5 | 10.5 | 149.0 | 37.0 |
| 950 | 1050 | 1198 | 62.0 | 10.0 | 132.0 | 39.0 |

不同回火温度下 25Cr3MoA 钢的力学性能如表 2-57 所示。

**表 2-57　不同回火温度下 25Cr3MoA 钢的力学性能**

| 回火温度/℃ | $R_{p0.2}$/MPa | $R_m$/MPa | $A$/% | $Z$/% | $KV_2$/J | 硬度（HRC） |
|---|---|---|---|---|---|---|
| 560 | 1102 | 1340 | 57.0 | 9.0 | 61.0 | 44.2 |
| 580 | 1049 | 1308 | 60.5 | 11.0 | 83.3 | 42.4 |
| 600 | 1032 | 1302 | 64.0 | 12.0 | 102.1 | 41.2 |
| 620 | 974 | 1215 | 65.0 | 13.0 | 111.6 | 32.4 |
| 640 | 860 | 1141 | 68.0 | 13.0 | 139.5 | 30.1 |

### 2.8.5　主要生产厂

25Cr3MoA 钢可以由大冶特殊钢公司、抚顺特殊钢公司、南京钢铁股份有限公司、西宁特殊钢公司、石家庄钢铁公司等生产钢坯，山东鹏瑞凿岩科技公司、河南千王钎具公司、首钢贵阳特殊钢公司等中空钢生产企业可以根据客户需求生产中空钢。

## 2.9　18CrMnNi2MoA(EX55)钢

18CrMnNi2MoA(EX55) 钢具有良好的综合力学性能，特别是它具有良好的空冷硬化性能，适合制作需气体渗碳或碳氮共渗的螺纹连接钎杆。

### 2.9.1　化学成分

18CrMnNi2MoA 钢的化学成分如表 2-58 所示。

**表 2-58　18CrMnNi2MoA 钢的化学成分**　　（质量分数,%）

| C | Si | Mn | P | S | Cr | Ni | Mo | Cu |
|---|---|---|---|---|---|---|---|---|
| 0.15~0.20 | 0.15~0.35 | 0.70~1.00 | ≤0.025 | ≤0.025 | 0.45~0.65 | 1.65~2.00 | 0.65~0.80 | ≤0.20 |

### 2.9.2　物理性能

18CrMnNi2MoA 钢的临界温度如表 2-59 所示。

**表 2-59　18CrMnNi2MoA 钢的临界温度**　　（℃）

| $A_{c_1}$ | $A_{c_3}$ | $M_s$ |
|---|---|---|
| 700 | 785 | 350 |

注：试验用钢化学成分（质量分数,%）为 C 0.19，Si 0.27，Mn 0.81，Cr 0.58，Ni 1.83，Mo 0.73，Cu 0.03，P 0.008，S 0.0020。

## 2.9.3　力学性能

18CrMnNi2MoA 钢的常规拉伸性能及冲击吸收能量如表 2-60 所示。

表 2-60　18CrMnNi2MoA 钢的常规拉伸性能及冲击吸收能量

| 热处理制度 | | | | 力学性能（不小于） | | | | |
|---|---|---|---|---|---|---|---|---|
| 淬火 | | 回火 | | | | | | |
| 温度/℃ | 冷却介质 | 温度/℃ | 冷却介质 | $R_m$ /MPa | $R_{p0.2}$ /MPa | $A$/% | $Z$/% | $KU_2$ /J |
| 875±10 | 油 | 600 | 水 | 960 | 835 | 13 | 45 | 48 |
| 825±5 | 油 | 190±5 | 空气 | 1080 | 835 | 10 | 40 | 64 |

布氏硬度（HBW，退火状态）≤286。

## 2.9.4　工艺性能

### 2.9.4.1　热成型工艺参数

18CrMnNi2MoA 钢的热成型（热轧）工艺参数如表 2-61 所示。

表 2-61　18CrMnNi2MoA 钢的热成型（热轧）工艺参数

| 加热温度/℃ | 开轧温度/℃ | 终轧温度/℃ | 冷却方式 |
|---|---|---|---|
| 1150～1200 | 1150～1190 | 800 | 坑冷 |

### 2.9.4.2　热处理工艺参数

18CrMnNi2MoA 钢的热处理工艺参数如表 2-62 所示。

表 2-62　18CrMnNi2MoA 钢的热处理工艺参数

| 淬火温度/℃ | 正火温度/℃ | 回火温度/℃ | 渗碳温度/℃ | 退火温度/℃ |
|---|---|---|---|---|
| 调质 850～930，渗碳-二次淬火 800～850 | 850～910 | 低温回火 180～250 | 850～930 | 600～670 |

### 2.9.4.3　热处理工艺对力学性能的影响

18CrMnNi2MoA 钢的热处理工艺对力学性能的影响如表 2-63 所示。

**表 2-63　18CrMnNi2MoA 钢的热处理工艺对力学性能的影响**

| $R_m$/MPa | $R_{p0.2}$/MPa | $A$/% | $Z$/% | $KU_2$/J | 热处理工艺 |
|---|---|---|---|---|---|
| 1485 | 1225 | 13.5 | 51 | 145 | 1~2 号，870 ℃油淬，200 ℃回火 |
| 1480 | 1220 | 13.5 | 51 | 140 | |
| 1435 | 1210 | 13.5 | 51 | 130 | 3~4 号，870 ℃油淬，250 ℃回火 |
| 1430 | 1215 | 13.5 | 51 | 135 | |
| 1390 | 1200 | 14.5 | 56 | 110 | 5~6 号，870 ℃油淬，300 ℃回火 |
| 1400 | 1195 | 15 | 59 | 120 | |
| 1370 | 1185 | 15.5 | 59 | 95 | 9~10 号，870 ℃油淬，350 ℃回火 |
| 1365 | 1180 | 15 | 60 | 105 | |
| 1300 | 1180 | 15.5 | 60 | 100 | 11~12 号，870 ℃油淬，400 ℃回火 |
| 1295 | 1175 | 15 | 61 | 105 | |
| 1265 | 1115 | 16.5 | 64 | 120 | 13~14 号，870 ℃油淬，450 ℃回火 |
| 1255 | 1125 | 16 | 63 | 125 | |
| 1160 | 1090 | 17.5 | 64 | 130 | 15~16 号，870 ℃油淬，500 ℃回火 |
| 1165 | 1095 | 16 | 61 | 135 | |
| 1100 | 1035 | 18.5 | 66 | 145 | 17~18 号，870 ℃油淬，550 ℃回火 |
| 1105 | 1040 | 19 | 68 | 140 | |
| 965 | 900 | 19.5 | 71 | 170 | 19~20 号，870 ℃油淬，600 ℃回火 |
| 960 | 895 | 19 | 71 | 175 | |

注：1. 试验用钢化学成分（质量分数,%）为 C 0.19，Si 0.27，Mn 0.81，Cr 0.58，Ni 1.83，Mo 0.73，Cu 0.03，P 0.008，S 0.0020。

2. $\phi$25 mm 毛坯试样，870 ℃油淬后，经不同温度回火。

### 2.9.4.4　淬透性

18CrMnNi2MoA 钢的淬透性如表 2-64 所示。

**表 2-64　18CrMnNi2MoA 钢的淬透性**

| 距离/mm | 1.5 | 3.0 | 5.0 | 7.0 | 9.0 | 11.0 | 13.0 | 15.0 | 20.0 | 25.0 | 30.0 | 35.0 | 40.0 | 45.0 | 50.0 |
|---|---|---|---|---|---|---|---|---|---|---|---|---|---|---|---|
| 硬度（HRC） | 46.5 | 46.5 | 45.5 | 45.0 | 45.0 | 45.0 | 45.0 | 45.0 | 45.0 | 44.5 | 44.0 | 42.5 | 41.0 | 40.0 | 40.0 |

注：1. 试验用钢化学成分（质量分数,%）为 C 0.19，Si 0.27，Mn 0.81，Cr 0.58，Ni 1.83，Mo 0.73，Cu 0.03，P 0.008，S 0.0020。

2. 试样经 900 ℃正火，再加热至 870 ℃淬火。

### 2.9.5 主要生产厂

18CrMnNi2MoA 钢可以由大冶特殊钢公司、抚顺特殊钢公司、南京钢铁股份有限公司、西宁特殊钢公司、石家庄钢铁公司等生产钢坯，山东鹏瑞凿岩科技公司、河南千王钎具公司、首钢贵阳特殊钢公司等中空钢生产企业可以根据客户需求生产中空钢。

## 2.10 30Cr2Ni4MoV 钢

30Cr2Ni4MoV 钢为大型汽轮机转子用钢，也可用作液压凿岩机螺纹连接钎杆。

### 2.10.1 化学成分

30Cr2Ni4MoV 钢的化学成分如表 2-65 所示。

**表 2-65 30Cr2Ni4MoV 钢的化学成分** （质量分数,%）

| C | Si | Mn | Cr | Ni | Mo | V | Cu | P | S |
|---|---|---|---|---|---|---|---|---|---|
| 0.27～0.35 | 0.15～0.30 | 0.30～0.60 | 1.50～2.00 | 3.25～4.00 | 0.30～0.60 | 0.07～0.15 | ≤0.20 | ≤0.020 | ≤0.020 |

注：$w(O) \leqslant 20\times10^{-6}$；$w(H) \leqslant 2.0\times10^{-6}$；$w(N) \leqslant 80\times10^{-6}$。

### 2.10.2 临界温度

30Cr2Ni4MoV 钢的临界温度如表 2-66 所示。

**表 2-66 30Cr2Ni4MoV 钢的临界温度** （℃）

| $A_{c_1}$ | $A_{c_3}$ | $M_s$ |
|---|---|---|
| 695 | 780 | 281 |

注：试验用钢化学成分（质量分数,%）为 C 0.28，Si 0.31，Mn 0.43，Cr 1.76，Mo 0.47，Ni 3.78，V 0.13，P 0.0052，S 0.002。

### 2.10.3 力学性能

#### 2.10.3.1 常规力学性能

30Cr2Ni4MoV 钢的常规力学性能如表 2-67 所示。

**表 2-67 30Cr2Ni4MoV 钢的常规力学性能（不小于）**

| 回火温度/℃ | $R_{p0.2}$/MPa | $R_m$/MPa | $A$/% | $Z$/% | $KU_2$/J |
|---|---|---|---|---|---|
| 580 | 1180 | 1240 | 17 | 55 | 46 |

续表 2-67

| 回火温度/℃ | $R_{p0.2}$/MPa | $R_m$/MPa | $A$/% | $Z$/% | $KU_2$/J |
|---|---|---|---|---|---|
| 560 | 1190 | 1250 | 16 | 54 | 48 |
| 200 | 1630 | 1710 | 14 | 43 | 42 |

#### 2.10.3.2　显微组织及硬度

30Cr2Ni4MoV 钢淬火后的显微组织及硬度如表 2-68 所示。

**表 2-68　30Cr2Ni4MoV 钢淬火后的显微组织及硬度**

| 奥氏体化温度/℃ | 显微组织 | 晶粒度 | 硬度（HRC） |
|---|---|---|---|
| 840 | 马氏体+粒状碳化物+少量残余奥氏体 | 8 | 51.5 |
| 860 | 马氏体+粒状碳化物+残余奥氏体 | 8 | 52.0 |
| 900 | 马氏体+粒状碳化物+残余奥氏体 | 7.5 | 53.0 |

#### 2.10.3.3　回火温度对硬度的影响

30Cr2Ni4MoV 钢的回火温度对硬度的影响如表 2-69 所示。

**表 2-69　30Cr2Ni4MoV 钢的回火温度对硬度的影响**

| 回火温度/℃ | 200 | 300 | 400 | 500 | 600 | 700 |
|---|---|---|---|---|---|---|
| 硬度（HRC） | 51 | 48 | 46 | 44 | 38.5 | 30.5 |

### 2.10.4　工艺性能

#### 2.10.4.1　30Cr2Ni4MoV 钢的热成型性

轧制工艺：800 ℃×2 h 预热，1180～1200 ℃加热，1150～1180 ℃开坯，≥850 ℃终轧。

#### 2.10.4.2　30Cr2Ni4MoV 钢的热处理

860 ℃×2 h 正火+730 ℃×8 h 炉冷至 500 ℃出炉，硬度（HBW）为 272。

#### 2.10.4.3　30Cr2Ni4MoV 钢的连续冷却曲线

30Cr2Ni4MoV 钢的连续冷却曲线如图 2-23 所示。

### 2.10.5　主要生产厂

30Cr2Ni4MoV 钢可以由大冶特殊钢公司、抚顺特殊钢公司、南京钢铁股份有

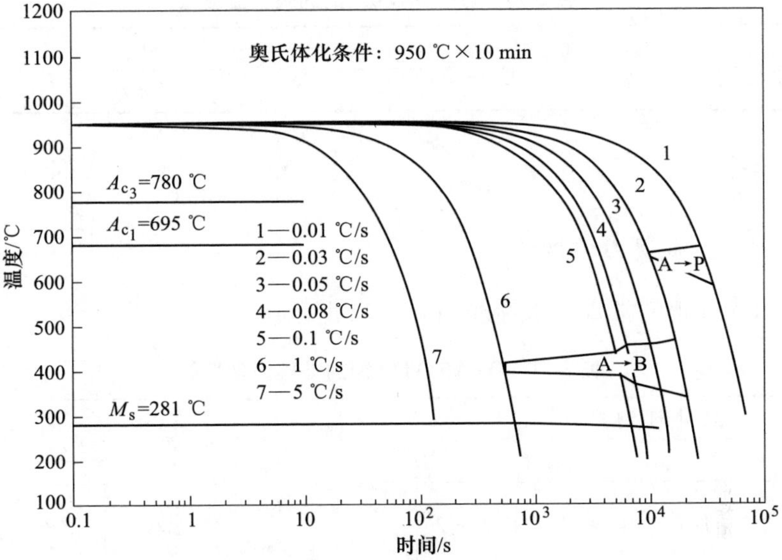


图 2-23 试验钢 950 ℃奥氏体化连续冷却曲线

（试验用钢化学成分（质量分数,%）为 C 0.28，Si 0.31，Mn 0.43，Cr 1.76，Mo 0.47，Ni 3.78，V 0.13，P 0.0052，S 0.002）

限公司、西宁特殊钢公司、石家庄钢铁公司等生产钢坯，山东鹏瑞凿岩科技公司、河南千王钎具公司、首钢贵阳特殊钢公司等中空钢生产企业可以根据客户需求生产中空钢。

## 2.11 OVAKO420(24CrMo5)钢

OVAKO420(24CrMo5) 钢具有优良的力学性能，其韧性好，尺寸稳定性佳，淬透性大约 130 mm，以热轧、退火或约定的其他状态交货。

它主要用来制作重型钎具的钎杆或钎尾。

### 2.11.1 化学成分

OVAKO420 钢的化学成分如表 2-70 所示。

**表 2-70 OVAKO420 钢的化学成分** （质量分数,%）

| C | Si | Mn | P | S | Mo | Cr | Cu |
|---|---|---|---|---|---|---|---|
| 0.23～0.25 | 0.20～0.35 | 0.50～0.60 | ≤0.020 | ≤0.025 | 0.45～0.60 | 3.00～3.50 | ≤0.20 |

### 2.11.2 临界温度

OVAKO420 钢的临界温度如表 2-71 所示。

表 2-71　OVAKO420 钢的临界温度　（℃）

| $A_{c_1}$ | $A_{c_3}$ |
|---|---|
| 776 | 859 |

## 2.11.3　力学性能

### 2.11.3.1　常规力学性能

OVAKO420 钢的常规力学性能如表 2-72 所示。

表 2-72　OVAKO420 钢的常规力学性能

| 热处理制度 | | | | 力学性能（不小于） | | | | |
|---|---|---|---|---|---|---|---|---|
| 淬火 | | 回火 | | | | | | |
| 温度/℃ | 冷却介质 | 温度/℃ | 冷却介质 | $R_m$ /MPa | $R_{p0.2}$ /MPa | $A$/% | $Z$/% | $KU_2$ /J |
| 850～900 | 空气或油 | 160 | 水或空气 | 1130 | 1570 | 11 | 50～54 | 55 |

### 2.11.3.2　退火后硬度

OVAKO420 钢退火后硬度（HBW）≤230。

### 2.11.3.3　回火温度-硬度（HV）的关系

OVAKO420 钢回火温度-硬度（HV）关系曲线如图 2-24 所示。

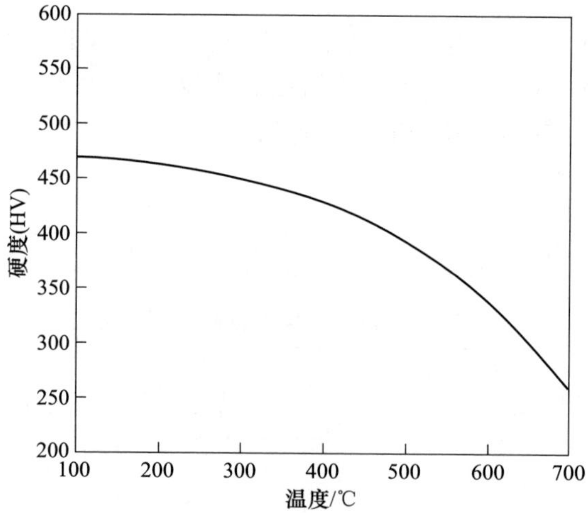


图 2-24　回火温度-硬度（HV）关系曲线

## 2.11.4 工艺性能

### 2.11.4.1 热成型工艺参数

OVAKO420 钢的热成型工艺参数如表 2-73 所示。

**表 2-73 OVAKO420 钢的热成型工艺参数**

| 加热温度/℃ | 开始温度/℃ | 终止温度/℃ | 冷却方式 |
|---|---|---|---|
| ≤1150 | 1040 | ≥840 | 空冷 |

### 2.11.4.2 热处理工艺参数

OVAKO420 钢的热处理工艺参数如表 2-74 所示。

**表 2-74 OVAKO420 钢的热处理工艺参数**

| 项目 | 正火 | 高温回火 | 淬火 | 回火 |
|---|---|---|---|---|
| 温度/℃ | 930~960 | 580~610 | 840~880 | 160~250 |
| 冷却方式 | 空冷 | 空冷 | 油冷 | 空冷 |

### 2.11.4.3 过冷奥氏体转变曲线

OVAKO420(24CrMo5) 钢的过冷奥氏体转变曲线如图 2-25 所示。

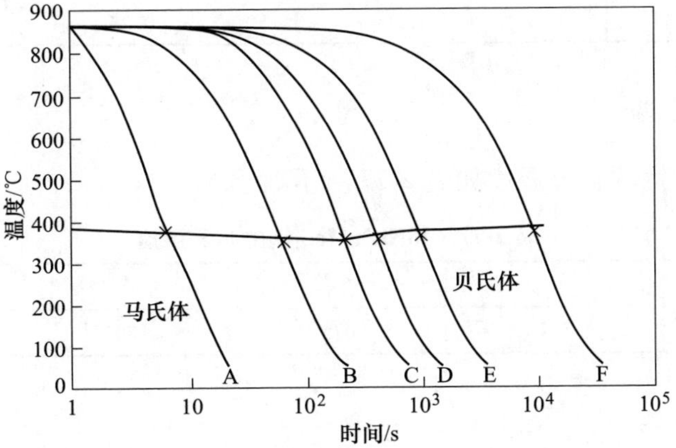


图 2-25 OVAKO420(24CrMo5) 钢的过冷奥氏体连续冷却转变曲线

冷却速度与硬度的对照关系如表 2-75 所示。

表 2-75　冷却速度与硬度的对照关系

| 项目 | A | B | C | D | E | F |
|---|---|---|---|---|---|---|
| $t_{8\text{-}5}$/s | 3 | 30 | 100 | 200 | 500 | 5000 |
| HV30 | 494 | 470 | 467 | 465 | 452 | 354 |

### 2.11.5　主要生产厂

OVAKO420(24CrMo5) 钢由瑞典 OVAKO 公司生产。

## 2.12　18NiCrMo5 钢

18NiCrMo5 钢是意大利合金结构钢，具有高强度、塑性、高淬透性，一般在调质或渗碳淬火状态下使用。执行标准为意大利 UNI 8550—1984。

18NiCrMo5 钢主要用来制作重负荷条件下要求高强度、高硬度和高韧性的主轴及要求中心韧性很高或承受冲击负荷、表面耐磨、热处理变形小的轴、杆以及在高速和冲击负荷下工作的各种传动齿轮、调节螺钉、凸轮轴等。其可用作重型钎具。

### 2.12.1　化学成分

18NiCrMo5 钢的化学成分如表 2-76 所示。

表 2-76　18NiCrMo5 钢的化学成分　　（质量分数,%）

| C | Si | Mn | Cr | Ni | Mo | Cu | P，S |
|---|---|---|---|---|---|---|---|
| 0.15~0.21 | 0.15~0.35 | 0.35~0.60 | 0.70~1.00 | 1.20~1.50 | 0.15~0.25 | ≤0.20 | ≤0.030 |

### 2.12.2　物理性能

18NiCrMo5 钢的临界温度如表 2-77 所示。

表 2-77　18NiCrMo5 钢的临界温度　　（℃）

| $A_{c_1}$ | $A_{c_3}$ | $A_{r_1}$ | $A_{r_3}$ | $M_s$ |
|---|---|---|---|---|
| 725 | 815 | 675 | 795 | 396 |

### 2.12.3　力学性能

#### 2.12.3.1　拉伸试验数据

18NiCrMo5 钢的拉伸试验数据如表 2-78 所示。

表 2-78　18NiCrMo5 钢的拉伸试验数据

| 热处理制度 | | | | 力学性能 | | | | |
|---|---|---|---|---|---|---|---|---|
| 淬火 | | 回火 | | | | | | |
| 温度/℃ | 冷却方式 | 温度/℃ | 冷却方式 | $R_m$/MPa | $R_{p0.2}$/MPa | A/% | Z/% | $KU_2$/J |
| 850~900 | 空冷、油冷 | 650 | 水冷、空冷 | ≥1225 | ≥980 | ≥8 | | ≥30 |

## 2.12.3.2　硬度

18NiCrMo5 钢的退火后硬度（HBW）≤207。

## 2.12.3.3　力学性能与温度的关系

18NiCrMo5 钢的力学性能与温度的关系如图 2-26 所示。

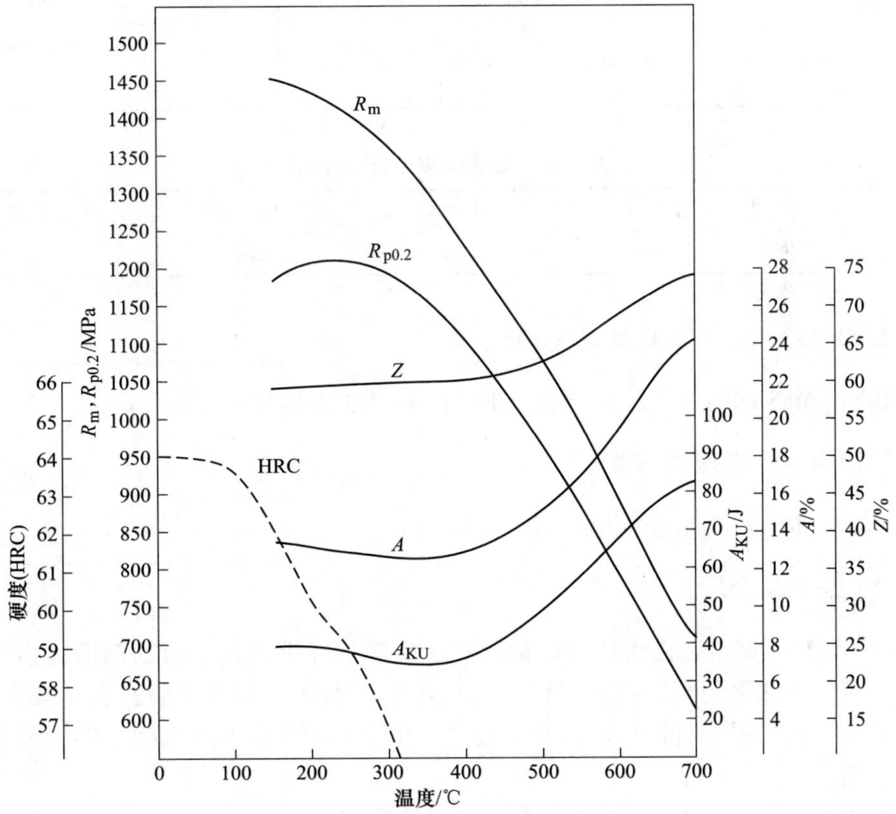


图 2-26　力学性能与温度的关系

## 2.12.4　工艺性能

### 2.12.4.1　热成型工艺参数

18NiCrMo5 钢的热成型工艺参数如表 2-79 所示。

**表 2-79　18NiCrMo5 钢的热成型工艺参数**

| 加热温度/℃ | 开始温度/℃ | 终止温度/℃ | 冷却方式 |
|---|---|---|---|
| ≤1200 | 1150~1180 | ≥850 | 缓冷 |

### 2.12.4.2　热处理工艺参数

18NiCrMo5 钢的热处理工艺参数如表 2-80 和表 2-81 所示。

**表 2-80　18NiCrMo5 钢的热处理工艺参数**

| 项目 | 退火 | 正火 | 高温回火 | 淬火 | 回火 |
|---|---|---|---|---|---|
| 温度/℃ | 720~770 | 920 | 580~610 | 850 | 200 |
| 冷却方式 | 炉冷 | 空冷 | 空冷 | 油冷 | 空冷、油冷 |
| 硬度（HB） | ≤197 | | | | |

**表 2-81　要求硬度下回火温度**　　（℃）

| HRC 42 | HRC 40.5 | HRC 35 | HRC 30 | HRC 25.5 |
|---|---|---|---|---|
| — | 200 | 460 | 520 | 580 |

### 2.12.4.3　过冷奥氏体转变曲线

18NiCrMo5 钢的等温冷却转变（TTT）曲线如图 2-27 所示。

### 2.12.4.4　淬透性曲线

18NiCrMo5 钢的淬透性曲线如图 2-28 所示。

## 2.12.5　主要生产厂

18NiCrMo5 钢可以由大冶特殊钢公司、抚顺特殊钢公司、南京钢铁股份有限公司、西宁特殊钢公司、石家庄钢铁公司等生产钢坯，山东鹏瑞凿岩科技公司、河南千王钎具公司、首钢贵阳特殊钢公司等中空钢生产企业可以根据客户需求生产中空钢。

其他可以用于生产凿岩钻车钎杆的钢种：40SiMnCrNiMoA 钢（见 1.5 节），22(24,27)SiMnNi2CrMoA 钢（见 1.6 节），38CrNi3Mo 钢（见 1.3 节）。

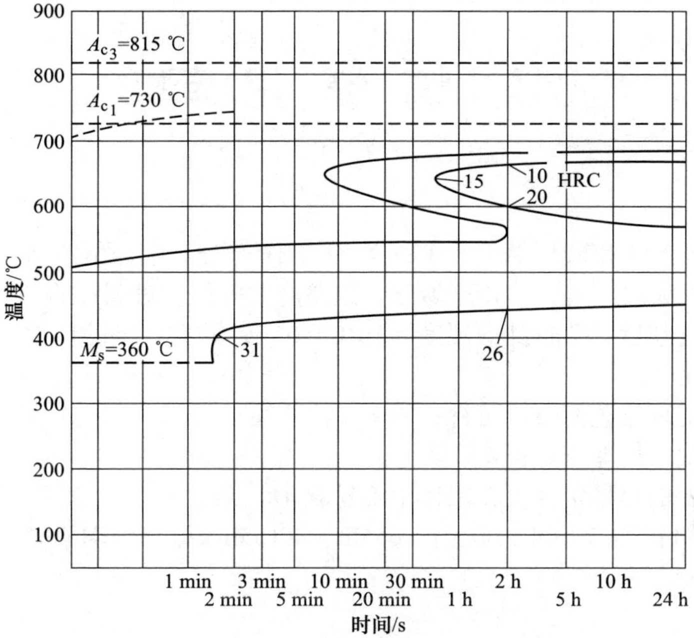


图 2-27 18NiCrMo5 钢的等温冷却转变曲线
（试验用钢化学成分（质量分数,%）为 C 0.19，Si 0.32，Mn 0.81，Cr 0.75，Ni 1.25，Mo 0.17）

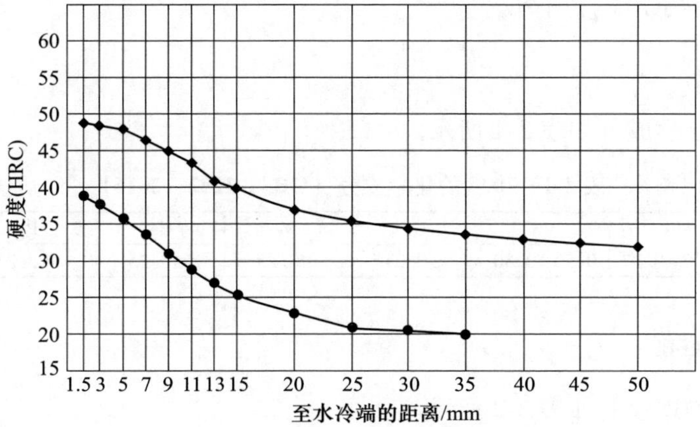


图 2-28 淬透性曲线

# 3 镐钎用钢

镐钎有风镐钎和液压镐钎，其头部（工作部分）有圆锥尖形、多边尖形、扁形（小扁、大扁）等，多用于城建、道路施工等处。对镐钎的基本要求是：

（1）热处理后具有较高的硬度（HRC≥55），并有一定的韧性相配合，以免崩刃和断裂发生；

（2）热处理工艺简便、可行；

（3）机加工性能良好；

（4）较好的热稳定性，在工作中不易软化。

镐钎的用钢有 70 钢、80 钢、65Mn、40CrMnMo、55SiMnMo、35SiMnMoV、55Si2Mn 等。

## 3.1 70 钢

70 钢的强度较 65 钢略高，其他性能相近。由于淬透性较低，仅适于制造截面不大的弹簧，主要用于扁、圆弹簧、钢丝、钢带及车轮圈等。

此钢也可用于镐钎用钢。

### 3.1.1 化学成分

70 钢的化学成分如表 3-1 所示。

**表 3-1 70 钢的化学成分（GB/T 1222—2016）** （质量分数,%）

| C | Si | Mn | Cr | Ni | Cu | P | S |
|---|---|---|---|---|---|---|---|
| 0.67~0.75 | 0.17~0.37 | 0.50~0.80 | ≤0.25 | ≤0.25 | ≤0.25 | ≤0.035 | ≤0.035 |

### 3.1.2 物理性能

70 钢的物理性能如表 3-2 所示。

**表 3-2 70 钢的物理性能参数**

| 临界温度（近似值）/℃ | | | | 在下列温度时的导热系数 $\lambda$/W·(m·K)$^{-1}$ | | | | 在 20 ℃与下列温度间的线膨胀系数 $\alpha$/℃$^{-1}$ | | | |
|---|---|---|---|---|---|---|---|---|---|---|---|
| $A_{c_1}$ | $A_{c_3}$ | $A_{r_3}$ | $A_{r_1}$ | 100 ℃ | 200 ℃ | 400 ℃ | 500 ℃ | 100 ℃ | 200 ℃ | 300 ℃ | 400 ℃ |
| 730 | 743 | 727 | 693 | 67.4 | 51.9 | 36.4 | 29.3 | $11.5\times10^{-6}$ | $12.3\times10^{-6}$ | $13.0\times10^{-6}$ | $13.8\times10^{-6}$ |

### 3.1.3 力学性能

弹性模量 $E$ 为 206 GPa，切变弹性模量 $G$ 为 78.5 GPa。

70 钢的常规力学性能如表 3-3 所示。

**表 3-3 70 钢的常规力学性能（GB/T 1222—2016）**

| 试样状态 | $R_m$/MPa | $R_{eL}$/MPa | $A$/% | $Z$/% | 硬度（HBW） |
|---|---|---|---|---|---|
| 热轧，830 ℃油淬，480 ℃回火 | ≥1030 | ≥834 | ≥8 | ≥30 | ≤285 |

### 3.1.4 工艺性能

#### 3.1.4.1 热成型工艺参数

70 钢的热成型工艺参数如表 3-4 所示。

**表 3-4 70 钢的热成型工艺参数**

| 加热温度/℃ | 开始温度/℃ | 终止温度/℃ | 冷却方式 |
|---|---|---|---|
| 1100~1150 | 1050~1100 | 800~850 | 空冷 |

#### 3.1.4.2 热处理工艺参数

70 钢的热处理工艺参数如表 3-5 所示。

**表 3-5 70 钢的热处理工艺参数**

| 项目 | 退火 | 正火 | 高温回火 | 淬火 | 回火 | 等温淬火 |
|---|---|---|---|---|---|---|
| 加热温度/℃ | 790~810 | 800~840 | 600~680 | 780~830 | 根据要求选定温度 | 850~870 |
| 冷却方式 | 炉冷 | 空冷 | 空冷 | 油冷或水冷 | 空冷 | 450~530 ℃铅浴中等温 |

#### 3.1.4.3 70 钢的等温转变曲线

70 钢的等温转变曲线如图 3-1 所示。

### 3.1.5 主要生产厂

70 钢各特殊钢生产厂及普钢厂均可生产。

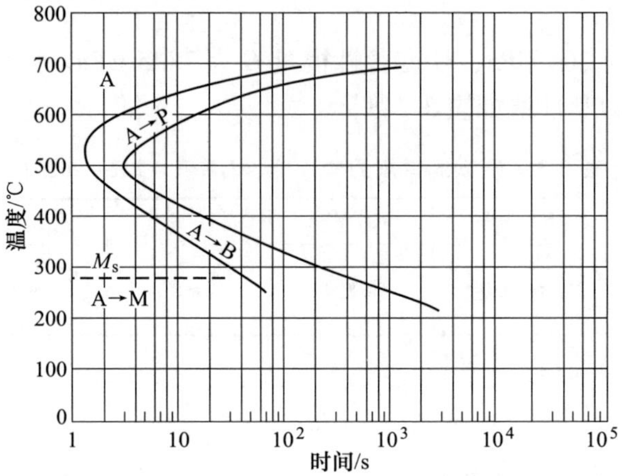


图 3-1　70 钢的等温转变曲线

## 3.2　85(80)钢

85 钢的强度较 70 钢的强度稍高，其他性能相近，淬透性较差。其适于制造截面不大与承受强度不太高的振动弹簧，主要用于制造铁道车轮、汽车、拖拉机及一般机械上的板簧、圆形螺旋弹簧以及其他用途的钢丝和钢带等。

85 钢和 80 钢也可用于镐钎用钢。

### 3.2.1　化学成分

85 钢的化学成分如表 3-6 所示。

**表 3-6　85 钢的化学成分（GB/T 1222—2016）**　（质量分数,%）

| C | Si | Mn | Ni | Cr | Cu | P | S |
|---|---|---|---|---|---|---|---|
| 0.82~0.90 | 0.17~0.37 | 0.50~0.80 | ≤0.25 | ≤0.25 | ≤0.25 | ≤0.035 | ≤0.035 |

### 3.2.2　临界温度

85 钢的临界温度如表 3-7 所示。

**表 3-7　85 钢的临界温度（近似值）**　（℃）

| $A_{c_1}$ | $A_{c_3}$ | $A_{r_3}$ | $M_s$ |
|---|---|---|---|
| 723 | 737 | 695 | 220 |

### 3.2.3 力学性能

85 钢的力学性能如表 3-8 所示。

**表 3-8 85 钢的力学性能（GB/T 1222—2016）**

| 试样状态 | $R_m$/MPa | $R_{eL}$/MPa | $A$/% | $Z$/% | 硬度（HBW） |
| --- | --- | --- | --- | --- | --- |
| 热轧后 820 ℃油淬，480 ℃回火 | ≥1130 | ≥980 | ≥6 | ≥30 | ≤302 |

### 3.2.4 工艺性能

#### 3.2.4.1 热成型工艺参数

85 钢的热成型工艺参数如表 3-9 所示。

**表 3-9 85 钢的热成型工艺参数**

| 加热温度/℃ | 开始温度/℃ | 终止温度/℃ | 冷却方式 |
| --- | --- | --- | --- |
| 1100~1150 | 1050~1100 | 800~850 | 空冷或堆冷 |

#### 3.2.4.2 热处理工艺参数

85 钢的热处理工艺参数如表 3-10 所示。

**表 3-10 85 钢的热处理工艺参数**

| 项目 | 退火 | 正火 | 高温回火 | 淬火 | 回火 | 等温淬火 |
| --- | --- | --- | --- | --- | --- | --- |
| 加热温度/℃ | 780~800 | 800~840 | 600~680 | 780~820 | 根据要求选定温度 | 850~870 |
| 冷却方式 | 炉冷 | 空冷 | 空冷 | 油冷或水冷 | 空冷 | 450~520 ℃铅浴中等温 |

#### 3.2.4.3 等温转变曲线

85 钢的等温转变曲线如图 3-2 所示。

#### 3.2.4.4 淬透性曲线

85 钢的淬透性曲线如图 3-3 所示。

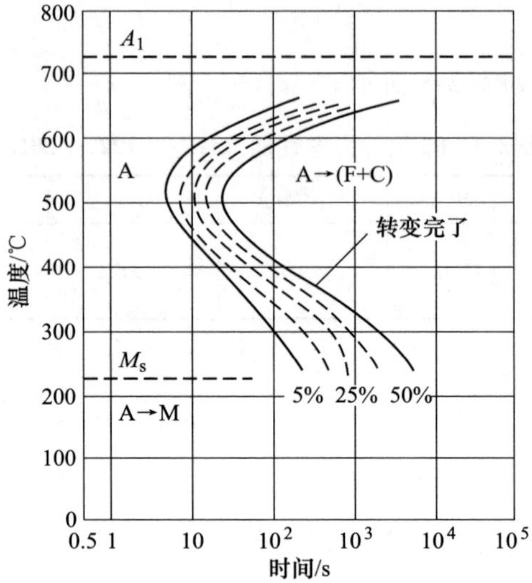


图 3-2　85 钢的等温转变曲线

（试验用钢主要成分（质量分数,%）为 C 0.82，Si 0.21，Mn 0.50；奥氏体化温度为 850 ℃）

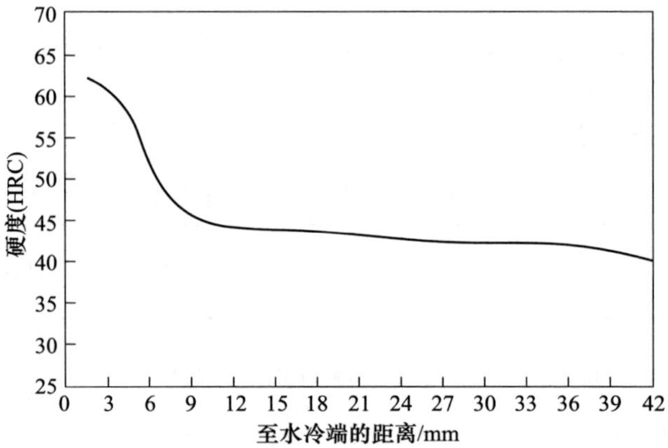


图 3-3　85 钢的淬透性曲线

（试验用钢主要成分（质量分数,%）为 C 0.90，Si 0.22，Mn 0.21；奥氏体化温度为 760 ℃）

### 3.2.5　主要生产厂

85(80) 钢各特殊钢生产厂及普钢厂均可生产。

## 3.3　65Mn 钢

65Mn 钢的强度高，淬透性较大，脱碳倾向小，但有过热敏感性，易产生淬火裂纹，并有回火脆性。

65Mn 钢适于制作较大尺寸的各种扁、圆弹簧，如座垫板簧、弹簧发条以及其他经受摩擦的农机零件，如犁、耙片等。也适于制作弹簧环、气门簧、冷拉钢丝（≤7 mm）的冷卷螺旋弹簧。还可用作轻型载重汽车及小汽车的离合器弹簧与制动弹簧，热处理后可制作板簧、螺旋弹簧与变截面弹簧。

此钢也可用于镐钎用钢。

## 3.3.1　化学成分

65Mn 钢的化学成分如表 3-11 所示。

**表 3-11　65Mn 钢的化学成分（GB/T 1222—2016）**（质量分数,%）

| C | Si | Mn | Cr | Ni | Cu | P | S |
|---|---|---|---|---|---|---|---|
| 0.62~0.70 | 0.17~0.37 | 0.90~1.20 | ≤0.25 | ≤0.25 | ≤0.25 | ≤0.035 | ≤0.035 |

## 3.3.2　物理性能

65Mn 钢的物理性能如表 3-12 所示。

**表 3-12　65Mn 钢的物理性能**

| 临界温度（近似值）/℃ | | | | | 在下列温度时的导热系数 $\lambda$/W·(m·K)$^{-1}$ | | |
|---|---|---|---|---|---|---|---|
| $A_{c_1}$ | $A_{c_3}$ | $A_{r_3}$ | $A_{r_1}$ | $M_s$ | 100 ℃ | 300 ℃ | 600 ℃ |
| 726 | 765 | 741 | 689 | 270 | 11.1 | 12.9 | 14.6 |

## 3.3.3　力学性能

### 3.3.3.1　弹性模量和切变弹性模量

65Mn 钢的弹性模量和切变弹性模量如表 3-13 所示。

**表 3-13　65Mn 钢的弹性模量和切变弹性模量**

| 弹性模量 $E$/GPa | | 切变弹性模量 $G$/GPa | |
|---|---|---|---|
| 正火状态 | 950 ℃油淬，400 ℃回火 | 正火状态 | 950 ℃油淬，400 ℃回火 |
| 207 | 204 | 82 | 80 |

### 3.3.3.2　抗拉性能及硬度

65Mn 钢的抗拉性能及硬度如表 3-14 所示。

**表 3-14　抗拉性能及硬度**

| 序号 | 热处理状态 | $R_m$/MPa | $R_{eL}$/MPa | A/% | Z/% | 硬度（HRC） |
|---|---|---|---|---|---|---|
| 1 | 830 ℃油淬，540 ℃回火 | ≥785 | ≥980 | ≥8 | ≥30 | |
| 2 | 820 ℃油淬，300 ℃回火 | | 1677 | 6. 0 | 27 | 52 |
| 3 | 820 ℃油淬，400 ℃回火 | | 1393 | 8. 0 | 40 | 45 |
| 4 | 820 ℃油淬，500 ℃回火 | | 1147 | 10. 5 | 44 | 37 |
| 5 | 820 ℃油淬，600 ℃回火 | | 922 | 14. 5 | 55 | 28 |

注：序号 1 摘自 GB/T 1222—2016，序号 2~5 为实测数据，其热处理毛坯直径为 6 mm。

#### 3. 3. 3. 3　油淬并于不同温度回火后的力学性能

65Mn 钢的 3 mm 钢丝油淬并于不同温度回火后的力学性能如图 3-4 所示。

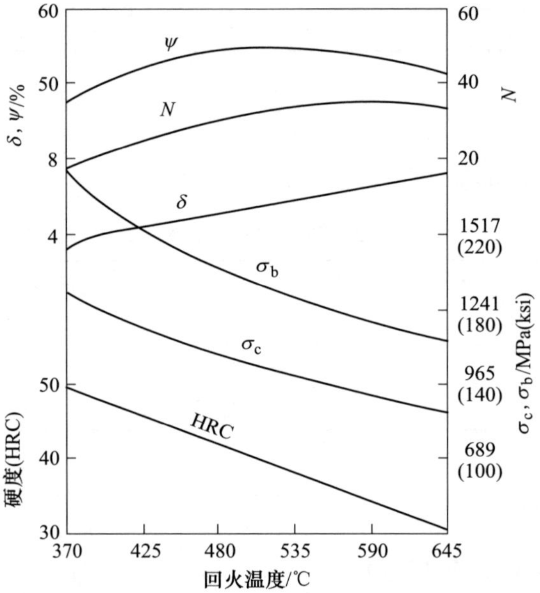


图 3-4　65Mn 钢的 3 mm 钢丝油淬并于不同温度回火后的力学性能
（试验用钢主要成分（质量分数,%）为 C 0. 65，Mn 0. 80；
N 为扭转试验扭转周数，其标距长度为直径的 100 倍）

#### 3. 3. 3. 4　高温力学性能

65Mn 钢的高温力学性能如图 3-5 所示。

#### 3. 3. 3. 5　低温冲击性能

65Mn 钢的低温冲击性能如表 3-15 所示。

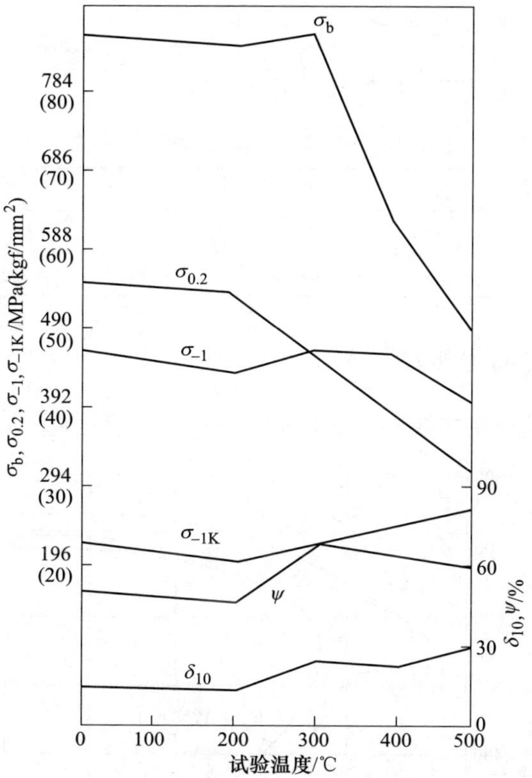


图 3-5 65Mn 钢的高温力学性能

（试验用钢主要成分（质量分数,%）为 Mn 0.80；试样为正火状态；$\sigma_{-1}$为直径 15 mm 的光滑试样的疲劳极限，$\sigma_{-1K}$为带缺口试样的疲劳极限，缺口深 3.5 mm）

**表 3-15 65Mn 钢的低温冲击吸收能量**

| 试验温度/℃ | −70 | −40 | −20 | 0 | 20 |
|---|---|---|---|---|---|
| $KU_2$/J | 9.44 | 18.8 | 22 | 55 | 94 |

## 3.3.4 工艺性能

### 3.3.4.1 热成型工艺参数

65Mn 钢的热成型工艺参数如表 3-16 所示。

**表 3-16 65Mn 钢的热成型工艺参数**

| 加热温度/℃ | 开始温度/℃ | 终止温度/℃ | 冷却方式 |
|---|---|---|---|
| 1100~1150 | 1050~1100 | 800~850 | 空冷 |

#### 3.3.4.2　热处理工艺参数

65Mn 钢的热处理工艺参数如表 3-17 所示。

**表 3-17　65Mn 钢的热处理工艺参数**

| 项目 | 退火 | 正火 | 高温回火 | 淬火 | 回火 |
|---|---|---|---|---|---|
| 加热温度/℃ | 780~840 | 820~860 | 680~720 | 780~840 | 视需要而定 |
| 冷却方式 | 炉冷 | 空冷 | 空冷 | 水冷或油冷 | 空冷 |

#### 3.3.4.3　等温转变曲线

65Mn 钢的等温转变曲线如图 3-6 所示。

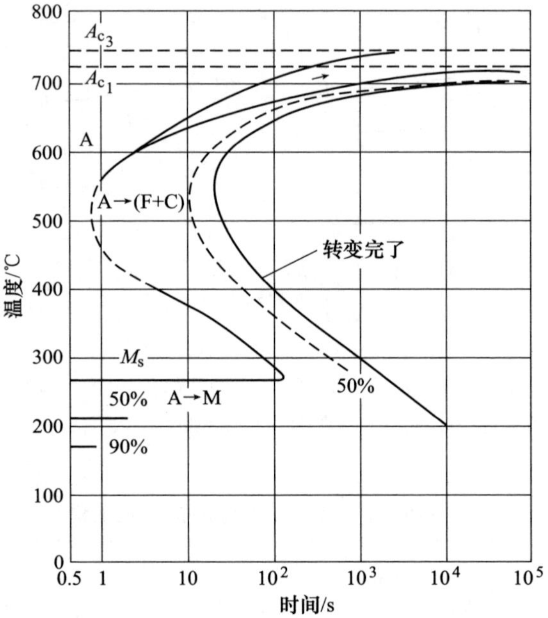


图 3-6　65Mn 钢的等温转变曲线

（试验用钢主要成分（质量分数,%）为 C 0.64，Si 0.10，Mn 1.13；奥氏体化温度为 840 ℃）

#### 3.3.4.4　淬透性曲线

65Mn 钢的淬透性曲线如图 3-7 所示。

### 3.3.5　主要生产厂

65Mn 钢各特殊钢厂及普钢厂均可生产。

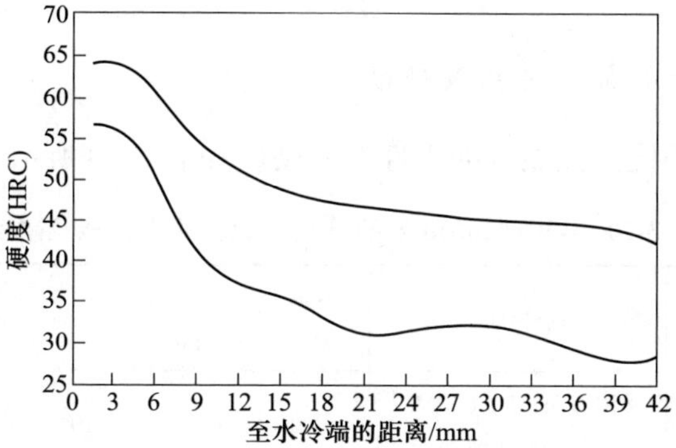


图 3-7　65Mn 钢的淬透性曲线

# 3.4　40CrMnMo 钢

40CrMnMo 钢的淬透性好，回火稳定性高，直径在 100 mm 以下的零件，在 840～860 ℃淬火时，能完全淬透，并在 550～600 ℃回火后，具有高的力学性能，可以与 40CrNiMo 钢互换使用。40CrMnMo 钢可用于制造受重载荷的零件，如轴、偏心轴、齿轮轴、齿轮、连杆等。此钢有白点敏感性。

此钢也可做镐钎和钎头壳体用钢。

## 3.4.1　化学成分

40CrMnMo 钢的化学成分如表 3-18 所示。

**表 3-18　40CrMnMo 钢的化学成分（GB/T 3077—2015）**

（质量分数,%）

| C | Si | Mn | Cr | Mo | S | P |
|---|---|---|---|---|---|---|
| 0.37～0.45 | 0.17～0.37 | 0.90～1.20 | 0.90～1.20 | 0.20～0.30 | ≤0.035 | ≤0.035 |

## 3.4.2　临界温度

40CrMnMo 钢的临界温度如表 3-19 所示。

**表 3-19　40CrMnMo 钢的临界温度**　（℃）

| $A_{c_1}$ | $A_{c_3}$ | $A_{r_1}$ |
|---|---|---|
| 735 | 780 | 680 |

## 3.4.3 力学性能

### 3.4.3.1 抗拉性能、冲击及硬度

40CrMnMo 钢的抗拉性能、冲击性能及硬度如表 3-20 所示。

**表 3-20 40CrMnMo 钢的抗拉性能、冲击性能及硬度**

| 序号 | 热处理用毛坯直径/mm | 试样状态 | $R_m$/MPa | $R_{eL}$/MPa | A/% | Z/% | $KU_2$/J | 硬度(HBW) |
|---|---|---|---|---|---|---|---|---|
| 1 | 25 | 850 ℃油淬、600 ℃回火，水冷或油冷 | ≥980 | ≥785 | ≥10 | ≥45 | ≥78 | |
| 2 | 60 | 850 ℃正火 | 1093 | 917 | 12.0 | 36.0 | 30 | 329 |
| 3 | 60 | 850 ℃正火<br>600 ℃回火 | 858 | 682 | 17.5 | 54.0 | 77 | 255 |

注：序号 1 摘自 GB 3077—88，序号 2、3 为实测数据。实测用钢主要成分（质量分数,%）为 C 0.40，Si 0.33，Mn 0.93，Cr 1.00，Mo 0.20。

### 3.4.3.2 油淬并在不同温度回火后的力学性能

40CrMnMo 钢在 850 ℃油淬并在不同温度回火后的力学性能如图 3-8 所示。

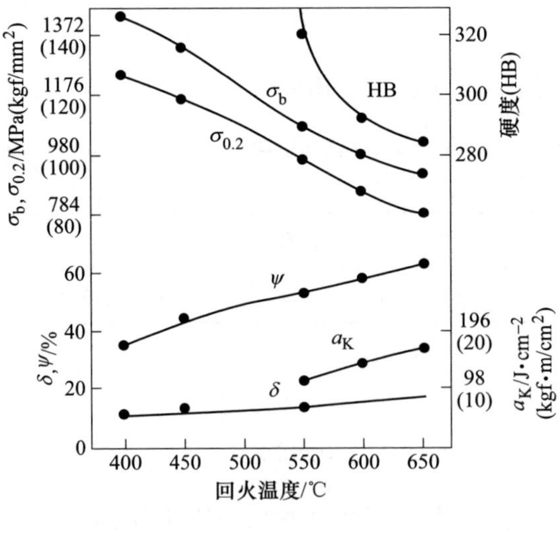


图 3-8 40CrMnMo 钢在 850 ℃油淬并在不同温度回火后的力学性能
（试验用钢主要成分（质量分数,%）为 C 0.40，Si 0.33，Mn 0.93，Cr 1.00，Mo 0.20；热处理毛坯直径为 60 mm）

### 3.4.3.3　冲击值与回火冷却速度的关系

40CrMnMo 钢的冲击值与淬火后回火冷却速度的关系如图 3-9 所示。

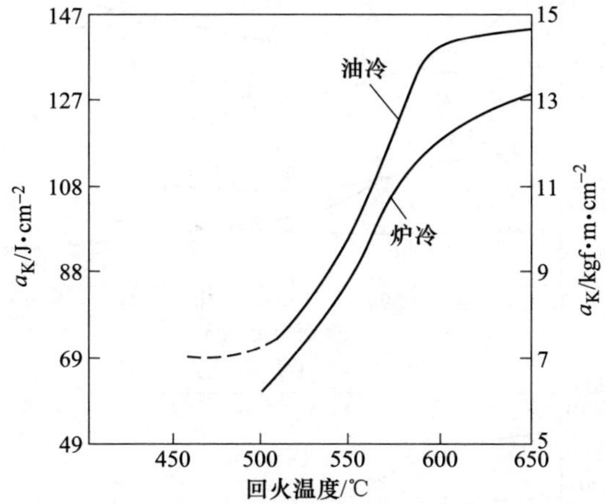


图 3-9　40CrMnMo 钢冲击值与淬火后回火冷却速度的关系

（试验用钢成分同图 3-8）

### 3.4.3.4　力学性能与钢材尺寸及在截面上位置的关系

40CrMnMo 钢的力学性能与钢材尺寸及在截面上位置的关系如图 3-10 所示。

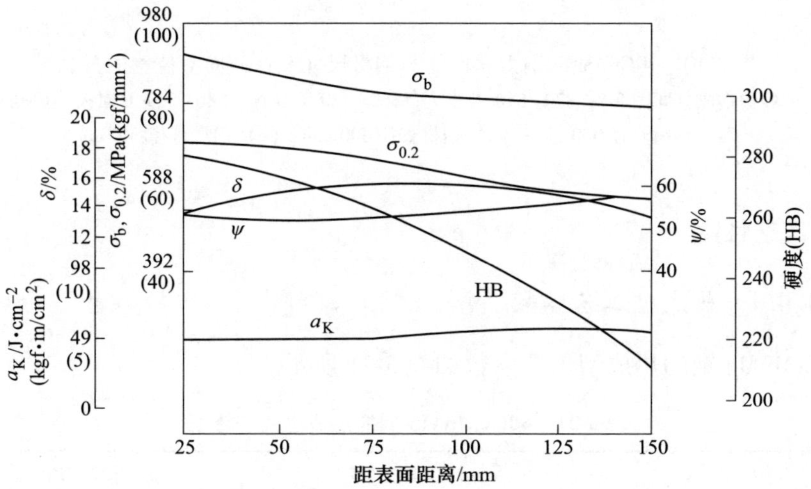


(a)

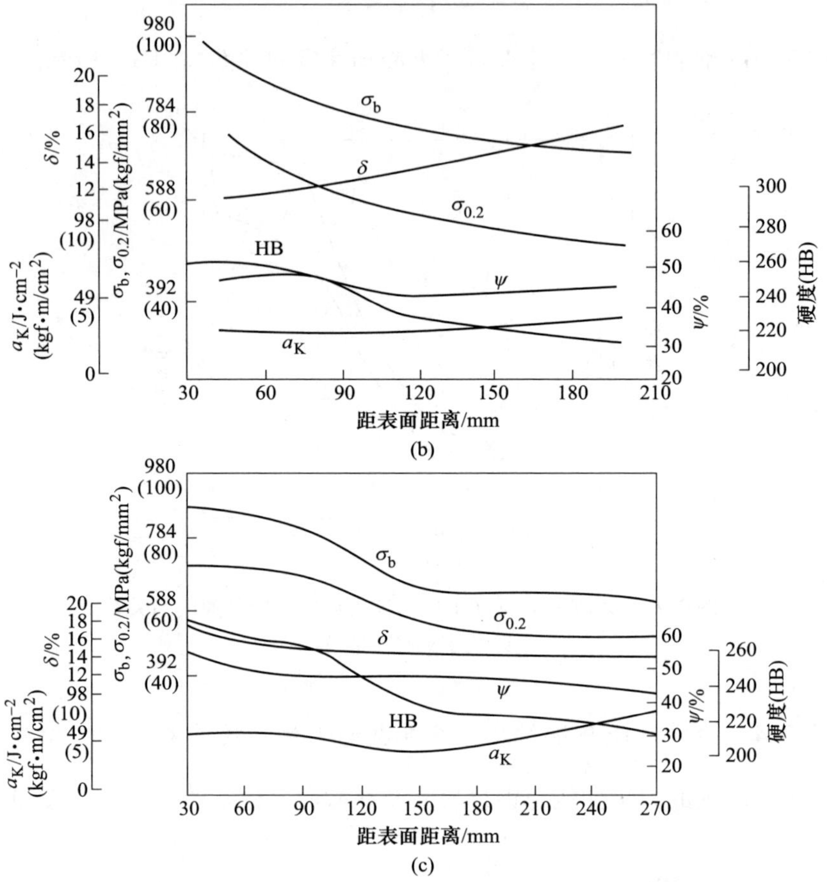


图 3-10　40CrMnMo 钢力学性能与钢材尺寸及在截面上位置的关系

（试验用钢成分同图 3-8；870~880 ℃正火，860~880 ℃油淬，580~590 ℃回火，炉冷）

（a）钢材直径 300 mm；（b）钢材直径 400 mm；（c）钢材直径 540 mm

## 3.4.4　工艺性能

### 3.4.4.1　热成型工艺参数

40CrMnMo 钢的热成型工艺参数如表 3-21 所示。

**表 3-21　40CrMnMo 钢的热成型工艺参数**

| 开始温度/℃ | 终止温度/℃ | 冷却方式 |
|---|---|---|
| 1170 | 850 | >$\phi$60 mm 缓冷 |

### 3.4.4.2 热处理工艺参数

40CrMnMo 钢的热处理工艺参数如表 3-22 所示。

**表 3-22 40CrMnMo 钢的热处理工艺参数**

| 项目 | 退火 | 正火 | 高温回火 | 淬火 | 回火 |
|---|---|---|---|---|---|
| 加热温度/℃ | 800~850 | 850~880 | 660~680 | 840~860 | 550~650 |
| 冷却方式 | 炉冷 | 空冷 | 空冷 | 油冷 | 根据需要确定 |

### 3.4.4.3 淬透性

40CrMnMo 钢的淬透性曲线如图 3-11 所示。

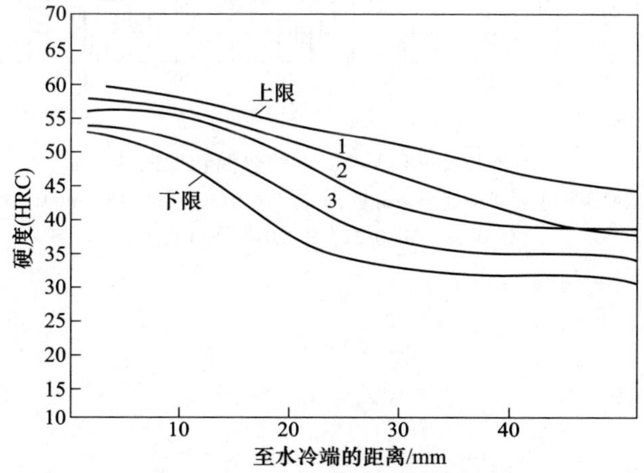


图 3-11 40CrMnMo 钢的淬透性曲线

（试验用钢主要成分（质量分数,%）为：1—C 0.41，Si 0.20，Mn 0.75，Cr 1.04，Mo 0.28，P 0.010，S 0.008；2—C 0.39，Si 0.30，Mn 0.68，Cr 1.07，Mo 0.25，P 0.008，S 0.007；3—C 0.39，Si 0.21，Mn 0.64，Cr 1.22，Mo 0.22，P 0.012，S 0.008）

### 3.4.4.4 等温转变曲线

40CrMnMo 钢的等温转变曲线如图 3-12 所示。

## 3.4.5 主要生产厂

40CrMnMo 钢各特殊钢生产厂均可生产。

其他可以用于生产镐钎的钢种：55SiMnMo 钢（见 1.1 节），35SiMnMoV 钢（见 2.1 节）。

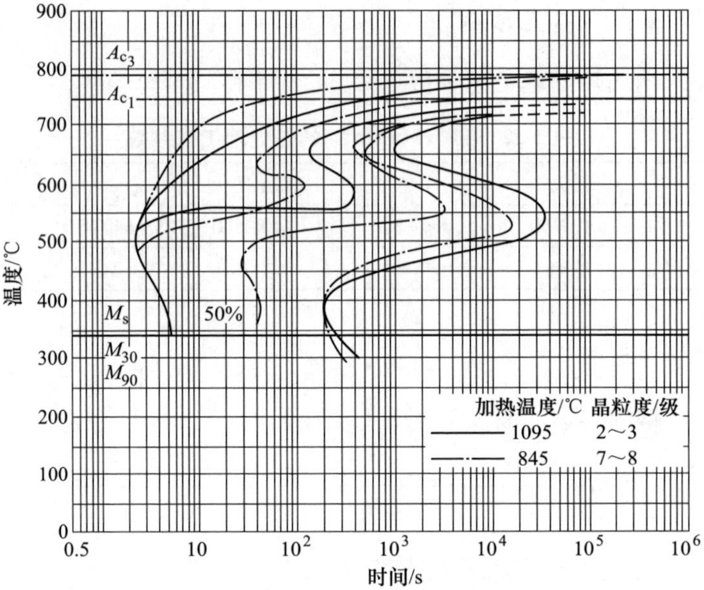


图 3-12　40CrMnMo 钢的等温转变曲线

（试验用钢主要成分（质量分数,%）为 C 0.37，Si 0.15，Mn 0.77，Cr 0.98，Mo 0.21，P 0.010，S 0.022）

# 4 凿岩钎（钻）头用钢

凿岩钎头（又称钻头）在凿岩工具中的功能是钻凿或破碎岩石。在硬质合金产品未应用于凿岩钻具之前，钎头用高碳工具钢类的钢种来制造，用其直接钻凿岩石。硬质合金产品应用于凿岩以后，用镶固或焊接的办法，将硬质合金固定在钎头体上，钎头钢体起到固定和支撑硬质合金的作用，并保证硬质合金在钻凿岩石过程中不产生移位和脱落。这样钎头用钢不再局限于工具钢类，也可以用合金结构钢或其他钢种来制造。

钎头的种类很多：按硬质合金形状分，有片状钎头、球齿钎头、复合齿钎头；按与钎杆的连接形式分，有锥孔连接钎头、螺纹连接钎头、花键连接钎头；按直径大小分，有小钎头、大钎头、中型钎头；按钎头制造工艺分，有焊接钎头、固齿钎头等。而且，不同种类的钎头，结构变化很大，使用时所受的应力也差别很大，有必要对钎头用钢的基本要求进行分类。而且，随着凿岩工业技术的不断向前发展，钎头的用途也越来越广。除上述各种钎头的继续推广使用外，不用硬质合金的全钢钎头也仍有部门在使用，如炼铁高炉出铁口，在开口出铁时，用全钢钎头钻凿开口；锚杆支护也有用一次性全钢钎头钻进的等。

钎头用钢的基本要求：为方便合理选材，并根据制造部门和使用部门的需要及钎头技术发展的一些规律，将钎头用钢的基本要求分为三类。

（1）片状钎头用钢的基本要求。片状钎头一般都是用焊接方法将硬质合金焊固定在钎头体上，片状钎头用钢的基本要求如下：

1）焊接加热后要具有高的空冷硬化能力，焊后空冷钎头体的硬度（HRC）要达到35~50的要求。这一硬度要求是支撑片状硬质合金在凿岩进程中的最重要性能。低于这个硬度范围，在凿岩机的高频应力冲击下，尤其是钻凿硬岩时，钎头体片槽变形，容易出现硬质合金片位移而脱片，造成钎头早期报废。

2）在HRC35~50的硬度范围时，钎头体应具有较好的塑性和韧性及抗疲劳性能，避免出现裂裤、炸裤和疲劳断裂。

3）钎头体钢应与铜基或银基焊料存较好的浸润性，以保证有高的焊接温度和焊接性能及质量。

4）在焊接温度下不应出现晶粒长大、脱炭或严重氧化等情况。

5）钢的线膨胀系数与硬质合金的线膨胀系数差距越小越好。差距大，焊接应力大，甚至拉裂硬质合金，造成钎头使用时的碎片或炸片现象。

6）具有较高的热稳定性和一定的高温强度和耐磨性，同时也应避免产生“胀裤”现象。

7）容易退火软化且加工性能要好。国内外曾采用过或正在采用的片状钎头用钢有40SiMnCrNiMo（Z708整体钎用钢）、40MnMoV（中国）、24SiMnCrNi2Mo（FF710瑞典）、45CrNiMo1V（瑞典钎头1号）、25CrNi3Mo（瑞典钎头2号）、30Cr2Ni4Mo（美国、英国En30B）、25Cr2Ni4Mo（前苏联）、33CrNi3Mo（加拿大、前苏联）、30CrMnSiNi2Mo（瑞典钎头3号）、40CrNi3Mo（英国）、40Cr（中国）、35CrMoV（中国）、50钢（中国）等。

应该指出，我国曾经采用的40Cr或35CrMo，甚至45钢、50钢，都不能满足片状钎头焊接后空冷达到HRC35~50的硬度基本要求。用这些钢料生产的钎头，只能在中硬或软岩钻凿中使用，但钎头的寿命和质量不高。

（2）球齿钎头用钢的基本要求。球齿钎头是采用过盈配合的工艺，用冷压式热固齿的方法，将硬质合金齿牢固地镶嵌在钎头体上，钎头体可以在固齿前进行热处理，使其硬度可较精确地符合要求的硬度范围。球齿钎头用钢的基本要求如下：

1）在热处理状态下，硬度（HRC）要达到40~50的要求；

2）高的强度和物理性能的良好配合，保证高的固齿能力；

3）要有一定的高温强度和热稳定性，保证使用时的固齿强度；

4）高的疲劳强度和耐磨性；

5）对热固齿的钎头用钢还要求有较高的线膨胀系数和回火稳定性，可以提高固齿温度和保证高的热固齿能力；

6）容易软化退火、好的尺寸稳定性和加工性，加工性包括切削性能、铰孔性能、粗糙度等。

国内外曾采用或正在采用的球齿钎头用钢有24SiMnCrNi2Mo（瑞典、中国）、45CrNiMo1V（瑞典、中国）、25CrNi3Mo（瑞典）、40MnMoV（中国）、25Cr3Mo、30Cr2Ni4Mo（美国、英国En30B）、40SiMnCrNiMo（瑞典）、20Ni4Mo、35CrNiMo等。其中40MnMoV、40SiMnCrNiMo、45CrNiMo1V采用热固齿为佳。

（3）全钢钎头用钢的基本要求。全钢钎头多为一次性使用，且用于软岩或非岩石体的钻进。全钢钎头用钢的基本要求如下：

1）在热处理状态下具有较高的硬度，一般硬度（HRC）应不小于55，而且要有一定的刚性配合；

2）一定的热稳定性，且在一定的温度范围内或一定的钻进时间内不容易迅速软化；

3）热处理工艺要简单；

4）容易软化退火，切削性能好。

全钢钎头使用的钢种有 T7、T7V、T8Cr、95Cr、95CrMo 等。

## 4.1 40MnMoV 钢

40MnMoV 钢是 20 世纪 60 年代冶金工业部钎钢工作队研制用作钎杆的钢种，它属贝氏体超高强度钢，用于钎杆用钢时的凿岩寿命不十分理想。后用于合金毛管法生产中空钎钢时的内衬管，可起到内壁强化作用，减少了内疲劳的发生。40MnMoV 钢的淬透性较好，用作钎头壳体时，在感应加热钎焊后，空冷或控制风冷，可得到复相的贝氏体或马氏体组织，硬度（HRC）可在 35~55 范围内调节，具有良好的强度和韧性配合。40MnMoV 钢可焊性较好，因不含 Cr、Ni，价格比较便宜。用它生产锥体连接小直径的钎头，多年来，已成功地经受了凿岩检验。在合理的几何结构参数、制造工艺正确使用配合下，其钻速、寿命、合金利用率等已接近和达到同类产品的国际先进水平。壳体已基本上不构成钎头失效的薄弱环节。40MnMoV 钢是适合于感应钎焊固片、固齿工艺的较好钎头钢种，远比 50 钢、55 钢、40Cr 钢强。

该钢的不足之处是用于制造中小直径钎头时，在某些苛刻条件下凿岩，韧性显得不足。凿岩条件包括岩石极坚硬，冲击功较大，钎头几何结构参数的调整（加大尺寸）受到局限。

钎头焊后单个空冷或风冷（视季节）至室温，并在 200 ℃以下适当保温，头部硬度（HRC）以控制在 38~43 为宜。

### 4.1.1 化学成分

40MnMoV 钢的化学成分如表 4-1 所示。

**表 4-1 40MnMoV 钢的化学成分** （质量分数,%）

| C | Mn | Si | Mo | V | S | P |
|---|---|---|---|---|---|---|
| 0.35~0.44 | 1.40~1.80 | 0.50~0.80 | 0.40~0.60 | 0.07~0.15 | ≤0.030 | ≤0.030 |

### 4.1.2 临界温度

40MnMoV 钢的临界温度如表 4-2 所示。

**表 4-2 40MnMoV 钢的临界温度** （℃）

| $A_{c_1}$ | $A_{c_3}$ | $M_s$ | $M_f$ |
|---|---|---|---|
| 723 | 803 | 287 | 127 |

注：试验用钢成分（质量分数,%）为 C 0.39，Si 0.66，Mn 1.70，Mo 0.46，V 0.12，Cu 0.08，S 0.020，P 0.015。

### 4.1.3　力学性能

热处理制度对 40MnMoV 钢力学性能的影响如表 4-3 所示。

表 4-3　热处理制度对 40MnMoV 钢力学性能的影响

| 热处理制度 | 力学性能 | | | | | |
|---|---|---|---|---|---|---|
| | $R_m$/MPa | $R_{eL}$/MPa | $A$/% | $Z$/% | $KU_2$/J | 硬度（HRC） |
| 880 ℃正火，200 ℃回火 1 h | 1929 | 1573 | 9.5 | 40.0 | 49 | 53.5 |
| 等温淬火，880 ℃加热，350 ℃等温 30 min | 1465 | 1107 | 13.5 | 46.0 | 47 | 43.5 |
| 880 ℃油淬，200 ℃回火 1 h | 1872 | 1595 | 9.0 | 35.0 | 46 | 53.5 |

从表 4-3 可以看出，正火+低温回火与淬火+低温回火的性能基本一致。然而正火工艺较为简便，且内应力小，两者比较应选择正火工艺。

从模拟正火曲线可以看出 40MnMoV 钢具有良好的淬透性，这就为钎头成批生产热处理工艺的简化创造了条件。

### 4.1.4　工艺性能

#### 4.1.4.1　退火工艺

完全退火（高温炉冷）并不能使 40MnMoV 钢足够地软化，硬度（HBW）仍然保持在 276~313。但热轧后的高温回火（740 ℃×6 h，炉冷至 300 ℃以下出炉），能获得充分分解的回火贝氏体组织，硬度（HBW）可降至 230 以下，切削、冷拔无困难。

#### 4.1.4.2　等温转变曲线

40MnMoV 钢的等温转变曲线如图 4-1 所示。

#### 4.1.4.3　端淬曲线

40MnMoV 钢的端淬曲线如图 4-2 所示。

#### 4.1.4.4　模拟正火

40MnMoV 钢的模拟正火曲线如图 4-3 所示。

从图 4-3 可以看出，40MnMoV 钢具有良好的淬透性，这就为钎头成批生产热处理工艺的简化创造了条件。

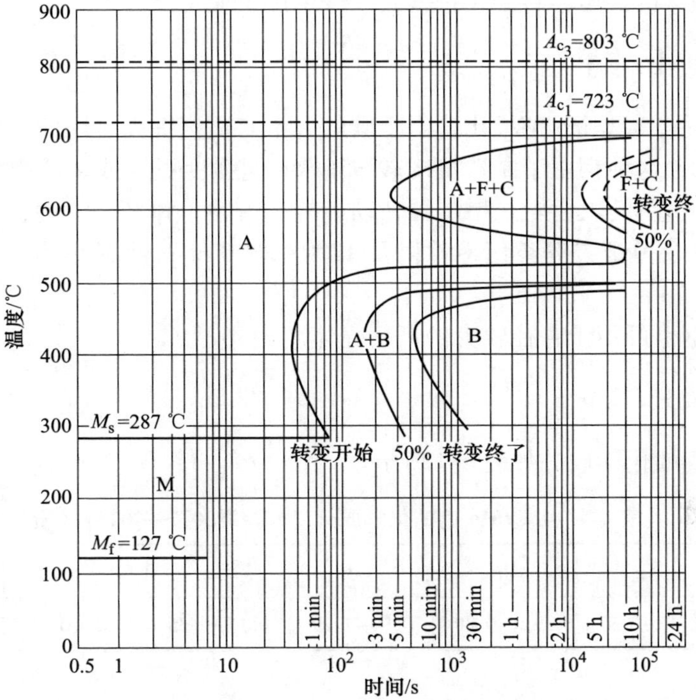


图 4-1　40MnMoV 钢的等温转变曲线

（原始状态：正火。奥氏体化温度：900 ℃，10 min。晶粒度<10。等温转变曲线为热膨胀法，磁性法初测，金相法终测。用钢成分（质量分数,%）为 C 0.40，Si 0.74，Mn 1.72，Mo 0.49，V 0.15，Cu 0.10，Cr 0.12）

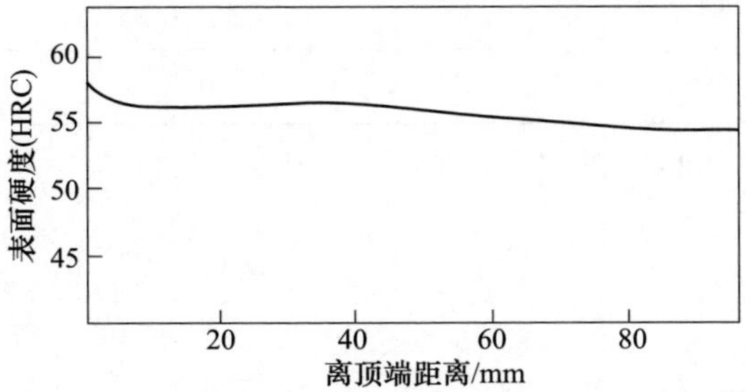


图 4-2　40MnMoV 钢的端淬曲线

（用钢成分同图 4-1）

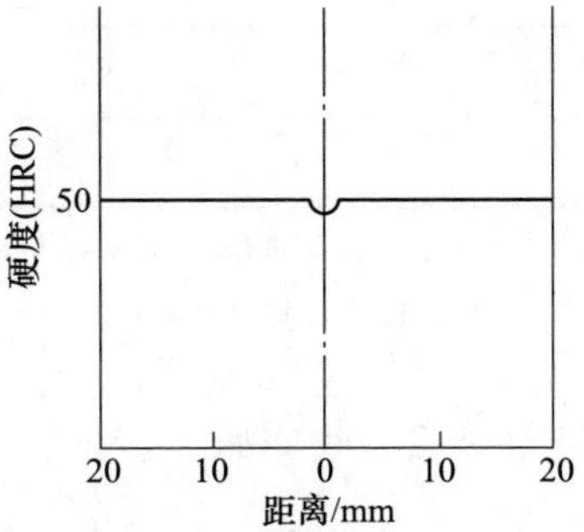


图 4-3　40MnMoV 钢的模拟正火曲线

### 4.1.5　主要生产厂

40MnMoV 钢主要由大冶特殊钢公司、抚顺特殊钢公司、南京钢铁股份有限公司、西宁特殊钢公司、石家庄钢铁公司等生产企业生产。

## 4.2　42CrMo 钢

42CrMo 钢与 35CrMo 钢相比，由于碳的含量有适当提高，因此它的淬透性较高，强度较大。这种钢用于制造要求较 35CrMo 钢强度更高或调质断面更大的锻件，如机车牵引用的大齿轮，增压器转动齿轮、后轴、弹簧、发动机气缸、受载荷极大的连杆及弹簧夹等类似零件以及 1200～2000 m 石油深井钻杆接头与打捞工具等。

42CrMo 钢也可用于直径较大的钎头壳体。

### 4.2.1　化学成分

42CrMo 钢的化学成分如表 4-4 所示。

**表 4-4　42CrMo 钢的化学成分（GB/T 3077—2015）**（质量分数，%）

| C | Si | Mn | Cr | Mo | S | P |
|---|---|---|---|---|---|---|
| 0.38～0.45 | 0.17～0.37 | 0.50～0.80 | 0.90～1.20 | 0.15～0.25 | ≤0.035 | ≤0.035 |

### 4.2.2　物理性能

#### 4.2.2.1　临界温度

42CrMo 钢的临界温度如表 4-5 所示。

**表 4-5　42CrMo 钢的临界温度（近似值）**　（℃）

| $A_{c_1}$ | $A_{c_3}$ | $M_s$ |
|---|---|---|
| 730 | 800 | 310 |

注：1. 用钢成分（质量分数，%）为 C 0.41，Si 0.22，Mn 0.68，Cr 1.01，Mo 0.23；
2. 奥氏体化温度为 860 ℃。

#### 4.2.2.2　线膨胀系数

42CrMo 钢的线膨胀系数如表 4-6 所示。

**表 4-6　42CrMo 钢的线膨胀系数**

| 在 20 ℃与下列温度时/℃ | 100 | 200 | 300 | 400 | 500 | 600 |
|---|---|---|---|---|---|---|
| 线膨胀系数 $\alpha$ | $11.1\times10^{-6}$ | $12.1\times10^{-6}$ | $12.9\times10^{-6}$ | $13.5\times10^{-6}$ | $13.9\times10^{-6}$ | $14.1\times10^{-6}$ |

### 4.2.3 力学性能

#### 4.2.3.1 弹性模量

42CrMo 钢在下列温度时的弹性模量如表 4-7 所示。

**表 4-7 42CrMo 钢的弹性模量**

| 温度/℃ | 20 | 300 | 400 | 500 | 600 |
|---|---|---|---|---|---|
| 弹性模量 $E$/GPa | 206 | 181 | 172 | 162 | 152 |

#### 4.2.3.2 室温力学性能

42CrMo 钢的室温力学性能如表 4-8 所示。

**表 4-8 42CrMo 钢的室温力学性能（标准规定最低值）**

| 技术标准 | 热处理毛坯直径/mm | 热处理状态 | 取样部位 | $R_m$/MPa | $R_{eL}$/MPa | $A$/% | $Z$/% | $KU_2$/J | 其他 |
|---|---|---|---|---|---|---|---|---|---|
| GB 3077/88 | 25 | 850 ℃油淬<br>560 ℃回火 | 中心 | 1080 | 930 | 12 | 45 | 62 | HBW≤229 |
| 重型机械行业标准 | 100~250<br>>250~300<br>>300~500 | 调质 | 1/3<br>半径<br>纵向 | 735<br>685<br>635 | 540<br>490<br>440 | 11<br>11<br>10 | 40<br>35<br>30 | 39<br>31<br>31 | HBW207~269 |
| 铁道内燃机车柴油机用钢标准 | 25 | 860 ℃油淬<br>540 ℃油冷<br>510 ℃渗氮 | 中心 | 930 | 735 | 12 | 45 | 78 | HRC56~62<br>渗氮层深度≥0.7 mm |

#### 4.2.3.3 淬火并在不同温度回火后的抗拉和冲击性能及在不同温度离子渗氮后的硬度梯度曲线

42CrMo 钢在 840 ℃油淬并在不同温度回火后的抗拉及冲击性能如图 4-4 所示，42CrMo 钢在不同温度离子渗氮后的硬度梯度如图 4-5 所示。

#### 4.2.3.4 高温屈服及蠕变强度

42CrMo 钢的高温屈服及蠕变强度如表 4-9 所示。

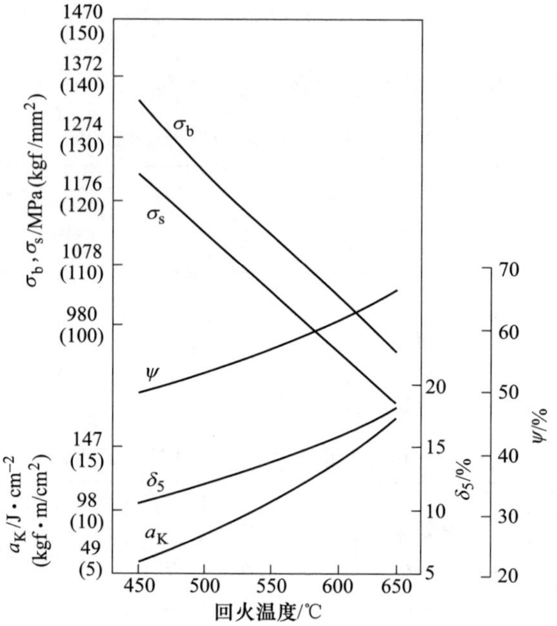


图 4-4　42CrMo 钢在 840 ℃油淬并在不同温度回火后的抗拉及冲击性能
（试验用钢主要成分（质量分数,%）为 C 0.39，Si 0.21，Mn 0.59，Cr 1.00，Mn 0.20）

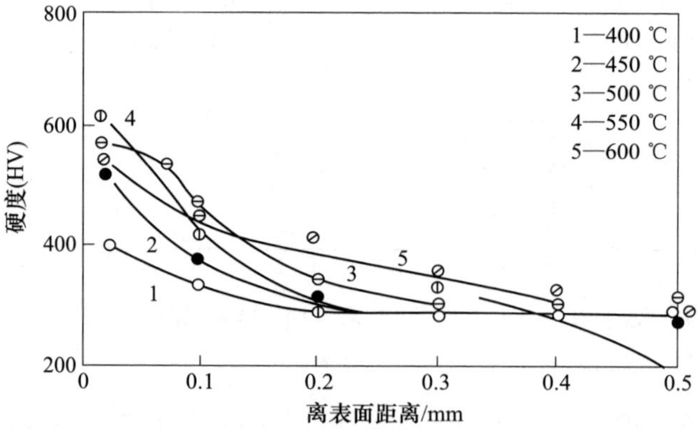


图 4-5　42CrMo 钢在不同温度离子渗氮后的硬度梯度
（试验用钢主要成分（质量分数,%）为 C 0.41，Si 0.25，Mn 0.75，Cr 1.02，Mo 0.19；
离子渗氮条件：$N_2$ 80%，压力 666.6 Pa（5 Torr），时间 5 h）

表 4-9　42CrMo 钢的高温屈服及蠕变强度

| 在下列温度时的屈服强度/MPa | | | | 在下列温度时的蠕变强度/MPa | | | | | |
|---|---|---|---|---|---|---|---|---|---|
| 20 ℃ | 300 ℃ | 350 ℃ | 400 ℃ | 350 ℃ | 400 ℃ | 450 ℃ | 475 ℃ | 500 ℃ | 525 ℃ |
| 45 | 353 | 324 | 294 | 314 | 245 | 177 | 137 | 98 | 67 |
| 50 | 392 | 363 | 324 | 343 | 275 | 196 | 147 | 108 | 67 |
| 55 | 431 | 392 | 353 | 373 | 294 | 206 | 157 | 108 | 67 |
| 60 | 451 | 412 | 373 | 392 | 314 | 235 | 177 | 108 | 67 |
| 65 | 471 | 431 | 392 | 412 | 343 | 275 | 196 | 108 | 67 |
| 70 | 490 | 451 | — | — | 343 | 196 | — | 98 | — |

注：调质至不同屈服强度（20 ℃）时，进行高温强度试验。

#### 4.2.3.5　低温冲击韧性

42CrMo 钢的低温冲击能量如表 4-10 所示。

表 4-10　42CrMo 钢的低温冲击吸收能量

| 试验温度/℃ | −253 | −183 | −140 | −100 | −80 | −50 | −20 | 20 |
|---|---|---|---|---|---|---|---|---|
| $KU_2$/J | 18.8 | 36 | 37 | 45 | 66 | 86 | 92 | 92 |

注：试验用钢主要成分（质量分数,%）为 C 0.43，Cr 1.02，Mo 0.22；试样 880 ℃油淬，580 ℃回火，抗拉强度为 1060 MPa。

### 4.2.4　工艺性能

#### 4.2.4.1　热成型工艺参数

42CrMo 钢的热成型工艺参数如表 4-11 所示。

表 4-11　42CrMo 钢的热成型工艺参数

| 开始温度/℃ | 终止温度/℃ | 冷却方式 |
|---|---|---|
| 1200~1220 | 800~850 | >$\phi$50 mm 时缓冷 |

#### 4.2.4.2　热处理工艺参数

42CrMo 钢的热处理工艺参数如表 4-12 所示。

表 4-12　42CrMo 钢的热处理工艺参数

| 项目 | 正火 | 高温回火 | 淬火 | 回火 |
|---|---|---|---|---|
| 加热温度/℃ | 860~880 | 530~670 | 840~860 | 根据需要选择 |
| 冷却方式 | 空冷 | 空冷 | 油冷 | 空冷 |

#### 4.2.4.3　过冷奥氏体转变曲线

42CrMo 钢的过冷奥氏体转变曲线如图 4-6 所示。

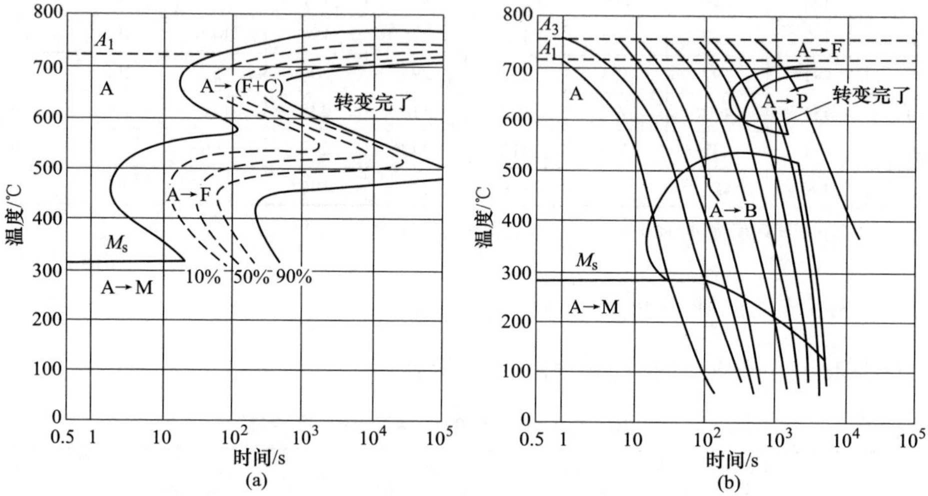


图 4-6　42CrMo 钢的过冷奥氏体转变曲线

（a）等温转变曲线（试验用钢主要成分（质量分数,%）为 C 0.41，Si 0.23，Mn 0.67，Cr 1.01，Mo 0.23，奥氏体化温度为 860 ℃）；（b）连续冷却转变曲线（试验用钢主要成分（质量分数,%）为 C 0.46，Si 0.22，Mn 0.50，Cr 1.00，Mo 0.21，奥氏体化温度为 850 ℃）

#### 4.2.4.4　淬透性曲线

42CrMo 钢的淬透性曲线及在不同温度回火后的硬度变化曲线如图 4-7 所示。

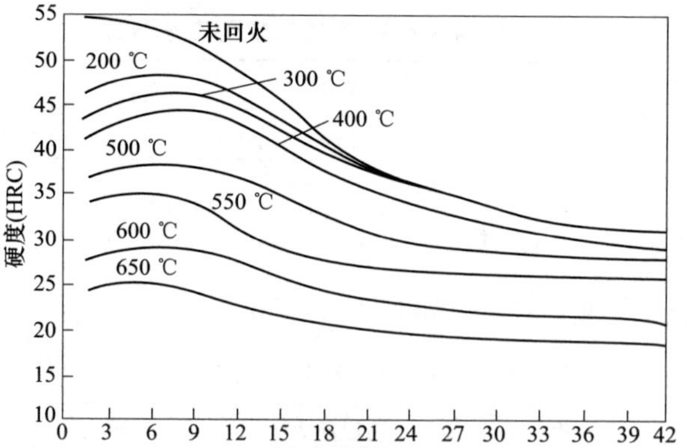


图 4-7　42CrMo 钢的淬透性曲线及在不同温度回火后的硬度变化曲线

（试验用钢成分同图 4-6（b））

### 4.2.5 主要生产厂

42CrMo 钢主要由大冶特殊钢公司、抚顺特殊钢公司、南京钢铁股份有限公司、西宁特殊钢公司、石家庄钢铁公司等企业生产。

## 4.3 35CrMoV 钢

35CrMoV 钢强度高，在重型机器制造业中常用来制造在高应力下工作的重要机器零件，如长期在 500~520 ℃下工作的汽轮机转子的叶轮，多级涡轮鼓风机的转子、盖盘、轴盘；功率不大的发电机轴，以及水力发动机的零件等。

此钢用来做焊片小钎头壳体时，配以合理的焊接工艺，使用效果也不错，国内有的钎头厂仍在采用。

### 4.3.1 化学成分

35CrMoV 钢的化学成分如表 4-13 所示。

表 4-13 35CrMoV 钢的化学成分（GB/T 3077—2015）

（质量分数,%）

| C | Si | Mn | Cr | Mo | V | S | P |
|---|---|---|---|---|---|---|---|
| 0.30~0.38 | 0.17~0.37 | 0.40~0.70 | 1.00~1.30 | 0.20~0.30 | 0.10~0.20 | ≤0.035 | ≤0.035 |

### 4.3.2 物理性能

35CrMoV 钢的物理性能如表 4-14 所示。

表 4-14 35CrMoV 钢的物理性能

| 临界温度（近似值）/℃ | | | 在下列温度时的导热系数 $\lambda$/W·(m·K)$^{-1}$ | | | | 在 20 ℃与下列温度时的线膨胀系数 $\alpha$/℃$^{-1}$ | | | | | | |
|---|---|---|---|---|---|---|---|---|---|---|---|---|---|
| $A_{c_1}$ | $A_{c_3}$ | $A_{r_1}$ | 100 ℃ | 200 ℃ | 300 ℃ | 400 ℃ | 100 ℃ | 200 ℃ | 300 ℃ | 400 ℃ | 500 ℃ | 600 ℃ | 700 ℃ |
| 755 | 835 | 600 | 41.9 | 41.4 | 41.0 | 40.6 | $11.8\times10^{-6}$ | $12.5\times10^{-6}$ | $12.7\times10^{-6}$ | $13.0\times10^{-6}$ | $13.4\times10^{-6}$ | $13.7\times10^{-6}$ | $14.0\times10^{-6}$ |

### 4.3.3 力学性能

#### 4.3.3.1 弹性模量

35CrMoV 钢的弹性模量如表 4-15 所示。

表 4-15 35CrMoV 钢的弹性模量

| 温度/℃ | 20 | 100 | 300 | 500 |
|---|---|---|---|---|
| 弹性模量 $E$/GPa | 213 | 209 | 199 | 179 |

35CrMoV 钢的切变弹性模量如表 4-16 所示。

**表 4-16　35CrMoV 钢的切变弹性模量**

| 温度/℃ | 20 | 100 | 300 | 500 |
|---|---|---|---|---|
| 切变弹性模量 $G$/GPa | 84 | 82 | 74.5 | 66.7 |

#### 4.3.3.2　室温力学性能

35CrMoV 钢的室温力学性能如表 4-17 所示。

**表 4-17　35CrMoV 钢的室温力学性能（GB/T 3077—2015 标准规定最低值）**

| 热处理用毛坯直径或厚度/mm | 试样状态 | 取样位向 | $R_m$ /MPa | $R_{eL}$ /MPa | $A$ /% | $Z$ /% | $KU_2$ /J | 硬度（HBW） | 数据来源 |
|---|---|---|---|---|---|---|---|---|---|
| 25 | 900 ℃油淬，630 ℃回火，水冷或油冷 | 纵向 | 1080 | 930 | 10 | 50 | 70 | 241 | GB/T 3077—2015 |
| ≤120 | 880~900 ℃油淬，640~660 ℃回火，空冷或油冷 | 切向 | 814 | 685 | 13 | 35 | 31 | 255~302 | 原一机部汽轮机厂叶轮标准 |
| >120~200 | | | 785 | 635 | 14 | 35 | 39 | 241~285 | |
| >200~250 | | | 765 | 590 | 14 | 35 | 39 | | |

#### 4.3.3.3　淬火并在不同温度回火后的室温力学性能

35CrMoV 钢 850 ℃水淬并在不同温度回火后的力学性能如图 4-8 所示。

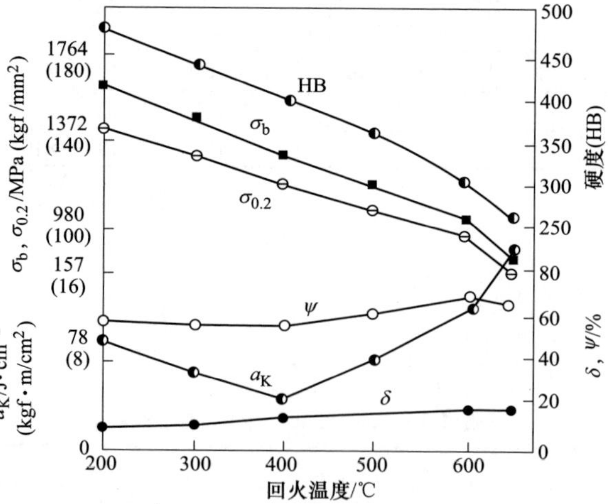


图 4-8　35CrMoV 钢 850 ℃水淬并在不同温度回火后的力学性能

#### 4.3.3.4 叶轮锻件性能

35CrMoV 钢叶轮锻件性能如表 4-18 所示。

**表 4-18 35CrMoV 钢叶轮锻件性能（实测数据）**

| 叶轮锻件厚度/mm | $R_m$/MPa | $R_{eL}$/MPa | $A$/% | $Z$/% | $KU_2$/J | 硬度（HBW） |
|---|---|---|---|---|---|---|
| 190 | 910 | 760 | 17.0 | 58.0 | 60 | 272 |
| | 928 | 803 | 17.0 | 58.0 | 54 | 269 |
| 232 | 878 | 736 | 17.0 | 56.0 | 54 | 286 |
| | 858 | 725 | 20.0 | 58.0 | 52 | 266 |
| 290 | 873 | 731 | 16.5 | 58.0 | 50 | 266 |
| | 807 | 663 | 19.0 | 61.0 | 53 | 239 |

#### 4.3.3.5 疲劳强度

35CrMoV 钢的疲劳强度如表 4-19 所示。

**表 4-19 35CrMoV 钢的疲劳强度**

| $R_m$/MPa | $R_{p0.2}$/MPa | 疲劳试验循环次数 $N$ | $\sigma_N$/MPa | $\tau_N$/MPa |
|---|---|---|---|---|
| 883<br>（90） | 745 | $5\times10^5$ | 476 | 240 |
| | | $1\times10^6$ | 451 | |
| | | $5\times10^6$ | 378 | |

#### 4.3.3.6 高温力学性能

35CrMoV 钢的高温力学性能如表 4-20 所示。

**表 4-20 35CrMoV 钢的高温力学性能（实测数据）**

| 试验温度/℃ | $R_m$/MPa | $R_{p0.2}$/MPa | $A$/% | $Z$/% | $KU_2$/J | 备注 |
|---|---|---|---|---|---|---|
| 20 | 726~838 | 500~677 | 14.0~19.0 | 47.0~57.0 | 39 | 由一转子大锻件直径 600 mm 处取切向试样 |
| 300 | 735 | 588 | 17.5 | 61.0 | — | |
| 400 | 579 | 397 | 19.0 | 65.0 | 70 | |
| 500 | 505 | 392 | 19.5 | 73.0 | 47 | |
| 550 | 436 | 378 | 20.5 | 79.0 | 43 | |
| 600 | 338 | 373 | 25.0 | 84.0 | 47 | |

续表 4-20

| 试验温度/℃ | $R_m$/MPa | $R_{p0.2}$/MPa | A/% | Z/% | $KU_2$/J | 备注 |
|---|---|---|---|---|---|---|
| 20 | 853~922 | 706~804 | 15.0~19.0 | 57.0~64.0 | 62~110 | 由一转子大锻件端部直径150 mm处取纵向试样 |
| 500 | 613 | 530 | 16.5 | 76.5 | | |
| 600 | 539 | 490 | 18.0 | 87.0 | | |

注：转子大锻件主要成分（质量分数,%）为C 0.34，Cr 1.11~1.19，Mo 0.21~0.24，V 0.15~0.20；热处理850~860 ℃水淬油冷，630 ℃回火。

#### 4.3.3.7　蠕变及持久强度

35CrMoV钢的蠕变及持久强度如表4-21所示。

**表 4-21　35CrMoV 钢的蠕变及持久强度**

| 试验温度/℃ | $\sigma_1/10000$①/MPa | $\sigma_1/100000$①/MPa | $\sigma_b/10000$②/MPa | $\sigma_b/100000$②/MPa |
|---|---|---|---|---|
| 450 | 220 | 137 | | |
| 500 | 93 | 54 | 314 | 255 |
| 550 | 31 | 19.6 | 216 | 167 |

①试验用钢主要成分（质量分数,%）为C 0.28，Cr 1.50，Mo 0.38，V 0.16；900 ℃淬火，650 ℃回火。

②试验用钢主要成分（质量分数,%）为C 0.34，Cr 1.11~1.19，Mo 0.21~0.24，V 0.15~0.20；850~860 ℃水淬油冷，630 ℃回火。

### 4.3.4　工艺性能

#### 4.3.4.1　热成型工艺参数

35CrMoV钢的热成型工艺参数如表4-22所示。

**表 4-22　35CrMoV 钢的热成型工艺参数**

| 开始温度/℃ | 终止温度/℃ | 冷却方式 |
|---|---|---|
| 1180 | 850 | >$\phi$65 mm时缓冷 |

#### 4.3.4.2　热处理工艺参数

35CrMoV钢的热处理工艺参数如表4-23所示。

表 4-23　35CrMoV 钢的热处理工艺参数

| 项目 | 退火 | 正火 | 高温回火 | 淬火 | 回火 |
|---|---|---|---|---|---|
| 加热温度/℃ | 860~880 | 900~920 | 650~670 | 890~910 | 600~650 |
| 冷却方式 | 炉冷 | 空冷 | 空冷 | 油冷或水冷 | 空冷 |

### 4.3.5　主要生产厂

35CrMoV 钢主要由大冶特殊钢公司、抚顺特殊钢公司、南京钢铁股份有限公司、西宁特殊钢公司、石家庄钢铁公司等企业生产。

## 4.4　40CrNiMoA 钢

40CrNiMoA 钢有较高的强度和韧性及良好的淬透性，常视为超高强度钢，一般用于制作截面较大的载荷较重的重要零件，如轴、齿轮、转子及紧固件等。为了充分发挥它的综合力学性能，应在调质状态下使用；为了增加零件的表面硬度和耐磨性，也可进行表面淬火或渗氮处理。

此钢也可做钎头壳体。

### 4.4.1　化学成分

40CrNiMoA 钢的化学成分如表 4-24 所示。

表 4-24　40CrNiMoA 钢的化学成分（GB/T 3077—2015）

（质量分数,%）

| C | Si | Mn | Cr | Ni | Mo | Cu | P | S |
|---|---|---|---|---|---|---|---|---|
| 0.37~0.44 | 0.17~0.37 | 0.50~0.80 | 0.60~0.90 | 1.25~1.65 | 0.15~0.25 | ≤0.25 | ≤0.025 | ≤0.025 |

### 4.4.2　临界温度

40CrNiMoA 钢的临界温度如表 4-25 所示。

表 4-25　40CrNiMoA 钢的临界温度（近似值）　（℃）

| $A_{c_1}$ | $A_{c_3}$ | $A_{r_3}$ | $M_s$ | 备注 |
|---|---|---|---|---|
| 760 | 810 | 690 | 334 | ① |
| 760 | 790 | 680 | 308 | ② |

①用钢成分（质量分数,%）为 C 0.37，Si 0.28，Mn 0.63，Cr 0.76，Ni 1.40，Mo 0.14，P 0.018，S 0.008。

②用钢成分（质量分数,%）为 C 0.44，Si 0.19，Mn 0.62，Cr 0.62，Ni 1.38，Mo 0.20，P 0.017，S 0.013。

40CrNiMoA 钢的导热系数和线膨胀系数如表 4-26 所示。

**表 4-26　40CrNiMoA 钢的导热系数和线膨胀系数**

| 在下列温度时的导热系数 $\lambda$/W·(m·K)$^{-1}$ | | | | | 在 30 ℃与下列温度间的线膨胀系数 $\alpha$/℃$^{-1}$ | | | | | |
|---|---|---|---|---|---|---|---|---|---|---|
| 100 ℃ | 200 ℃ | 300 ℃ | 400 ℃ | 500 ℃ | 200 ℃ | 300 ℃ | 400 ℃ | 500 ℃ | 600 ℃ | 700 ℃ |
| 46 | 44 | 42 | 40 | 88 | 11.4 $\times10^{-6}$ | 13.2 $\times10^{-6}$ | 14.0 $\times10^{-6}$ | 14.4 $\times10^{-6}$ | 14.7 $\times10^{-6}$ | 15.0 $\times10^{-6}$ |

## 4.4.3　力学性能

### 4.4.3.1　弹性模量

40CrNiMoA 钢的弹性模量 $E$ 为 200 GPa。

### 4.4.3.2　室温抗拉及冲击性能

40CrNiMoA 钢的室温抗拉及冲击性能如表 4-27 所示。

**表 4-27　40CrNiMoA 钢的室温抗拉及冲击性能（GB/T 3077—2015）**

| 热处理毛坯直径/mm | 热处理 | $R_m$/MPa | $R_{eL}$/MPa | $A$/% | $Z$/% | $KU_2$/J |
|---|---|---|---|---|---|---|
| 25 | 850 ℃油淬，600 ℃回火，油冷或水冷 | 980 | 835 | ≥12 | ≥55 | 78 |

### 4.4.3.3　淬火后在不同温度回火后的力学性能

40CrNiMo 钢淬火后在不同温度回火后的力学性能如图 4-9 所示。

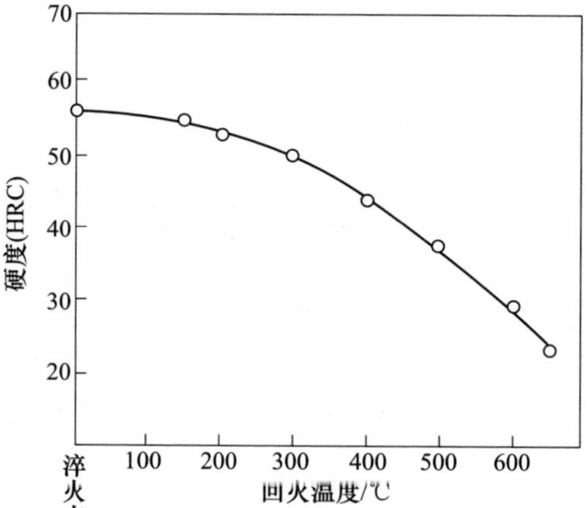

(a)

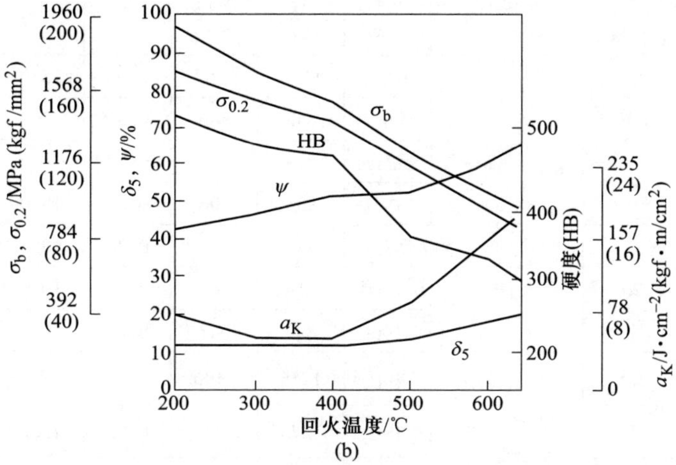


图 4-9 40CrNiMo 钢淬火后在不同温度回火后的力学性能

（a）硬度，试验用钢主要成分（质量分数,%）为 C 0.43，Mn 0.65，Cr 0.60，Ni 1.25，Mo 0.16；试样尺寸为 $\phi$29 mm×20 mm；860 ℃保温 7 min，淬火 55 ℃油中；（b）抗拉、屈服、硬度及冲击性能，试验用钢主要成分（质量分数,%）为 C 0.38，Si 0.29，Mn 0.63，Cr 0.75，Ni 1.44，Mo 0.28；850 ℃油淬

### 4.4.3.4 常规拉伸性能及断裂韧性

40CrNiMo 钢的常规拉伸性能及断裂韧性如表 4-28 所示。

**表 4-28 40CrNiMo 钢的常规拉伸性能及断裂韧性**

| 热处理 | $R_m$/MPa | $R_{p0.2}$/MPa | $A$/% | $Z$/% | KISCC /MPa · $m^{1/2}$ | $da/dt$ /mm · $min^{-1}$ |
|---|---|---|---|---|---|---|
| 850 ℃油淬，470 ℃回火 | 1402 | 1204 | 13.0 | 53 | 45.6 | $0.8\times10^{-3}$ |
| 850 ℃油淬，550 ℃回火 | 1187 | 1098 | 15.0 | 57 | ≥102 | |

注：试验用钢主要成分（质量分数,%）为 C 0.38，Si 0.22，Mn 0.64，Cr 0.69，Ni 1.59，Mo 0.19。

### 4.4.3.5 不同截面钢材热处理后的力学性能

40CrNiMoA 钢不同截面钢材热处理后的力学性能如表 4-29 所示。

**表 4-29　40CrNiMoA 钢不同截面钢材热处理后的力学性能**

| 试验用钢主要成分/% | 钢材截面直径/mm | 热处理状态 | 取样部位 | $R_m$/MPa | $R_{p0.2}$/MPa | $R_{p0.2}/R_m$ | $A$/% | $Z$/% | $KU_2$/J |
|---|---|---|---|---|---|---|---|---|---|
| C 0.37<br>Si 0.30<br>Mn 0.60<br>Cr 0.71<br>Ni 1.43<br>Mo 0.22 | 25 | 860 ℃油淬，600 ℃1 h回火 | 中心 | 1138 | 1088 | 0.96 | 15.0 | 55.0 | 90 |
| | 60 | | 中心 | 848 | 686 | 0.81 | 19.0 | 60.5 | 111 |
| | 90 | | 近表面 | 829 | 867 | 0.80 | 18.0 | 60.0 | 122 |
| | | | 中心 | 838 | 706 | 0.84 | 18.0 | 59.0 | 110 |
| | 120 | | 近表面 | 824 | 657 | 0.80 | 19.5 | 60.0 | 118 |
| | | | 1/2 半径 | 814 | 662 | 0.81 | 19.0 | 61.0 | 126 |
| | | | 中心 | 829 | 647 | 0.78 | 20.5 | 61.0 | 117 |
| C 0.38<br>Si 0.29<br>Mn 0.63<br>Cr 0.75<br>Ni 1.44<br>Mo 0.28 | 12.5 | 900 ℃正火，850 ℃油淬，500 ℃回火 | 中心 | 1255 | 1196 | 0.95 | 13.0 | 52.0 | 74 |
| | 25 | | 中心 | 1275 | 1276 | 0.95 | 13.0 | 54.0 | 26 |
| | 50 | | 中心 | 1196 | 1079 | 0.90 | 18.0 | 55.0 | 55 |
| | 100 | | 1/2 半径 | 1020 | 902 | 0.88 | 16.0 | 56.0 | 62 |
| C 0.38<br>Si 0.29<br>Mn 0.63<br>Cr 0.75<br>Ni 1.44<br>Mo 0.28 | 12.5 | 900 ℃正火，850 ℃油淬，575 ℃回火 | 中心 | 1089 | 1030 | 0.95 | 16.0 | 56.0 | 102 |
| | 25 | | 中心 | 1098 | 1030 | 0.94 | 13.0 | 60.0 | 94 |
| | 50 | | 中心 | 1010 | 892 | 0.88 | 17.5 | 60.0 | 110 |
| | 100 | | 1/2 半径 | 941 | 809 | 0.86 | 21.0 | 62.0 | 98 |
| | 12.5 | 900 ℃正火，850 ℃油淬，650 ℃回火 | 中心 | 961 | 863 | 0.90 | 18.0 | 63.0 | 134 |
| | 25 | | 中心 | 961 | 863 | 0.90 | 18.0 | 64.0 | 134 |
| | 50 | | 中心 | 892 | 745 | 0.84 | 20.0 | 64.0 | 142 |
| | 100 | | 1/2 半径 | 883 | 716 | 0.81 | 20.0 | 64.0 | 134 |

### 4.4.3.6　淬火后在不同温度回火水冷后的力学性能

40CrNiMoA 钢淬火后在不同温度回火水冷后的力学性能如表 4-30 所示。

**表 4-30　40CrNiMoA 钢淬火后在不同温度回火水冷后的力学性能**

| 回火温度/℃ | $R_m$/MPa | $R_{p0.2}$/MPa | $A$/% | $Z$/% | $KU_2$/J | $\sigma_{-1}$/MPa | $\sigma_{-1K}$/MPa |
|---|---|---|---|---|---|---|---|
| 200 | 1961（300.0） | 1504 | 7.5 | 44.0 | 59 | 775 | 422 |
| 300 | 1721（175.5） | 1496 | 7.0 | 54.0 | 42 | | |
| 400 | 1545（157.5） | 1402 | 7.5 | 57.0 | 53 | 686 | 363 |
| 500 | 1216（124.0） | 1098 | 11.5 | 60.0 | 102 | 608 | 333 |

注：试验用钢主要成分（质量分数,%）为 C 0.39，Si 0.33，Mn 0.60，Cr 0.79，Ni 1.52，Mo 0.19；试样用盐浴炉加热，850 ℃油淬，回火 1 h 后水冷。

#### 4.4.3.7 高温抗拉及冲击性能

40CrNiMoA 钢的高温抗拉及冲击性能如表 4-31 所示。

**表 4-31 40CrNiMoA 钢的高温抗拉及冲击吸收能量**

| 试验温度/℃ | $R_m$/MPa | $R_{p0.2}$/MPa | $A$/% | $Z$/% | $KU_2$/J |
|---|---|---|---|---|---|
| 20 | 1069 | 951 | 15.5 | 58.0 | 62 |
| 200 | | | | | 83 |
| 250 | 1010 | 834 | 13.0 | 47.0 | 87 |
| 350 | 1010 | 814 | | 53.0 | |
| 400 | 951 | 775 | 17.0 | 63.0 | 66 |
| 500 | 892 | 677 | 18.0 | 80.0 | 42 |

注：试验前，试样经 860 ℃油淬，580 ℃回火处理。

#### 4.4.3.8 低温冲击吸收能量

40CrNiMoA 钢的低温冲击吸收能量如表 4-32 所示。

**表 4-32 40CrNiMoA 钢的低温冲击吸收能量**

| 试验温度/℃ | -60 | -40 | -20 | 0 | 17 |
|---|---|---|---|---|---|
| $KU_2$/J | 64 | 82 | 85 | 86 | 92 |

注：试样经 860 ℃油淬，620 ℃回火；所列 $KU_2$ 值为三个试样的平均值。

#### 4.4.3.9 冲击脆性转变温度

40CrNiMoA 钢的冲击脆性转变温度如表 4-33 所示。

**表 4-33 40CrNiMoA 钢的冲击脆性转变温度**

| 试样硬度（HRC） | 脆性转变温度/℃ | | |
|---|---|---|---|
| | $T_{90}$ | $T_{50}$ | $T_{10}$ |
| 25 | -80 | -120 | -150 |
| 35 | -10 | -40 | -90 |

注：试验用钢主要成分（质量分数,%）为 C 0.37，Si 0.28，Mn 0.63，Cr 0.76，Ni 1.40，Mo 0.14；试样经分别热处理至 HRC25 及 HRC35。$T_{90}$为断口上纤维状面积占 90%时的温度，余类推。

### 4.4.4 工艺性能

#### 4.4.4.1 热成型工艺参数

40CrNiMoA 钢的热成型工艺参数如表 4-34 所示。

**表 4-34　40CrNiMoA 钢的热成型工艺参数**

| 开始温度/℃ | 终止温度/℃ | 冷却方式 |
|---|---|---|
| 1150 | 850 | ≥$\phi$75 mm 时缓冷 |

### 4.4.4.2　热处理工艺参数

40CrNiMoA 钢的热处理工艺参数如表 4-35 所示。

**表 4-35　40CrNiMoA 钢的热处理工艺参数**

| 项目 | 退火 | 正火 | 高温软化回火 | 调质处理 | |
|---|---|---|---|---|---|
| | | | | 淬火 | 回火 |
| 加热温度/℃ | 840～880 | 890～920 | 680～720 | 840～860 | 根据需要选定 |
| 冷却方式 | 炉冷 | 空冷 | 空冷 | 油淬 | 空冷 |

### 4.4.4.3　过冷奥氏体转变曲线

40CrNiMoA 钢的过冷奥氏体转变曲线如图 4-10 所示。

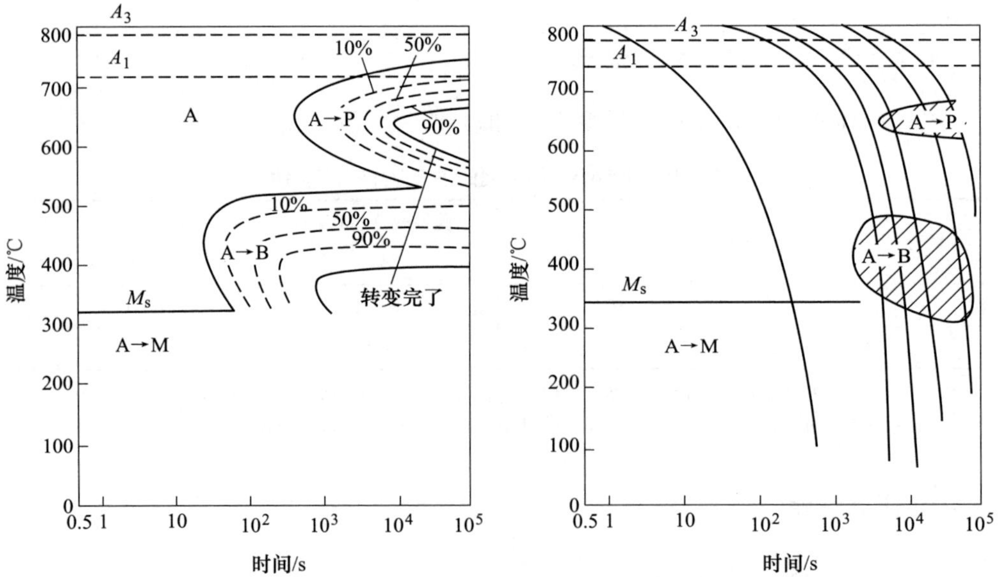


(a)　　(b)

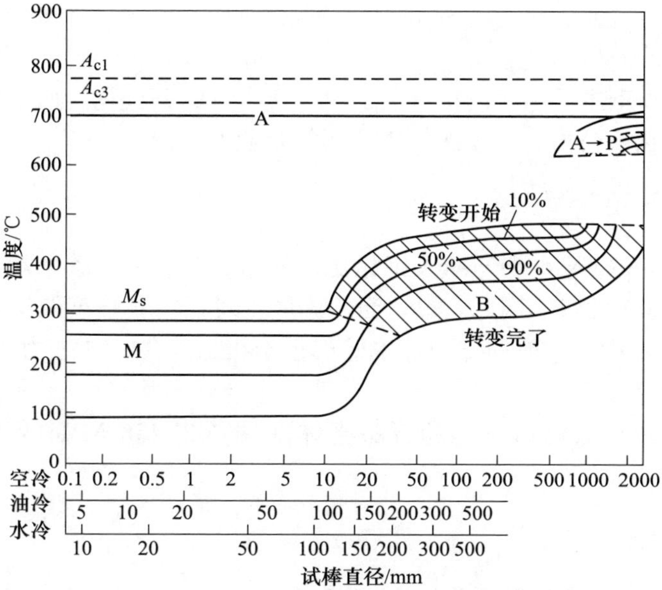

(c)

图 4-10　40CrNiMoA 钢的过冷奥氏体转变曲线

（a）等温转变曲线，试验用钢主要成分（质量分数,%）为 C 0.38，Cr 0.95，Ni 1.58，Mo 0.26，奥氏体化温度为 835 ℃；（b）连续冷却转变曲线，试验用钢主要成分（质量分数,%）为 C 0.34，Cr 0.92，Ni 1.82，Mo 0.25，奥氏体化温度为 880 ℃；（c）改型连续冷却转变曲线

### 4.4.4.4　淬透性

40CrNiMoA 钢的淬透性曲线如图 4-11 所示。

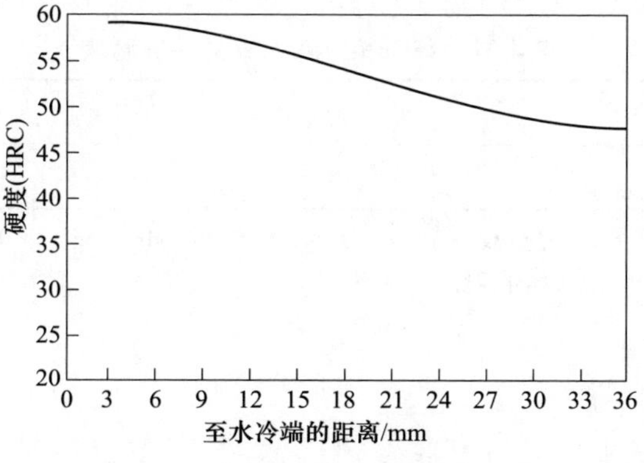


图 4-11　40CrNiMoA 钢的淬透性曲线

（试验用钢主要成分（质量分数,%）为 C 0.38，Si 0.29，Mn 0.63，Cr 0.75，Ni 1.44，Mo 0.28；奥氏体化温度为 850 ℃）

### 4.4.5 主要生产厂

40CrNiMoA 钢主要由大冶特殊钢公司、抚顺特殊钢公司、南京钢铁股份有限公司、西宁特殊钢公司、石家庄钢铁公司等企业生产。

## 4.5 45CrNiMoVA 钢

45CrNiMoVA 钢与 40CrNiMoA 钢相比，其铬、镍、钼、碳含量均略高，并含有 0.10%~0.20%的钒。因此经过适当的调质处理后，其强度及综合力学性能均优于 40CrNiMoA 钢。一般用于制造中，如重型机器零件，如扭力轴、变速箱轴、摩擦离合器轴等。

此钢也可做热嵌固齿工艺的钎头壳体（瑞典将 45CrNiMo1V 钢称为钎头 1 号）。

### 4.5.1 化学成分

45CrNiMoVA 钢的化学成分如表 4-36 所示。

**表 4-36　45CrNiMoVA 钢的化学成分（GB/T 3077—2015）**

（质量分数,%）

| C | Si | Mn | Cr | Ni | Mo | V | Cu | P | S |
|---|---|---|---|---|---|---|---|---|---|
| 0.42~0.49 | 0.17~0.37 | 0.50~0.80 | 0.80~1.10 | 1.30~1.80 | 0.20~0.30 | 0.10~0.20 | ≤0.25 | ≤0.025 | ≤0.025 |

### 4.5.2 临界温度

45CrNiMoVA 钢的临界温度如表 4-37 所示。

**表 4-37　45CrNiMoVA 钢的临界温度**　　（℃）

| $A_{c_1}$ | $A_{c_3}$ | $M_s$ |
|---|---|---|
| 720 | 825 | 295 |

注：试验用钢主要成分（质量分数,%）为 C 0.44，Si 0.28，Mn 0.66，Cr 0.98，Ni 1.35，Mo 0.28，V 0.17，Cu 0.19；奥氏体化温度为 860 ℃。

### 4.5.3 力学性能

#### 4.5.3.1 室温抗拉及冲击性能

45CrNiMoVA 钢的室温抗拉及冲击性能如表 4-38 所示。

表 4-38 45CrNiMoVA 钢的室温抗拉及冲击性能（GB/T 3077—2015）

| 热处理毛坯 | 热处理 | $R_m$/MPa | $R_{eL}$/MPa | $A$/% | $Z$/% | $KU_2$/J |
|---|---|---|---|---|---|---|
| 标准试样 | 860 ℃油淬，460 ℃回火，油冷 | ≥1470 | ≥1330 | ≥7 | ≥35 | ≥31 |

### 4.5.3.2 不同温度回火后的力学性能

45CrNiMoVA 钢 860 ℃油淬后，在不同温度回火 2 h 空冷后的力学性能如图 4-12 所示。

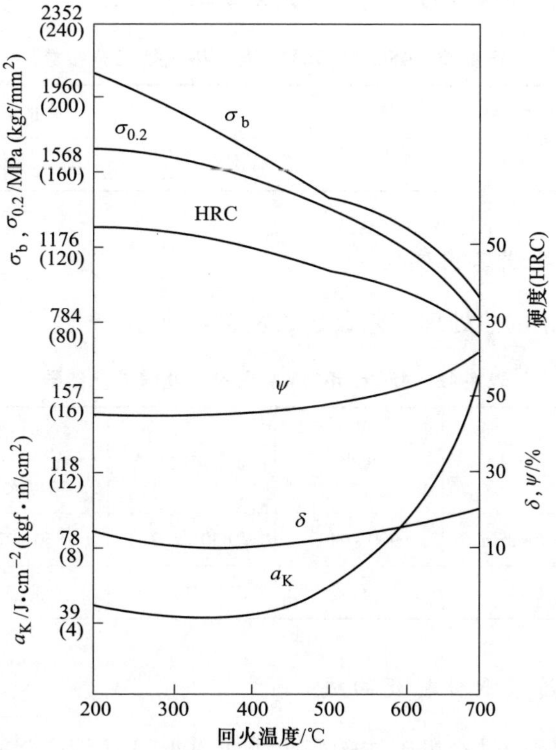


图 4-12 45CrNiMoVA 钢 860 ℃油淬后，在不同温度回火 2 h 空冷后的力学性能
（试验用钢主要成分（质量分数,%）为 C 0.45，Si 0.27，Mn 0.70，Cr 1.01，Ni 1.70，Mo 0.17，V 0.13）

### 4.5.3.3 低温冲击韧性

45CrNiMoVA 钢的低温冲击吸收能量如表 4-39 所示。

**表 4-39　45CrNiMoVA 钢的低温冲击吸收能量**

| 试验温度/℃ | -60 | -40 |
|---|---|---|
| $KU_2$/J | 34 | 35 |

注：试样经 860 ℃油淬，460 ℃回火。试验用钢主要成分（质量分数,%）为 C 0.45，Si 0.27，Mn 0.70，Cr 1.01，Ni 1.70，Mo 0.17，V 0.13。

## 4.5.4　工艺性能

### 4.5.4.1　热成型工艺参数

45CrNiMoVA 钢的热成型工艺参数如表 4-40 所示。

**表 4-40　45CrNiMoVA 钢的热成型工艺参数**

| 开始温度/℃ | 终止温度/℃ |
|---|---|
| 1180 | 850 |

### 4.5.4.2　热处理工艺参数

45CrNiMoVA 钢的热处理工艺参数如表 4-41 所示。

**表 4-41　45CrNiMoVA 钢的热处理工艺参数**

| 项目 | 退火 | 正火 | 高温软化回火 | 调质处理 | |
|---|---|---|---|---|---|
| | | | | 淬火 | 回火 |
| 加热温度/℃ | 680～880 | 900～940 | 630～720 | 850～970 | 根据需要选定 |
| 冷却方式 | 炉冷 | 空冷 | 空冷 | 油淬 | 空冷 |

### 4.5.4.3　过冷奥氏体转变曲线

45CrNiMoVA 钢的过冷奥氏体转变曲线如图 4-13 所示。

### 4.5.4.4　淬透性曲线

45CrNiMoVA 钢的淬透性曲线如图 4-14 所示。

### 4.5.4.5　淬火后硬度沿截面分布曲线

45CrNiMoVA 钢淬火后硬度沿截面分布曲线如图 4-15 所示。

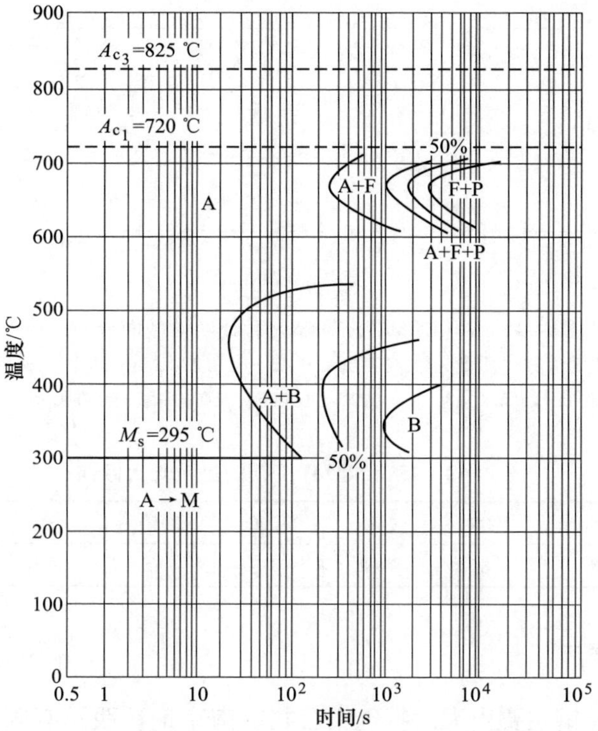


图 4-13 45CrNiMoVA 钢的过冷奥氏体等温连续冷却转变曲线

（试验用钢主要成分（质量分数,%）为 C 0.44，Si 0.28，Mn 0.66，Cr 0.88，Ni 1.35，Mo 0.29，V 0.17，P 0.014，S 0.016，Cu 0.18；奥氏体化温度为 860 ℃）

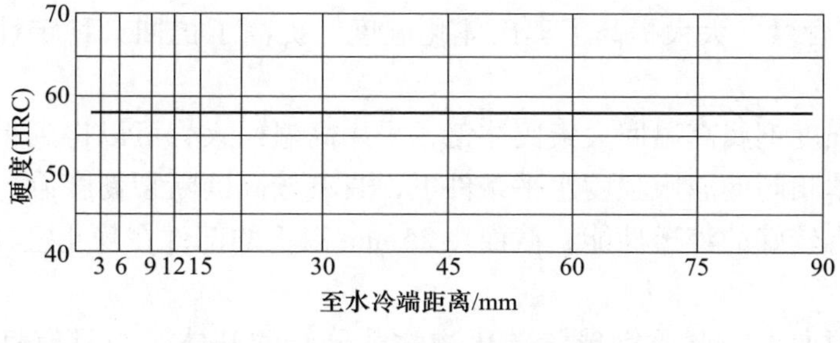


图 4-14 45CrNiMoVA 钢的淬透性曲线

（试验用钢主要成分（质量分数,%）为 C 0.46，Si 0.29，Mn 0.66，Cr 0.96，Ni 1.55，Mo 0.24，V 0.14，P 0.014，S 0.004；880 ℃正火，870 ℃加热水淬）

### 4.5.4.6 晶粒长大倾向

45CrNiMoVA 钢的晶粒长大倾向如表 4-42 所示。

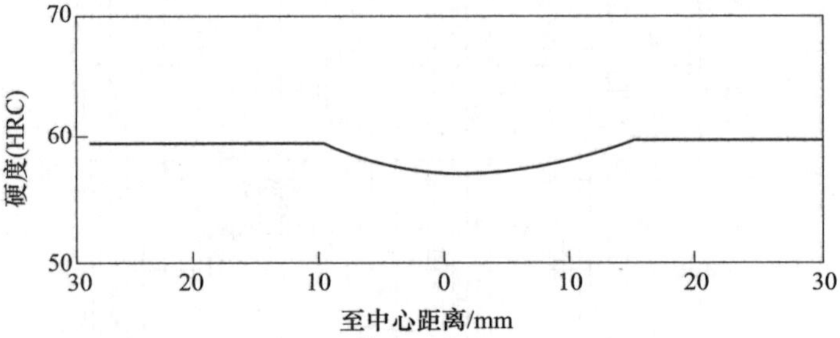


图 4-15　45CrNiMoVA 钢淬火后硬度沿截面分布曲线
（试验用钢主要成分（质量分数,%）为 C 0.45，Si 0.27，Mn 0.70，Cr 1.01，Ni 1.70，Mo 0.17，V 0.13，P 0.022，S 0.005，$\phi$60 mm 圆钢 880 ℃油淬）

**表 4-42　45CrNiMoVA 钢的晶粒长大倾向**

| 加热温度/℃ | 850 | 900 | 930 | 1000 | 1050 | 1100 | 1150 | 1200 |
|---|---|---|---|---|---|---|---|---|
| 晶粒度级别 | 8 | 8 | 7~8 | 6~7 | 4~5 | 4~5 | 3~4 | 2 |

### 4.5.5　主要生产厂

45CrNiMoVA 钢主要由大冶特殊钢公司、南京钢铁股份有限公司、抚顺特殊钢公司、西宁特殊钢公司、石家庄钢铁公司等特殊钢企业生产。

## 4.6　Q45NiCr1Mo1VA 钢

Q45NiCr1Mo1VA 钢属于 Cr-Mo-V 系统的低合金超高强度钢，由于在钢中增加了 Cr、Mo 含量，大大提高了奥氏体化温度，提高了抗回火稳定性，降低了钢的回火脆性。

该超高强度钢属高温回火索氏体钢，采用高温回火，可以得到很好的强韧性配合，在基本相同的屈服强度水平条件下，具有较高的断裂韧度值。

此钢具有较好的淬透性能，截面在 25 mm 以下的部件在静止空气中冷却，即可淬硬。

这种高温回火的调质钢球状碳化物弥散分布的基体组织具有良好的抗硫化氢、二氧化碳、氯离子等的应力腐蚀疲劳性能。

这种钢主要用于制造凿岩用钎头壳体，该钢种有较强的二次硬化效应，在 600 ℃温度以下的中温区回火，回火硬度（HRC）在 47 范围内，具有相当高的强度与韧性配合，钎头体耐磨、保径好。

该钢热膨胀系数较高，很适合钎头壳体与硬质合金柱齿热过盈固齿。该钢也可进行钎头过盈固齿工艺及钎头焊片工艺。

### 4.6.1 化学成分

Q45NiCr1Mo1VA 钢的化学成分如表 4-43 所示。

**表 4-43 Q45NiCr1Mo1VA 钢的化学成分** （质量分数,%）

| C | Si | Mn | Cr | Ni | Mo | V | P | S |
|---|---|---|---|---|---|---|---|---|
| 0.42~0.48 | 0.15~0.30 | 0.60~0.90 | 0.90~1.20 | 0.40~0.70 | 0.90~1.10 | 0.05~0.15 | ≤0.025 | ≤0.025 |

### 4.6.2 物理性能

#### 4.6.2.1 临界温度

Q45NiCr1Mo1VA 钢的临界温度如表 4-44 所示。

**表 4-44 Q45NiCr1Mo1VA 钢的临界温度（近似值）** （℃）

| $A_{c_1}$ | $A_{c_3}$ | $M_s$ |
|---|---|---|
| 730 | 790 | 290 |

#### 4.6.2.2 熔点

Q45NiCr1Mo1VA 钢的熔点为 1505 ℃。

#### 4.6.2.3 密度

Q45NiCr1Mo1VA 钢的密度为 7.87 g/cm$^3$。

#### 4.6.2.4 线膨胀系数

Q45NiCr1Mo1VA 钢的线膨胀系数如表 4-45 所示。

**表 4-45 Q45NiCr1Mo1VA 钢的线膨胀系数**

| 温度/℃ | 100 | 200 | 300 | 400 | 500 | 600 | 700 | 800 |
|---|---|---|---|---|---|---|---|---|
| $\alpha$/℃$^{-1}$ | $8.1\times10^{-6}$ | $9.9\times10^{-6}$ | $11.5\times10^{-6}$ | $12.6\times10^{-6}$ | $13.2\times10^{-6}$ | $13.1\times10^{-6}$ | $12.9\times10^{-6}$ | $10.5\times10^{-6}$ |

#### 4.6.2.5 导热系数

Q45NiCr1Mo1VA 钢的导热系数如表 4-46 所示。

**表 4-46 Q45NiCr1Mo1VA 钢的导热系数**

| 温度/℃ | 250 | 300 | 400 | 500 | 600 | 700 | 800 |
|---|---|---|---|---|---|---|---|
| $\lambda$/W·(m·K)$^{-1}$ | 40.05 | 39.67 | 39.25 | 39.25 | 37.56 | 34.18 | 39.25 |

### 4.6.3　力学性能

#### 4.6.3.1　弹性模量

Q45NiCr1Mo1VA 钢的弹性模量如表 4-47 所示。

**表 4-47　Q45NiCr1Mo1VA 钢的弹性模量**

| 温度/℃ | 100 | 200 | 300 | 400 | 500 | 600 |
|---|---|---|---|---|---|---|
| $E$/GPa | 216 | 212 | 206 | 198 | 187 | 176 |

#### 4.6.3.2　不同温度回火的力学性能

Q45NiCr1Mo1VA 钢不同温度回火的力学性能如表 4-48 和图 4-16 所示。

**表 4-48　Q45NiCr1Mo1VA 钢不同温度回火的力学性能**

| 热处理制度 | $R_m$/MPa | $R_{eL}$/MPa | $A$/% | $Z$/% | $KV_2$/J |
|---|---|---|---|---|---|
| 880 ℃油淬，300 ℃回火空冷 | 1878 | 1621 | 42.5 | 8 | 13.5 |
| 880 ℃油淬，400 ℃回火空冷 | 1682 | 1500 | 38.5 | 10 | 13.4 |
| 880 ℃油淬，450 ℃回火空冷 | 1607 | 1445 | 42.0 | 10 | 13.6 |
| 880 ℃油淬，500 ℃回火空冷 | 1538 | 1409 | 45.0 | 12 | 16.0 |
| 880 ℃油淬，550 ℃回火空冷 | 1530 | 1394 | 46.5 | 12 | 21.6 |
| 880 ℃油淬，600 ℃回火空冷 | 1447 | 1357 | 49 | 13 | 26.6 |
| 880 ℃油淬，650 ℃回火空冷 | 1311 | 1210 | 51.0 | 15 | 36.5 |
| 880 ℃油淬，680 ℃回火空冷 | 971 | 896 | 60 | 20 | 65.2 |
| 880 ℃油淬，700 ℃回火空冷 | 906 | 813 | 61.0 | 19 | 77.0 |
| 880 ℃油淬，720 ℃回火空冷 | 851 | 696 | 59 | 23 | 78.4 |

#### 4.6.3.3　屈服强度及断裂韧度

Q45NiCr1Mo1VA 钢不同温度回火后的屈服强度及断裂韧度如表 4-49 所示。

**表 4-49　Q45NiCr1Mo1VA 钢不同温度回火后的屈服强度及断裂韧度**

| 回火温度/℃ | 250 | 350 | 450 | 500 | 525 | 550 | 575 |
|---|---|---|---|---|---|---|---|
| $R_{p0.2}$/MPa | 1900 | 1770 | 1630 | 1560 | 1566 | 1528 | 1528 |
| $K_{IC}$/ MPa · $m^{1/2}$ | 50 | 63 | 79 | 97 | 99 | 107 | 115 |

注：880 ℃油淬，不同温度下回火空冷。

Q45NiCr1Mo1VA 钢不同温度回火的断裂韧度曲线如图 4-17 所示。

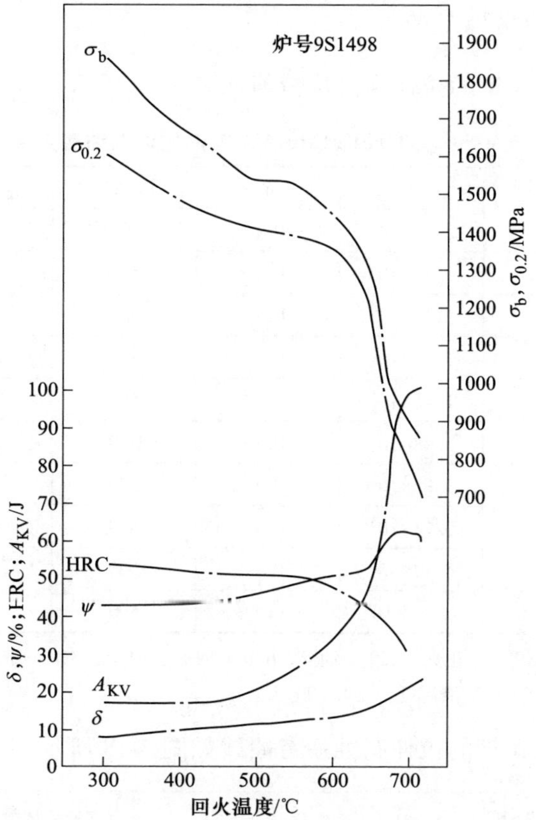


图 4-16 Q45NiCr1Mo1VA 钢不同温度回火的力学性能
（900 ℃正火，880 ℃油淬）

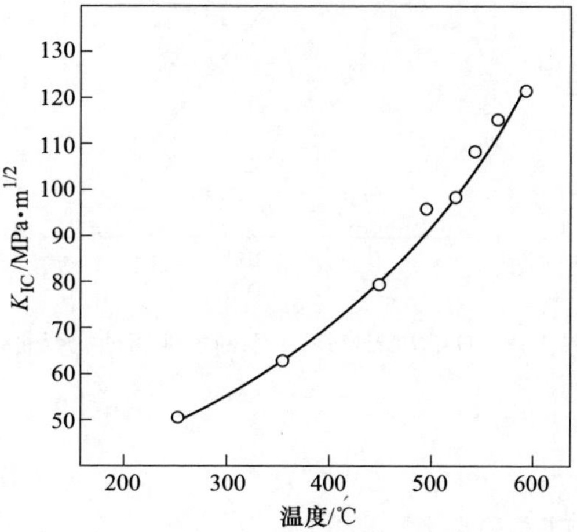


图 4-17 Q45NiCr1Mo1VA 钢不同温度回火的断裂韧度曲线

#### 4.6.3.4　拉伸腐蚀疲劳值

Q45NiCr1Mo1VA 钢的拉伸腐蚀疲劳值如表 4-50 所示。

**表 4-50　Q45NiCr1Mo1VA 钢的拉伸腐蚀疲劳值**

| 序号 | $\sigma_{0.1}$/MPa | $N$ | $R$ | $Hz$/min | $\phi$/mm | 备注 |
|---|---|---|---|---|---|---|
| 1 | 300 | $2.10\times10^6$ | 0.1 | 500 | 7.93 | |
| 2 | 350 | $1.73\times10^6$ | 0.1 | 500 | 8.01 | |
| 3 | 350 | $2.24\times10^6$ | 0.1 | 500 | 7.99 | |
| 4 | 400 | $1.37\times10^6$ | 0.1 | 800 | 8.06 | |
| 5 | 400 | $1.45\times10^6$ | 0.1 | 500 | 7.75 | |
| 6 | 400 | $1.48\times10^6$ | 0.1 | 500 | 7.85 | |
| 7 | 450 | $8.82\times10^5$ | 0.1 | 500 | 8.00 | |
| 8 | 500 | $5.78\times10^5$ | 0.1 | 500 | 7.92 | |
| 9 | 600 | $4.17\times10^5$ | 0.1 | 500 | 7.83 | |
| 10 | 500 | $23.57\times10^6$ | 0.1 | 500 | 7.83 | 在空气中未断 |

注：试样热处理制度 900 ℃正火，880 ℃油淬，680 ℃回火，试样在 3%NaCl 水溶液介质中进行疲劳试验，pH 值约为 5，水溶液温度为（15±2）℃。

Q45NiCr1Mo1VA 钢的拉伸腐蚀疲劳曲线如图 4-18 所示。

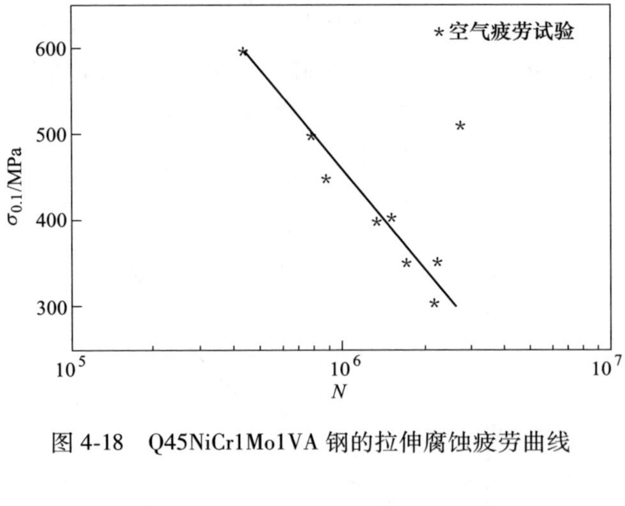


图 4-18　Q45NiCr1Mo1VA 钢的拉伸腐蚀疲劳曲线

### 4.6.4　工艺性能

#### 4.6.4.1　热成型工艺参数

Q45NiCr1Mo1VA 钢的热成型工艺参数如表 4-51 所示。

**表 4-51　Q45NiCr1Mo1VA 钢的热成型工艺参数**

| 加热温度/℃ | 开始温度/℃ | 终止温度/℃ | 冷却方式 |
|---|---|---|---|
| 1150~1200 | ≥1050 | ≥880 | 缓冷 |

#### 4.6.4.2　热处理工艺参数

Q45NiCr1Mo1VA 钢的热处理工艺参数如表 4-52 所示。

**表 4-52　Q45NiCr1Mo1VA 钢的热处理工艺参数**

| 项目 | 退火 | 正火 | 高温回火 | 淬火 | 回火 | 等温淬火 |
|---|---|---|---|---|---|---|
| 温度/℃ | 618~813 | 900~920 | 670~690 | 880 | 550 | 880 |
| 冷却方式 | 炉冷 | 空冷 | 空冷 | 油冷 | 空冷 | 205 ℃ |
| 硬度（HB） | ≤260 | | ≤260 | | | |

#### 4.6.4.3　晶粒长大倾向

Q45NiCr1Mo1VA 钢的晶粒长大倾向如表 4-53 所示。

**表 4-53　Q45NiCr1Mo1VA 钢的晶粒长大倾向**

| 试验温度/℃ | 830 | 880 | 930 | 980 | 1030 | 1080 | 1130 | 1180 | 1230 |
|---|---|---|---|---|---|---|---|---|---|
| 晶粒度/级 | >8 | 7~8 | 6~7 | 5~6 | 5~6 | 4~5 | 2~3 | 2 | <1 |

#### 4.6.4.4　奥氏体冷却转变曲线

Q45NiCr1Mo1VA 钢的等温转变曲线如图 4-19 所示。
Q45NiCr1Mo1VA 钢的连续冷却转变曲线如图 4-20 所示。

#### 4.6.4.5　淬透性曲线

Q45NiCr1Mo1VA 钢的淬透性曲线如图 4-21 所示。

### 4.6.5　交货状态

Q45NiCr1Mo1VA 钢退火或高温回火后交货，硬度（HB）为 260。

### 4.6.6　生产品种规格

Q45NiCr1Mo1VA 钢的主要品种规格有：热轧材 $\phi$40~120 mm，锻材 $\phi$60~170 mm。

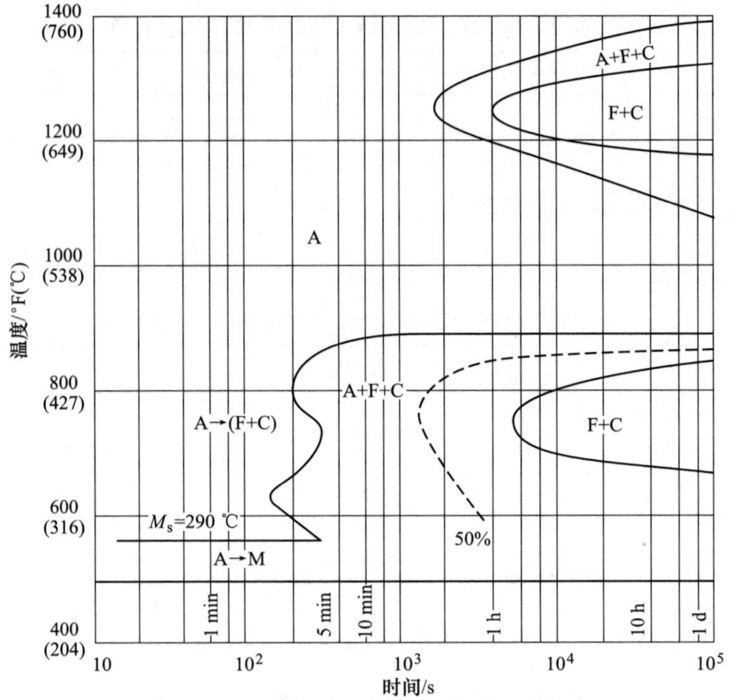


图 4-19　Q45NiCr1Mo1VA 钢的等温转变曲线

（用钢成分（质量分数,%）为 C 0.45，Si 0.25，Mn 0.80，Ni 0.55，Cr 1.15，Mo 1.00，V 0.05）

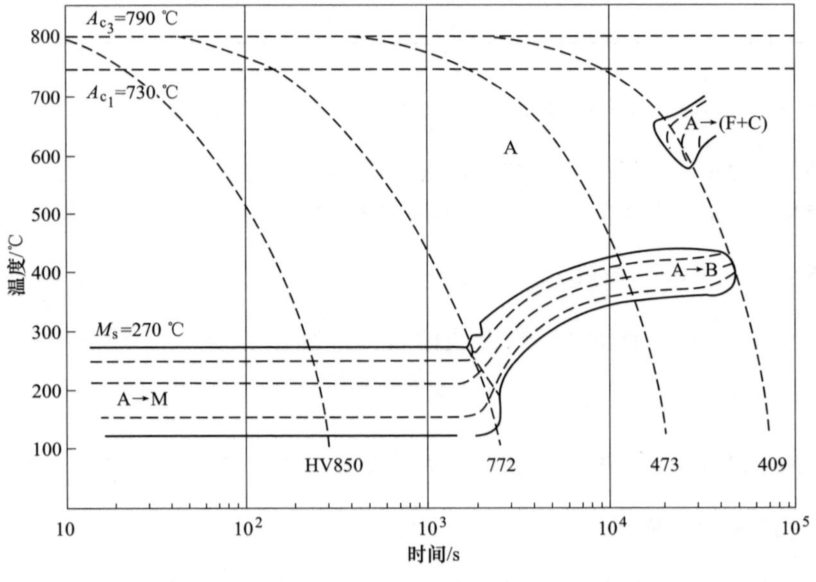


图 4-20　Q45NiCr1Mo1VA 钢的连续冷却转变曲线

（用钢成分（质量分数,%）为 C 0.46，Si 0.26，Mn 0.81，Ni 0.67，Mo 0.90，Cr 1.14，V 0.09）

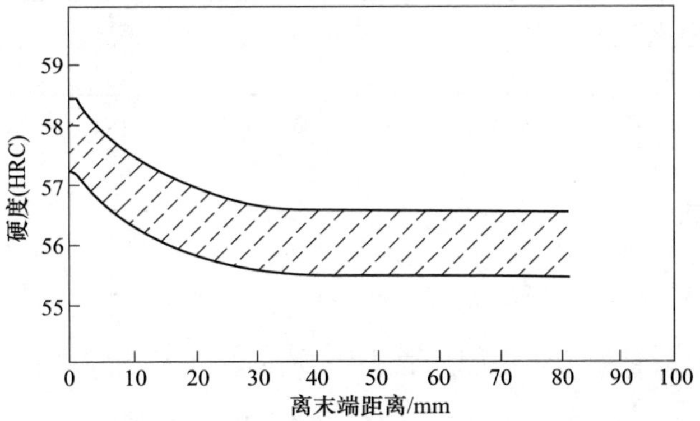


图 4-21 Q45NiCr1Mo1VA 钢的淬透性曲线

### 4.6.7 主要生产厂

Q45NiCr1Mo1VA 钢主要由大冶特殊钢公司、抚顺特殊钢公司、南京钢铁股份有限公司、西宁特殊钢公司等企业生产。

## 4.7 15CrNiMo(SAE、Ex30)钢

15CrNiMo 为牙轮钻头用钢，原系美国休斯公司用来制造牙轮钻头的钢号SAE、Ex30。当年江汉钻头厂采用该钢号制造钻头的牙掌，装配自制三牙轮钻头，发往胜利、大港、华北等油田使用，钻头使用寿命、进尺和钻速等主要技术指标达到或超过美国“休斯”牌钻头水平，也可制作其他规格品种的钎(钻）头。

### 4.7.1 化学成分

15CrNiMo 钢的化学成分如表 4-54 所示。

**表 4-54 15CrNiMo 钢的化学成分** （质量分数,%）

| C | Mn | Cr | Ni | Mo | Si | Cu | S | P |
|---|---|---|---|---|---|---|---|---|
| 0.13~0.18 | 0.70~0.90 | 0.45~0.65 | 0.70~1.00 | 0.45~0.60 | 0.15~0.35 | ≤0.25 | ≤0.035 | ≤0.035 |

### 4.7.2 临界温度

15CrNiMo 钢的临界温度如表 4-55 所示。

表 4-55　15CrNiMo 钢的临界温度　（℃）

| $A_{c_1}$ | $A_{c_3}$ | $M_s$ |
|---|---|---|
| 720 | 805 | 384 |

注：用钢化学成分（质量分数,%）为 C 0.15，Si 0.25，Mn 0.80，Ni 0.85，Mo 0.50。

## 4.7.3　力学性能

### 4.7.3.1　常温力学性能

15CrNiMo 钢的常温力学性能如表 4-56 所示。

表 4-56　15CrNiMo 钢的常温力学性能

| 检测单位 | $R_m$/MPa | $R_{eL}$/MPa | $A$/% | $Z$/% | $KU_2$/J |
|---|---|---|---|---|---|
| 抚钢 | 985 | 882 | 17 | 60 | 74 |
| | 1019 | 916 | 16 | 61 | 66 |
| 休斯① | 1034 | 755 | 17 | 58 | — |
| | 1063 | 764 | 20 | 63 | |

①把试样毛坯送到美国休斯工具公司测试的结果。

### 4.7.3.2　不同回火温度的力学性能

15CrNiMo 钢的不同回火温度的力学性能如表 4-57 所示。

表 4-57　15CrNiMo 钢的不同回火温度的力学性能

| 热处理制度 | $R_m$/MPa | $R_{eL}$/MPa | $A$/% | $Z$/% | $KU_2$/J |
|---|---|---|---|---|---|
| 820 ℃油淬，165 ℃空冷 | 972.5 | 1127 | 15.0 | 59 | 114 |
| 820 ℃油淬，200 ℃空冷 | 965 | 1119 | 14.5 | 59 | 102 |
| 820 ℃油淬，250 ℃空冷 | 999.5 | 1124 | 14.0 | 59 | 94 |
| 820 ℃油淬，300 ℃空冷 | 975 | 1107 | 13.0 | 60 | 99 |

## 4.7.4　金相组织、低倍组织及晶粒度

15CrNiMo 钢的淬火组织为马氏体，回火组织为回火马氏体。

15CrNiMo 钢的低倍组织：在每炉第一、中间、最末锭盘中任一支钢锭的头尾各取 1 个（共 6 个）试片检验低倍组织，即一般疏松≤2 级、中心疏松≤2 级、偏析≤2.5 级。

15CrNiMo 钢的晶粒度（渗碳法）为 5~8 级。

### 4.7.5 工艺性能

15CrNiMo 钢的淬透性如表 4-58 所示。

**表 4-58 15CrNiMo 钢的淬透性（HRC）**

| | | | | | | | | | | |
|---|---|---|---|---|---|---|---|---|---|---|
| 抚钢 | 43 | 43 | 43 | 41 | 36.5 | 31.5 | 29 | 29 | 27.5 | 28 |
| 休斯 | 42 | 42.5 | 42 | 41 | 35 | 31 | 28 | 30 | 29 | 28.5 |

注：1. 第二行数据为把试样毛坯送到美国休斯工具公司检测的结果。
2. 端淬测试点间距 1.6 mm。

### 4.7.6 生产工艺及供货状态

15CrNiMo 钢的冶炼采用电弧炉加 VOD 炉外精炼，铸锭后经汽锤或 750 轧机加工成材，热轧状态或高温回火状态供货。供货规格：轧材 $\phi$70～130 mm，锻材 $\phi$140～200 mm。

### 4.7.7 主要生产厂

15CrNiMo 钢可以由大冶特殊钢公司、抚顺特殊钢公司、南京钢铁股份有限公司、西宁特殊钢公司、石家庄钢铁公司等企业生产。

## 4.8 20Ni4Mo 钢

20Ni4Mo 钢原系美国 AISI、SAE 标准中的 4820 钢号，淬透性能同我国的 20Cr2Ni4、20CrNi3 钢相近。这种钢淬火、低温回火后的综合力学性能良好，疲劳强度较高，缺口敏感性低，低温冲击韧性好。美国主要用于制造重负荷齿轮。此钢可代替 20Cr2Ni4、20CrNi3 等钢使用，也可以部分代替 18Cr2Ni4W 钢制造渗碳或氰化的零件。

20Ni4Mo 也适用于制造牙轮钻头、重型钎尾、钎头壳体。

### 4.8.1 化学成分

20Ni4Mo 钢的化学成分如表 4-59 所示。

**表 4-59 20Ni4Mo 钢的化学成分** （质量分数,%）

| C | Si | Mn | Ni | Mo | P | S |
|---|---|---|---|---|---|---|
| 0.18～0.23 | 0.20～0.35 | 0.50～0.70 | 3.25～3.75 | 0.20～0.30 | ≤0.030 | ≤0.030 |

### 4.8.2 临界温度

20Ni4Mo 钢的临界温度如表 4-60 所示。

**表 4-60　20Ni4Mo 钢的临界温度**　（℃）

| $A_{c_1}$ | $A_{c_3}$ | $A_{r_1}$ | $M_s$ |
|---|---|---|---|
| 665 | 760 | 390~690 | 377 |

注：用钢成分（质量分数,%）为 C 0.21，Si 0.32，Mn 0.54，Ni 3.45，Cr 0.11，Mo 0.27，Cu<0.20，P 0.009，S 0.004。

## 4.8.3　力学性能

### 4.8.3.1　室温力学性能

20Ni4Mo 钢的室温力学性能如表 4-61 所示。

**表 4-61　20Ni4Mo 钢的室温力学性能**

| 热处理毛坯直径/mm | 热处理制度 | $R_m$/MPa | $R_{eL}$/MPa | $A$/% | $Z$/% | $KU_2$/J | 备注 |
|---|---|---|---|---|---|---|---|
| 25 | 830 ℃油淬，200 ℃回火空冷 | ≥1078 | ≥833 | ≥10 | ≥40 | ≥62 | 68 炉钢① |
| | 850~860 ℃油淬，200 ℃回火空冷 | $\frac{1078\sim1480}{1313}$ | $\frac{882\sim1274}{1194}$ | $\frac{10\sim14}{12.4}$ | $\frac{40\sim61}{46.7}$ | $\frac{63\sim95}{75}$ | |

注：分子为数据范围，分母为平均值。
①协议力学性能指标。

### 4.8.3.2　不同淬火温度力学性能

20Ni4Mo 钢不同淬火温度力学性能如表 4-62 所示。

**表 4-62　20Ni4Mo 钢不同淬火温度力学性能**

| 热处理制度 | $R_m$/MPa | $R_{p0.2}$/MPa | $A$/% | $Z$/% | $KU_2$/J |
|---|---|---|---|---|---|
| 900 ℃油淬，200 ℃回火空冷 | 1485 | 1303 | 13.5 | 59.0 | 84 |
| | 1490 | | 14.0 | 61.0 | 84 |
| 870 ℃油淬，200 ℃回火空冷 | 1490 | 1299 | 14.0 | 60.0 | 78 |
| | 1495 | 1308 | 14.0 | 61.0 | 66 |
| 840 ℃油淬，200 ℃回火空冷 | 1490 | 1299 | 13.5 | 61.0 | 74 |
| | 1490 | 1299 | 12.5 | 61.0 | 86 |
| 810 ℃油淬，200 ℃回火空冷 | 1495 | 1299 | 12.5 | 61.0 | 75 |
| | 1495 | | 14.0 | 61.0 | 72 |

续表 4-62

| 热处理制度 | $R_m$/MPa | $R_{p0.2}$/MPa | $A$/% | $Z$/% | $KU_2$/J |
|---|---|---|---|---|---|
| 780 ℃油淬，200 ℃回火空冷 | 1495 | 1289 | 13.0 | 60.0 | 66 |
| | 1499 | | 13.0 | 60.0 | 78 |

注：1. $\phi$20 mm 钢材经 950 ℃正火，650 ℃回火空冷后，加工成留有余量的试样，再正式热处理；
2. 用钢成分（质量分数,%）为 C 0.21，Si 0.32，Mn 0.54，Cr 0.11，Ni 3.45，Mo 0.27，P 0.009，S 0.004。

#### 4.8.3.3　缺口倾斜拉伸性能

20Ni4Mo 钢的缺口倾斜拉伸性能如表 4-63 所示。

**表 4-63　20Ni4Mo 钢的缺口倾斜拉伸性能**

| 热处理制度 | 在下列倾斜拉伸角度下的 $\sigma_b$/MPa | | |
|---|---|---|---|
| | 0° | 4° | 8° |
| 850 ℃油淬，200 ℃回火 | 2068，2068 | 1833，1735 | 1014，1313 |

注：试料预先经 950 ℃正火，650 ℃回火，加工成留有余量的试样再热处理；$K_1$ = 5.2。

#### 4.8.3.4　疲劳极限

疲劳极限 $\sigma_{-1}$ 为 490 MPa（热处理毛坯 $\phi$20 mm×226 mm；经 950 ℃正火，850 ℃油淬，200 ℃回火空冷；$\sigma_b$ 为 1499 MPa）。

#### 4.8.3.5　低温冲击吸收能量

20Ni4Mo 钢的低温冲击吸收能量如表 4-64 所示。

**表 4-64　20Ni4Mo 钢的低温冲击吸收能量**

| 冲击试样缺口形状 | 在下列温度时的冲击吸收能量 $KU_2$/J | | | | |
|---|---|---|---|---|---|
| | 室温 | -20 ℃ | -40 ℃ | -60 ℃ | -80 ℃ |
| 梅氏 | 70 | 77 | 67 | 67 | 61 |
| | 71 | 73 | 66 | 69 | 65 |
| | 65 | 71 | 69 | 63 | 62 |
| V45° | 58 | 56 | 50 | 40 | 46 |
| | 51 | 56 | 56 | 40 | 52 |
| | 51 | 48 | 50 | 46 | 40 |

注：1. 15 mm×15 mm×55 mm 的毛坯经 950 ℃正火、650 ℃回火空冷，加工成留有余量的 10 mm×10 mm×55 mm 毛坯，再经 850 ℃油淬，200 ℃回火空冷；
2. 用钢成分（质量分数,%）为 C 0.21，Si 0.32，Mn 0.54，Cr 0.11，Ni 3.45，Mo 0.27，P 0.009，S 0.004。

### 4.8.4 工艺性能

#### 4.8.4.1 热成型工艺参数

20Ni4Mo 钢的热成型工艺参数如表 4-65 所示。

**表 4-65 20Ni4Mo 钢的热成型工艺参数**

| 加热温度/℃ | 开始温度/℃ | 终止温度/℃ | 冷却方式 |
|---|---|---|---|
| 1120~1160 | 1080~1120 | ≥800 | 缓冷 |

#### 4.8.4.2 热处理工艺参数

20Ni4Mo 钢的热处理工艺参数如表 4-66 所示。

**表 4-66 20Ni4Mo 钢的热处理工艺参数**

| 项目 | 退火 | 正火 | 高温回火 | 淬火 | 回火 | 渗碳 | 高温回火 | 淬火 | 回火 | 氰化 | 回火 |
|---|---|---|---|---|---|---|---|---|---|---|---|
| 温度/℃ | 670 | 880 | 640 | 830 | 150~200 | 930 | 600 | 780~840 | 150~180 | 820 | 50~180 |
| 冷却方式 | 炉冷 | 空冷 | 空冷 | 油冷 | 空冷 | 缓冷 | 空冷 | 油冷 | 空冷 | 直接油淬 | 空冷 |
| 硬度（HB） | ≤269 | | ≤269 | | | | | | 表面硬度（HRC）≥56 | | 表面硬度（HRC）≥56 |

注：退火工艺应进一步调整。

#### 4.8.4.3 等温转变曲线

20Ni4Mo 钢渗碳前和渗碳后的奥氏体等温转变曲线如图 4-22 所示。

#### 4.8.4.4 淬透性曲线

20Ni4Mo 钢的淬透性曲线如图 4-23 所示。

### 4.8.5 交货状态

20Ni4Mo 钢退火或高温回火后 HBW≤269 或 $d_{HB}$≥3.70 mm。

### 4.8.6 主要生产厂

20Ni4Mo 钢可以由大冶特殊钢公司、抚顺特殊钢公司、南京钢铁股份有限公司、西宁特殊钢公司等企业生产。

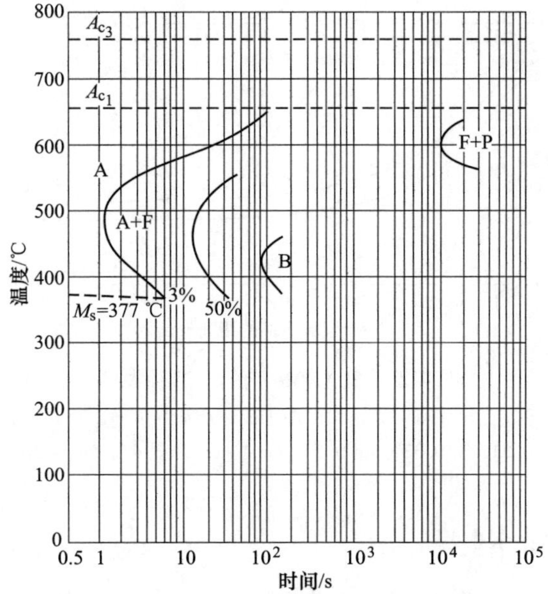


(a)

| C | Si | Mn | P | S | Ni | Mo |
|---|---|---|---|---|---|---|
| 0.92 | 0.40 | 0.68 | 0.012 | 0.003 | 3.50 | 0.37 |

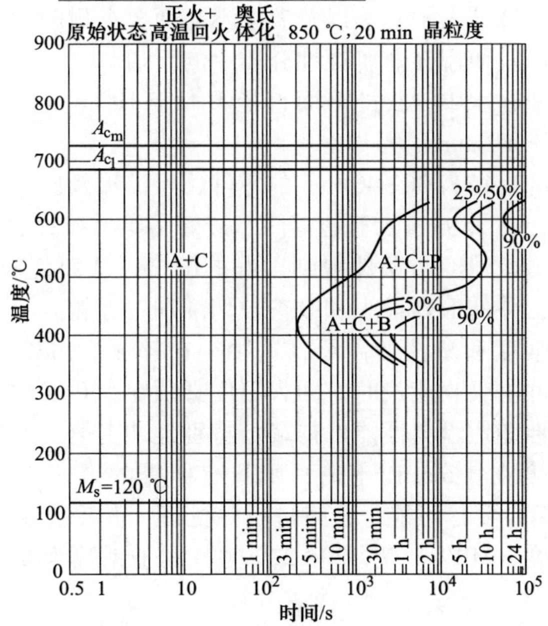


(b)

图 4-22　20Ni4Mo 钢渗碳前（a）和渗碳后（b）的奥氏体等温转变曲线

（a）用钢成分（质量分数,%）为 C 0.21，Si 0.32，Mn 0.54，Cr 0.11，Ni 3.45，Mo 0.27，Cu<0.20，P 0.009，S 0.004，奥氏体化温度为 850 ℃；（b）用钢成分（质量分数,%）为 C 0.92，Si 0.40，Mn 0.68，Ni 3.50，Mn 0.37，P 0.012，S 0.003，奥氏体化温度为 850 ℃

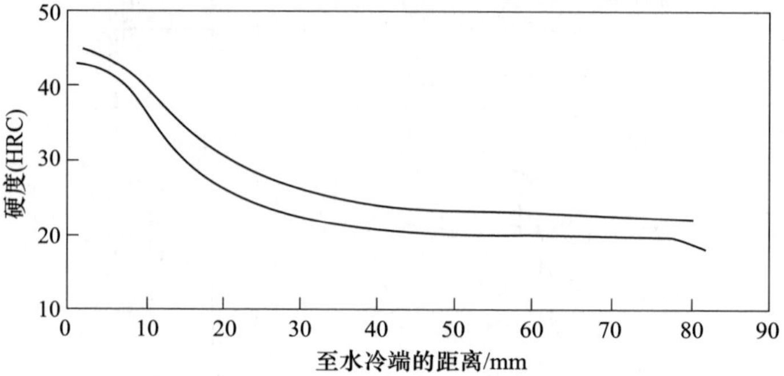


图 4-23　20Ni4Mo 钢的淬透性曲线

（毛坯预先经 950 ℃正火、650 ℃回火，然后加工成标准端淬试样，850 ℃加热端淬；用钢成分（质量分数,%）为 C 0.21，Si 0.32，Mn 0.54，Cr 0.11，Ni 3.45，Mo 0.27，P 0.009，S 0.004）

## 4.9　30CrMnSi 钢

30CrMnSi 钢可以用作制造重要用途的零件，工作在震动载荷下的焊接结构和铆接结构，如高压鼓风机的叶片，阀板、高速高载荷的砂轮轴、齿轮、链轮、轴、离合器，螺帽、螺栓、轴套等以及温度不高而要求耐磨的零件。其管材则用以制造焊接结构，以及使用在非腐蚀性介质中的管道。

这种钢可以制造在水中淬火的截面直径不大于 100 mm 的零件，或在油中淬火的截面直径不大于 50 mm 的零件。

用这种钢做成的直径为 30~40 mm 的零件，经淬火及回火后具有很高的强度与足够的韧性；直径在 25 mm 以下的零件，最好用等温淬火法来处理。这样可以得到下贝氏体组织，使强度与塑性得到很好的配合，从而使冲击韧性大大提高，使缺口敏感性减小，并使形变最小和改善被切削加工性能。

为了适应不同强度和塑性的需要，这种钢在淬火后可以进行低温或高温回火。要求有较高的冲击吸收能量时，回火温度必须在 550 ℃以上。

这种钢的横向性能比纵向性能低得多，特别是冲击值，几乎相差 50%；它的焊接性良好，但厚度在 3 mm 以上时，则只有中等的焊接性，焊接时要预热到 150 ℃以上，焊接后，要尽可能地及时进行热处理。其冷变形塑性中等，被切削加工性良好，当硬度（HBW）为 120~220 时，加工系数为 0.95，硬度（HBW）为 302~320 时为 0.5。

此钢也可做焊片小钎头的壳体。

### 4.9.1　化学成分

30CrMnSi 钢的化学成分如表 4-67 所示。

表 4-67　30CrMnSi 钢的化学成分（GB/T 3077—2015）

（质量分数,%）

| C | Si | Mn | Cr | Ni | Cu | S | P |
|---|---|---|---|---|---|---|---|
| 0.28~0.34 | 0.90~1.20 | 0.80~1.10 | 0.80~1.10 | ≤0.30 | ≤0.30 | ≤0.035 | ≤0.035 |

## 4.9.2　物理性能

30CrMnSi 钢的物理性能如表 4-68 所示。

表 4-68　30CrMnSi 钢的物理性能

| 临界温度（近似值）/℃ | | | | 在 20 ℃与下列温度间的线膨胀系数 $\alpha$/℃$^{-1}$ | | | | | | 导热系数 $\lambda$ (100 ℃)/W·(m·K)$^{-1}$ |
|---|---|---|---|---|---|---|---|---|---|---|
| $A_{c_1}$ | $A_{c_3}$ | $A_{r_3}$ | $A_{r_1}$ | 200 ℃ | 300 ℃ | 400 ℃ | 500 ℃ | 600 ℃ | 700 ℃ | |
| 760 | 830 | 705 | 670 | $11.2\times10^{-6}$ | $12.7\times10^{-6}$ | $13.5\times10^{-6}$ | $14.2\times10^{-6}$ | $14.3\times10^{-6}$ | $14.5\times10^{-6}$ | 38 |

## 4.9.3　力学性能

### 4.9.3.1　弹性模量

30CrMnSi 钢的弹性模量 $E$（20 ℃）为 198 GPa，切变弹性模量 $G$（20 ℃）为 73.4 GPa。

### 4.9.3.2　室温抗拉、冲击性能及硬度

30CrMnSi 钢的室温抗拉、冲击性能及硬度如表 4-69 所示。

表 4-69　30CrMnSi 钢的室温抗拉、冲击性能及硬度

| 序号 | 热处理用毛坯直径/mm | 热处理状态 | $R_m$/MPa | $R_{eL}$/MPa | $A$/% | $Z$/% | $KU_2$/J | 硬度(HRC) |
|---|---|---|---|---|---|---|---|---|
| 1 | 25 | 880 ℃油淬，540 ℃回火，水冷或油冷 | ≥1080 | ≥835 | ≥10 | ≥45 | ≥39 | — |
| 2 | | 880 ℃油淬，420 ℃回火 | 1530 | 1325 | 12 | 53 | — | 46 |
| 3 | | 880 ℃油淬，500 ℃回火 | 1245 | 1175 | — | 53 | — | 40 |
| 4 | | 880 ℃油淬，560 ℃回火 | 1080 | 1000 | — | 53 | — | 35 |

注：1. 序号 1 摘自 GB 3077—2015，序号 2~4 数据为实测值。

2. $KU_2$(J) = 0.8(cm$^2$)×$a_K$(J/cm$^2$)。

#### 4.9.3.3　室温疲劳极限

30CrMnSi 钢的室温疲劳极限如表 4-70 所示。

**表 4-70　30CrMnSi 钢的室温疲劳极限**

| 试样状态 | $\sigma_b$/MPa | $\sigma_{-1}$/MPa |
|---|---|---|
| 880~890 ℃油淬，200 ℃回火 | 1665 | 490 |
| 880~890 ℃油淬，600 ℃回火 | 885 | 373 |
| 890 ℃油淬，450 ℃回火 | 1130 | 500~530 |

注：试验用钢主要成分（质量分数,%）为 C 0.32，Si 0.87，Mn 0.95，Cr 0.81。

#### 4.9.3.4　等温淬火后的力学性能

30CrMnSi 钢的等温淬火后的力学性能如表 4-71 所示。

**表 4-71　30CrMnSi 钢的等温淬火后的力学性能（实测数据）**

| 试样状态（880 ℃加热后） | $R_m$/MPa | $R_{p0.2}$/MPa | $A$/% | $Z$/% | $R_{p0.2}/R_m$ |
|---|---|---|---|---|---|
| 320 ℃等温，20 min，油冷 | 1334 | 1010 | 12.0 | 50.0 | 0.76 |
| 370 ℃等温，20 min，油冷 | 1236 | 1060 | 12.5 | 54.0 | 0.86 |
| 410 ℃等温，20 min，油冷 | 1070 | 792 | 24.5 | 45.0 | 0.74 |

#### 4.9.3.5　淬火并在不同温度回火后的力学性能

30CrMnSi 钢 860 ℃油淬后在不同温度回火后的力学性能如图 4-24 所示。

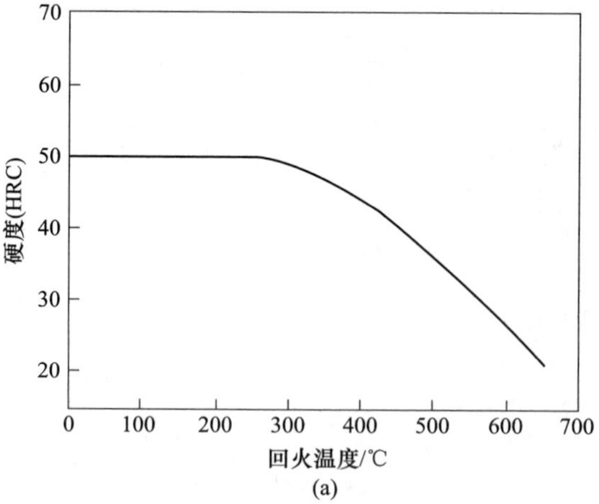


(a)

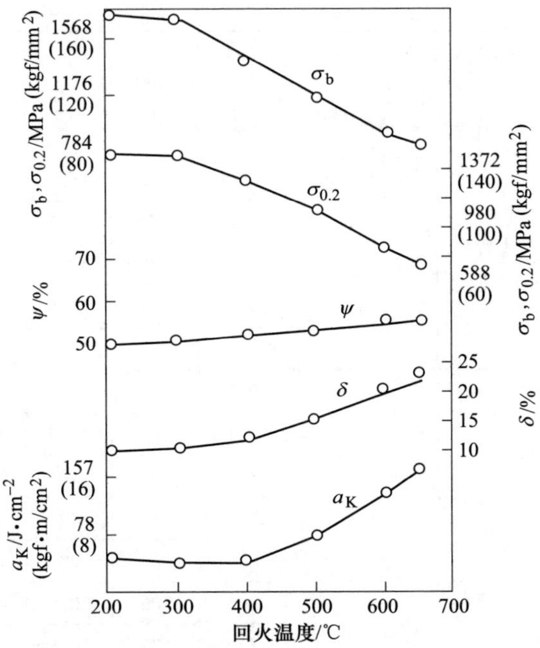


(b)

图 4-24 30CrMnSi 钢 860 ℃油淬后在不同温度回火后的力学性能

(a) 回火硬度曲线，试验用钢主要成分（质量分数,%）为 C 0.32，Si 1.06，Mn 0.92，Cr 0.92；

(b) 回火后抗拉及冲击性能曲线，试验用钢主要成分（质量分数,%）为 C 0.29，Si 1.00，Mn 0.85，Cr 0.90

### 4.9.3.6 不同截面钢材调质后的力学性能

30CrMnSi 钢的不同截面钢材调质后的力学性能如表 4-72 所示。

**表 4-72 30CrMnSi 钢的不同截面钢材调质后的力学性能**

| 试验用钢主要成分/% | 钢材直径/mm | 调质处理 | | 取样部位 | $R_m$/MPa | $R_{p0.2}$/MPa | $A$/% | $Z$/% | $KU_2$/J | 硬度① |
|---|---|---|---|---|---|---|---|---|---|---|
| | | 淬火、回火温度 | 冷却介质 | | | | | | | |
| C 0.29 Si 1.00 Mn 0.85 Cr 0.90 | 60 | 870 ℃淬火，540 ℃回火 | 水 | 中心 | 980 | 814 | 16 | 49 | 70 | 28 |
| | | | 油 | | 961 | 804 | 17 | 55 | 78 | 27 |
| | 80 | | 水 | 1/2 半径 | 961 | 726 | 15 | 47 | 62 | 27 |
| | | | 油 | | 912 | 677 | 18 | 51 | 70 | 25 |
| | 100 | | 水 | 1/2 半径 | 885 | 706 | 18 | 48 | 39 | — |
| | | | 油 | | 843 | 559 | 21 | 58 | 62 | 27 |
| | 120 | | 水 | 1/3 半径 | 873 | 608 | 17 | 54 | 47 | 27 |

续表 4-72

| 试验用钢主要成分/% | 钢材直径/mm | 调质处理 | | 取样部位 | $R_m$/MPa | $R_{p0.2}$/MPa | $A$/% | $Z$/% | $KU_2$/J | 硬度① |
|---|---|---|---|---|---|---|---|---|---|---|
| | | 淬火、回火温度 | 冷却介质 | | | | | | | |
| C 0.33<br>Si 0.99<br>Mn 0.92<br>Cr 0.90 | 12.5 | 870 ℃淬火，500 ℃回火 | 油 | 中心 | 1175 | 1123 | 16.5 | 58.0 | 62 | 345 |
| | 25 | | | | 1130 | 1025 | 12.5 | 52.0 | 71 | 341 |
| | 50 | | | | 966 | 789 | 15.5 | 52.0 | 66 | 280 |
| | 100 | | | | 799 | 505 | 21.5 | 56.0 | 59 | 280 |
| | 100 | | | 1/2 半径 | 922 | 667 | 19.0 | 67.0 | 82 | |
| | 12.5 | 880 ℃淬火，575 ℃回火 | 油 | 中心 | 961 | 858 | 17.5 | 63.0 | 75 | 282 |
| | 25 | | | | 941 | 799 | 17.5 | 56.0 | 119 | 280 |
| | 50 | | | | 848 | 633 | 19 | 60.0 | 91 | 244 |
| | 100 | | | | 780 | 476 | 22 | 60.0 | 69 | 232 |
| | 100 | | | 1/2 半径 | 835 | 564 | 20 | 61.0 | 58 | 241 |
| | 12.5 | 880 ℃淬火，650 ℃回火 | 油 | 中心 | 843 | 706 | 20.5 | 69.0 | >145 | 242 |
| | 25 | | | | 829 | 677 | 20.5 | 64.0 | >145 | 245 |
| | 50 | | | | 785 | 583 | 19.5 | 56.0 | >145 | 229 |
| | 100 | | | | 721 | 417 | 25.5 | 67.0 | 82 | 210 |
| | 100 | | | 1/2 半径 | 775 | 520 | 22 | 64.0 | 101 | 223 |

①两位数字数值为 HRC 值，三位数字数值为 HBW 值。

### 4.9.3.7　高温力学性能

30CrMnSi 钢的高温力学性能如表 4-73 所示。

**表 4-73　30CrMnSi 钢的高温力学性能**

| 试验温度/℃ | $R_m$/MPa | $R_{p0.2}$/MPa | $A$/% | $Z$/% | $KU_2$/J | $E$/GPa | $\frac{\sigma_b}{200}$/MPa | $\frac{\sigma_{0.2}}{200}$/MPa |
|---|---|---|---|---|---|---|---|---|
| 20 | 1058 | 951 | 13 | 56 | 52 | 194 | | |
| 200 | | | | | 107 | 174 | | |
| 250 | 1009 | 843 | 13 | 48 | 127 | | | |
| 300 | 960 | 824 | 11 | 50 | 125 | 169 | | |
| 350 | 970 | 814 | 16 | 59 | 115 | | | |
| 400 | 902 | 785 | 16 | 69 | 94 | 166 | 588 | 160 |

续表 4-73

| 试验温度/℃ | $R_m$/MPa | $R_{p0.2}$/MPa | $A$/% | $Z$/% | $KU_2$/J | $E$/GPa | $\frac{\sigma_b}{200}$/MPa | $\frac{\sigma_{0.2}}{200}$/MPa |
|---|---|---|---|---|---|---|---|---|
| 450 | 775 | 706 | 19 | 77 | 85 | | 451 | 111 |
| 500 | 686 | 647 | 21 | 84 | 73 | 156 | 255 | 54 |
| 550 | 530 | 490 | 27 | 84 | 64 | | 118 | 22 |

注：所有试样均经 880 ℃油淬，560 ℃回火处理。

#### 4.9.3.8 低温力学性能

30CrMnSi 钢的低温力学性能如表 4-74 所示。

**表 4-74 30CrMnSi 钢的低温力学性能**

| 试验温度/℃ | $R_m$/MPa | $R_{p0.2}$/MPa | $A$/% | $E$/GPa | $KU_2$/J |
|---|---|---|---|---|---|
| 20 | 1176 | 1083 | 8.4 | 198 | 46 |
| 50 | 1266 | 1110 | 10.4 | 201 | 40 |
| -100 | 1323 | 1189 | 10.4 | 201 | 26 |
| -193 | 1530 | 1442 | 11.7 | 204 | 10 |

注：所有试样均经 890 ℃油淬，520 ℃回火处理；试验用钢主要成分（质量分数,%）为 C 0.28，Si 0.97，Mn 0.94，Cr 0.88。

### 4.9.4 工艺性能

#### 4.9.4.1 热成型工艺参数

30CrMnSi 钢的热成型工艺参数如表 4-75 所示。

**表 4-75 热成型工艺参数**

| 开始温度/℃ | 终止温度/℃ | 冷却方式 |
|---|---|---|
| 1180 | 850 | >$\phi$75 mm 缓冷 |

#### 4.9.4.2 热处理

同 25CrMnSi 钢，30CrMnSi 钢在 250~380 ℃及 450~650 ℃范围内回火时有回火脆性，特别是在后一范围内缓冷时，冲击值剧烈降低。

应注意控制等温淬火用介质的温度不可过高，否则会使冲击值降低。

#### 4.9.4.3 等温转变曲线

30CrMnSi 钢的等温转变曲线如图 4-25 所示。

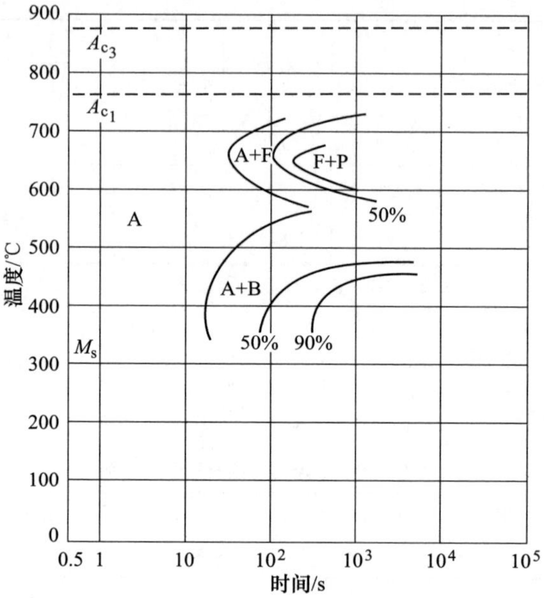


图 4-25　30CrMnSi 钢的等温转变曲线

（试验用钢主要成分（质量分数,%）为 C 0.30，Si 1.18，Mn 1.05，Cr 0.97；奥氏体化温度为 900 ℃）

### 4.9.4.4　连续冷却转变曲线

30CrMnSi 钢的连续冷却转变曲线如图 4-26 所示。

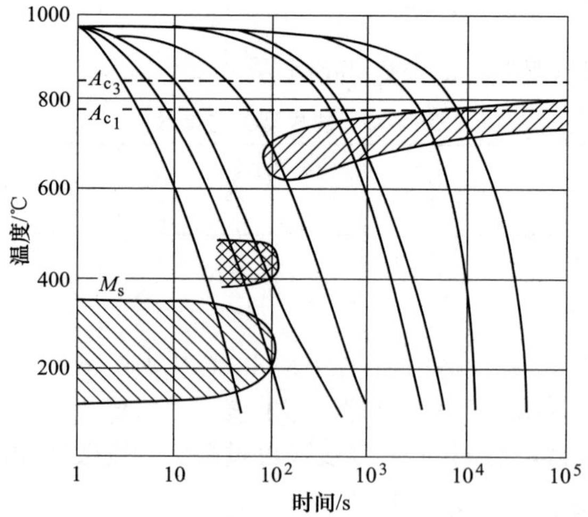


图 4-26　30CrMnSi 钢的连续冷却转变曲线

（试验用钢主要成分（质量分数,%）为 C 0.29，Si 1.0，Mn 0.85，Cr 0.90；奥氏体化温度为 950 ℃）

#### 4.9.4.5　淬透性

30CrMnSi 钢的淬透性带如图 4-27 所示，临界淬透直径如表 4-76 所示。

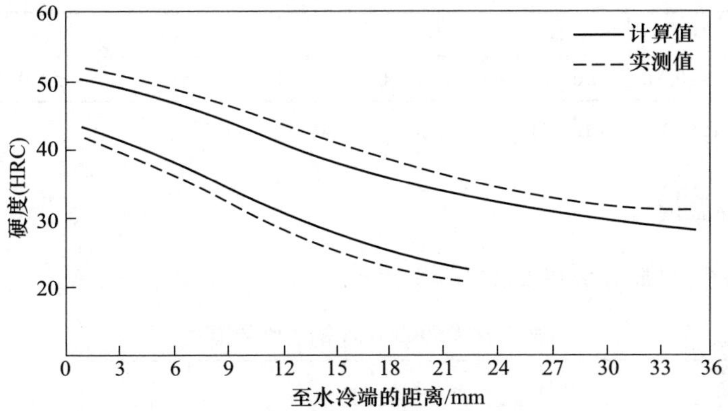


图 4-27　30CrMnSi 钢的淬透性带

**表 4-76　30CrMnSi 钢的临界淬透直径**　（mm）

| 最小值 | | 最大值 | |
|---|---|---|---|
| 水中 | 油中 | 水中 | 油中 |
| 45/40 | 30/25 | 70/60 | 50/40 |

注：分子为半马氏体时，分母为 90%马氏体时。

### 4.9.5　主要生产厂

30CrMnSi 钢主要由大冶特殊钢公司、抚顺特殊钢公司、南京钢铁股份有限公司、西宁特殊钢公司、石家庄钢铁公司等企业生产。

## 4.10　50CrMo4 钢

50CrMo4 钢属于超高强度的合金结构钢，执行欧标 EN 10083-3：2006。它具有较高的强度、韧性，较好的淬透性，无明显的回火脆性。50CrMo4 钢在调质处理后有较高的疲劳极限和抗多次冲击能力，低温冲击韧性良好。高温时有高的蠕变强度和持久强度。50CrMo4 钢适宜制造要求一定强度和韧性的大、中型塑料模具。可用于制造机车牵引用的大齿轮、增压器传动齿轮、压力容器齿轮、后轴、受载荷极大的连杆及弹簧夹，也可用于 2000 m 以下石油深井钻杆接头与打捞工具，并且可以用于折弯机的模具等。它可用作钎（钻）头材料。

### 4.10.1　化学成分

50CrMo4 钢的化学成分如表 4-77 所示。

**表 4-77　50CrMo4 钢的化学成分**　　（质量分数,%）

| C | Mn | Cr | Mo | Si | Cu | S | P |
|---|---|---|---|---|---|---|---|
| 0.46~0.54 | 0.50~0.80 | 0.90~1.20 | 0.15~0.30 | 0.10~0.40 | ≤0.20 | ≤0.035 | ≤0.035 |

注：$w(O)\leqslant 15\times10^{-6}$，$w(H)\leqslant 1.5\times10^{-6}$，$w(N)=(80\sim120)\times10^{-6}$。

### 4.10.2　临界温度

50CrMo4 钢的临界温度如表 4-78 所示。

**表 4-78　50CrMo4 钢的临界温度**　　（℃）

| $A_{c_1}$ | $A_{c_3}$ | $M_s$ |
|---|---|---|
| 736 | 775 | 289 |

### 4.10.3　力学性能

50CrMo4 钢的常规力学性能如表 4-79 所示。

**表 4-79　50CrMo4 钢的常规力学性能**

| 热处理制度 | | | | 力学性能 | | | | |
|---|---|---|---|---|---|---|---|---|
| 淬火 | | 回火 | | | | | | |
| 温度/℃ | 冷却方式 | 温度/℃ | 冷却方式 | $R_m$ /MPa | $R_{p0.2}$ /MPa | $A$/% | $Z$/% | $KU_2$/J |
| 840±5 | 油冷 | 560 | 水冷或油冷 | 1100~1300 | ≥900 | ≥10 | ≥45 | ≥35 |

注：布氏硬度（HBW，退火或高温回火状态）≤248。

### 4.10.4　工艺性能

#### 4.10.4.1　热成型工艺

50CrMo4 钢的热成型（轧制）工艺参数如表 4-80 所示。

**表 4-80　50CrMo4 钢的热成型（轧制）工艺参数**

| 加热温度/℃ | 开轧温度/℃ | 终轧温度/℃ | 冷却方式 |
|---|---|---|---|
| 1200 | 1150~1180 | ≥850 | 坑冷 |

热成型（锻造）工艺：

（1）将 50CrMo4 钢均匀缓慢预热；
（2）将锻造温度提高到 1150~1200 ℃；
（3）保持适当的时间，以便在锻造之前对钢进行彻底加热；
（4）温度低于 950 ℃时重新加热钢；
（5）锻造后，在沙子中尽可能缓慢地冷却。

### 4.10.4.2　热处理

（1）软化退火：
1）将钢均匀缓慢地加热至 680~720 ℃；
2）保持适当的时间以将钢彻底加热；
3）在炉子里慢慢冷却，布氏硬度最大为 248；
4）规范化：840~860 ℃，空气中冷却。
（2）硬化处理：820~860 ℃，油淬。
（3）回火：540~680 ℃，空气中冷却。
（4）50CrMo4 钢热处理后的硬度：
1）815 ℃退火：HBW197；
2）规范化至 870 ℃退火：HBW321；
3）油淬火，细晶粒，在 205 ℃回火：HBW530；
4）油淬火，细晶粒，在 315 ℃回火：HBW495；
5）油淬火，细晶粒，在 425 ℃回火：HBW440；
6）油淬火，细晶粒，在 540 ℃回火：HBW370；
7）油淬火，细晶粒，在 650 ℃回火：HBW290。

### 4.10.4.3　硬度（HV）与回火温度关系

50CrMo4 钢的硬度（HV）与回火温度关系曲线如图 4-28 所示。

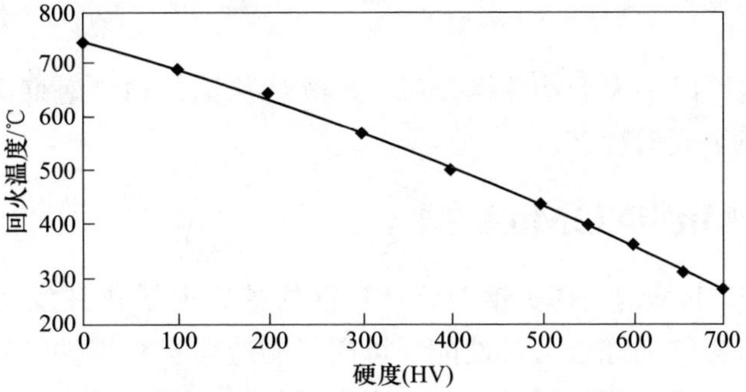


图 4-28　50CrMo4 钢的硬度（HV）与回火温度关系曲线
（850 ℃奥氏体化 20 min，油淬，每个温度水平上回火 1 h）

#### 4.10.4.4　奥氏体转变冷却曲线

50CrMo4 钢的连续冷却（CCT）曲线如图 4-29 所示。

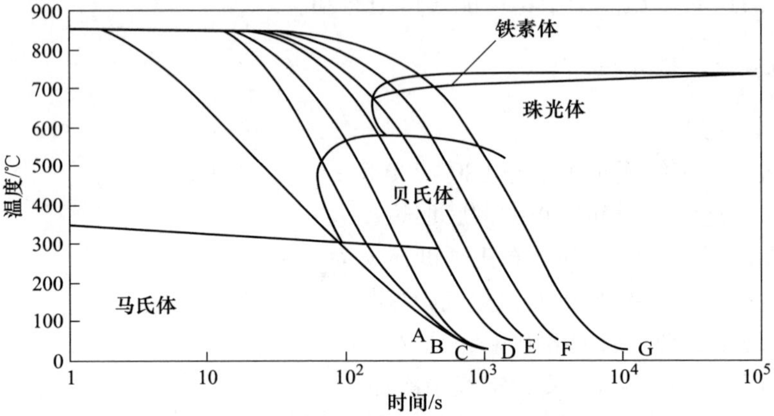


图 4-29　50CrMo4 钢的连续冷却（CCT）曲线

奥氏体化（在 850 ℃下保温 10 min）时间与温度的关系如表 4-81 所示。

**表 4-81　奥氏体化时间与温度的关系**

| 项目 | A | B | C | D | E | F | G |
| --- | --- | --- | --- | --- | --- | --- | --- |
| $t_{8\text{-}5}$/s | 20 | 50 | 100 | 200 | 300 | 500 | 1000 |
| HV30 | 580 | 540 | 500 | 330 |  | 300 | 29 |

### 4.10.5　主要生产厂

50CrMo4 钢可以由大冶特殊钢公司、抚顺特殊钢公司、南京钢铁股份有限公司、西宁特殊钢公司等生产。

## 4.11　25CrMnSiNi2MoA 钢

25CrMnSiNi2MoA 钢是在美钢 HY-TUF 钢的基础上转化开发的一种低合金超高强度钢，具有良好的综合力学性能。可用于制造凿岩机零件、钎头、地质钻探套管、大型推土机及挖掘机零件，还可用作其他机械零件。

## 4.11.1 化学成分

25CrMnSiNi2MoA 钢的化学成分如表 4-82 所示。

**表 4-82 25CrMnSiNi2MoA 钢的化学成分** （质量分数,%）

| C | Si | Mn | Cr | Ni | Mo | Cu | P | S |
|---|---|---|---|---|---|---|---|---|
| 0.23~0.28 | 1.30~1.70 | 1.20~1.50 | 0.20~0.40 | 1.65~2.00 | 0.35~0.45 | ≤0.20 | ≤0.025 | ≤0.25 |

## 4.11.2 物理性能

25CrMnSiNi2MoA 钢的临界温度如表 4-83 所示。

**表 4-83 25CrMnSiNi2MoA 钢的临界温度** （℃）

| $A_{c_1}$ | $A_{c_3}$ | $M_s$ |
|---|---|---|
| 705 | 820 | 338 |

注：试验用钢成分（质量分数,%）为 C 0.24，Si 1.39，Mn 1.36，Cr 0.32，Ni 1.70，Mo 0.40，Si 1.51，P 0.011，S 0.0006，W 0.008，Cu 0.03。

## 4.11.3 力学性能

### 4.11.3.1 预处理工艺与硬度的关系

25CrMnSiNi2MoA 钢预处理工艺与硬度的关系如表 4-84 所示。

**表 4-84 25CrMnSiNi2MoA 钢预处理工艺与硬度的关系**

| 编号 | 预处理工艺 | 硬度（HBW） |
|---|---|---|
| 1 | 860 ℃正火，700 ℃高温回火 | 263 |
| 2 | 930 ℃正火，700 ℃高温回火 | 245 |
| 3 | 930 ℃完全退火（炉冷） | 302 |

### 4.11.3.2 不同处理方法的冲击吸收能量及硬度

25CrMnSiNi2MoA 钢的不同处理方法的冲击吸收能量及硬度如表 4-85 所示。

### 4.11.3.3 冲击功、抗拉强度、硬度随回火温度的变化

25CrMnSiNi2MoA 钢的冲击功、抗拉强度、硬度随回火温度变化曲线如图 4-30 所示。

**表 4-85　25CrMnSiNi2MoA 钢的不同处理方法的冲击吸收能量及硬度**

| 编号 | 预处理工艺 | 890 ℃淬火后硬度（HRC） | 回火温度/℃ | 冲击吸收能量 $KV_2$/J | 硬度（HRC） |
|---|---|---|---|---|---|
| 1-0 | 930 ℃正火，700 ℃回火 | 47 | 200 | 42.0 | 47.3 |
| 1-1 | | | 300 | 44.0 | 46.8 |
| 1-3 | | | 400 | 26.0 | 42.8 |
| 1-5 | | | 500 | 42.0 | 38.6 |
| 1-6 | | | 550 | 72.0 | 35.3 |
| 1-7 | | | 600 | 91.0 | 31 |
| 1-8 | | | 700 | 51.0 | 27.3 |
| 2 | 860 ℃正火，700 ℃回火 | | 550 | 68.0 | 36 |
| 3 | 930 ℃完全退火 | | 550 | 68.0 | 35.5 |

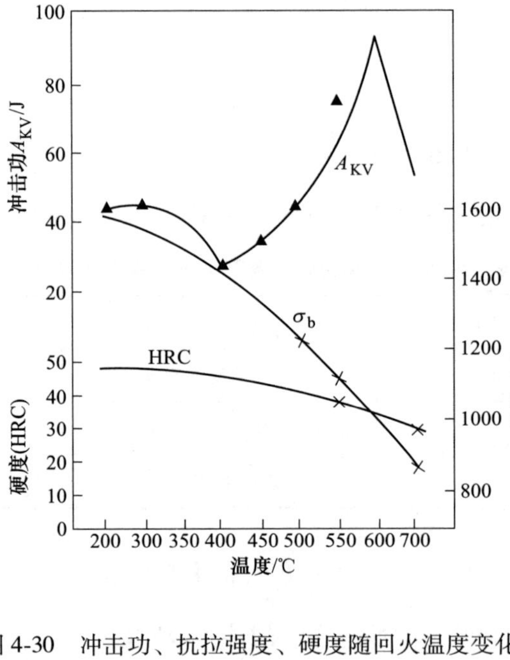


图 4-30　冲击功、抗拉强度、硬度随回火温度变化曲线

### 4.11.3.4　淬火-回火状态下的力学性能

25CrMnSiNi2MoA 钢的淬火-回火状态下的力学性能如表 4-86 所示。

**表 4-86　25CrMnSiNi2MoA 钢的淬火-回火状态下的力学性能**

| 化学成分/% | C 0.28，Ni 1.8，Si 1.5，Mn 1.3，Mo 0.4，Cr 0.28 | | | |
|---|---|---|---|---|
| 形式 | $\phi$25.4 mm 棒材 | | | |
| 状态 | 871 ℃，油淬加回火 | | | |
| 回火温度/℃ | 204 | 260 | 290 | 316 |
| $R_m$/MPa | 1648 | 1620 | 1613 | 1586 |
| $R_{eL}$/MPa | 1262 | 1317 | 1331 | 1338 |
| $A$/% | 14.3 | 13.9 | 13.1 | 14.0 |
| $Z$/% | 46.6 | 49.7 | 49.7 | 51.7 |
| 硬度（HRC） | 48 | 47 | 46.5 | 46 |

### 4.11.3.5　回火温度对棒材拉伸强度的影响

25CrMnSiNi2MoA 钢的回火温度对棒材拉伸强度的影响如图 4-31 所示。

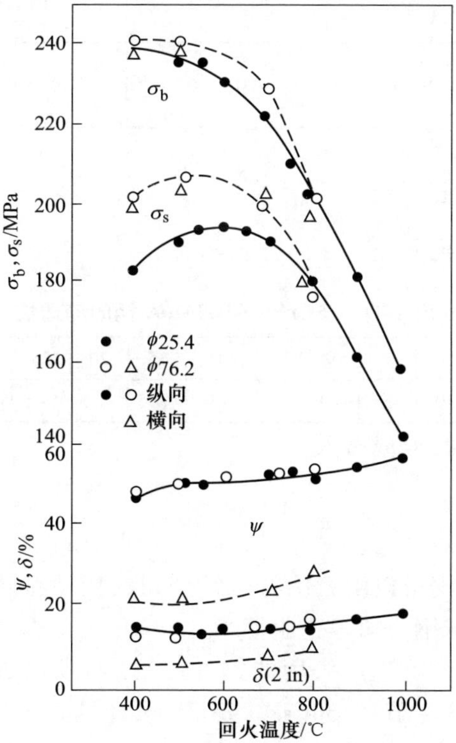


图 4-31　25CrMnSiNi2MoA 钢的回火温度对棒材拉伸强度的影响

（热处理条件为：857～871 ℃奥氏体化，油淬，回火 1 h）

### 4.11.4　工艺性能

#### 4.11.4.1　热成型工艺参数

25CrMnSiNi2MoA 钢的热成型工艺参数如表 4-87 所示。

**表 4-87　25CrMnSiNi2MoA 钢的热成型工艺参数**

| 加热温度/℃ | 开始温度/℃ | 终止温度/℃ | 冷却方式 |
|---|---|---|---|
| 1180~1200 | 1150~1180 | ≥850 | 坑冷 |

#### 4.11.4.2　热处理工艺参数

25CrMnSiNi2MoA 钢的热处理工艺参数如表 4-88 所示。

**表 4-88　25CrMnSiNi2MoA 钢的热处理工艺参数**　（℃）

| 推荐淬火/回火温度 | 正火温度 | 回火温度 | 渗碳温度 | 退火温度 |
|---|---|---|---|---|
| 880/300 | 870±20 | 400~600 | 850~930 | 900±10 |

#### 4.11.4.3　淬透性

25CrMnSiNi2MoA 钢的淬透性如表 4-89 所示。

**表 4-89　25CrMnSiNi2MoA 钢的淬透性**

| 距离/mm | 1.5 | 3 | 5 | 7 | 9 | 11 | 13 | 15 | 20 | 25 | 30 | 35 | 40 | 45 | 50 |
|---|---|---|---|---|---|---|---|---|---|---|---|---|---|---|---|
| 硬度(HRC) | 50 | 49.5 | 49 | 49 | 49 | 49 | 49 | 48.5 | 48.5 | 48.5 | 48 | 48 | 47.5 | 47.5 | 47 |

注：试样经 920 ℃正火后，870 ℃油淬。

### 4.11.5　主要生产厂

25CrMnSiNi2MoA 钢可以由大冶特殊钢公司、抚顺特殊钢公司、南京钢铁股份有限公司、西宁特殊钢公司等企业生产。

其他可制作凿岩钎（钻）头用的钢种：22(24,27)SiMnNi2CrMoA（见 1.6 节），40CrMnMo（见 3.4 节），30CrMnSiNi2MoA（见 2.5 节）。

# 5 螺纹钎具连接套用钢

连接套是螺纹钎具中，连接钎尾与钎杆或钎杆与钎杆而保证凿岩机功率有效地传递到钎头进行钻凿岩面的重要连接件。它通过内螺纹将钎尾和钎杆的外螺纹紧固相接；在冲击凿岩过程中，连接套通过凿岩机的旋转机构随钎具的整体旋转和凿岩设备的推力装置将两头外螺纹锁紧和端面接触，以保证凿岩机功率的有效传递。但由于螺纹的加工精度和尺寸公差，连接套的内螺纹与钎尾或钎杆的外螺纹之间始终存在间隙，而且，连接套的截面都大于钎尾螺纹和钎杆螺纹的截面并有一定质量，在高频冲击下，产生弹性应力波的反射和连接套中内外螺纹产生摩擦和滑移而产生热量，造成了凿岩机效率的降低。连接套在螺纹凿岩钎具中是造成钎尾和钎杆螺纹磨损的零件，它的硬度高低和质量寿命对钎尾和钎杆的螺纹磨损和断裂寿命有着重要的直接影响。

连接套用钢的基本要求：

（1）要有高的强度和韧性的良好配合，是保证连接套的紧固性和不易胀破、胀裂的重要条件；

（2）高的耐磨性和热稳定性或抗高温软化性，这是保证连接套在使用时，由于摩擦、滑移和冲击产生热量时仍保证有一定使用寿命的必要条件；

（3）连接套的失效有磨损失效和疲劳断裂失效，高的疲劳强度、低的缺口敏感性和低的疲劳裂纹扩展速率有利于提高连接套的使用寿命；

（4）良好的加工性能，以保证高的加工精度。

由于连接套是钎尾和钎杆的螺纹磨损件，从经济性和便于更换磨损件出发，往往使连接套的综合性能指标略低于钎尾或钎杆的综合性能指标或与之相匹配。从连接套国内外的生产和使用情况看，连接套用钢可分为三类：渗碳热处理类、感应热处理类和常规热处理类。

渗碳处理类连接套用钢有 23CrNi3Mo、30CrNi4Mo、22SiMnCrNi2Mo、25CrNi3Mo、20CrMnTi、20CrMnMo、35SiMnMoV、18CrMnNiMoA 等钢种。

感应热处理类连接套用钢采用 8 kHz 或 10 kHz 中频感应加热，内表面淬火工艺；有 30CrNi4Mo、25Cr3Mo、38CrNi3Mo、38SiCrV 等钢种。

常规热处理类连接套用钢采用淬火后，中、高温回火工艺，或等温淬火工艺；有 40Cr、35CrMo、35SiMnMoV、40SiMnCrNiMo 等钢种。

# 5.1　20CrMnMo 钢

20CrMnMo 钢的性能与 15CrMnMo 钢的相似。当零件的截面较大和强度要求较高时，可以选用这种钢。此钢焊接性能较差，不宜电弧焊，只能用电阻焊，焊前需预热，焊后需退火。

20CrMnMo 是一种高级渗碳钢，在机器制造业中，用作要求表面具有高硬度和高耐磨性的重要渗碳零件，如曲轴、齿轮、凸轮轴、连杆、销等；石油钻机的牙轮、钻头也可用它制造。此钢的热加工性能良好，无回火脆性。20CrMnMo 也可用于制作连接套。

## 5.1.1　化学成分

20CrMnMo 钢的化学成分如表 5-1 所示。

**表 5-1　20CrMnMo 钢的化学成分（GB/T 3077—2015）**

（质量分数，%）

| C | Si | Mn | Cr | Mo | S | P | Ni | Cu |
|---|---|---|---|---|---|---|---|---|
| 0.17~0.23 | 0.17~0.37 | 0.90~1.20 | 1.10~1.40 | 0.20~0.30 | ≤0.035 | ≤0.035 | ≤0.30 | ≤0.30 |

## 5.1.2　临界温度

20CrMnMo 钢的临界温度如表 5-2 所示。

**表 5-2　20CrMnMo 钢的临界温度**　（℃）

| $A_{c_1}$ | $A_{c_3}$ | $A_{r_1}$ | $A_{r_3}$ |
|---|---|---|---|
| 710 | 830 | 740 | 620 |

注：用钢成分（质量分数，%）为 C 0.22，Si 0.28，Mn 1.04，Cr 1.23，Mo 0.22，P 0.013，S 0.031。

## 5.1.3　力学性能

### 5.1.3.1　室温抗拉及冲击吸收能量

20CrMnMo 钢的室温抗拉及冲击吸收能量如表 5-3 所示。

**表 5-3　20CrMnMo 钢的室温抗拉及冲击吸收能量**

| 序号 | 热处理用毛坯直径/mm | 热处理状态 | $R_m$/MPa | $R_{p0.2}$/MPa | $A$/% | $Z$/% | $KU_2$/J |
|---|---|---|---|---|---|---|---|
| 1 | 15 | 850 ℃油淬，200 ℃回火，水冷或油冷 | ≥1180 | ≥885 | ≥10 | ≥45 | ≥55 |

续表 5-3

| 序号 | 热处理用毛坯直径/mm | 热处理状态 | $R_m$/MPa | $R_{p0.2}$/MPa | $A$/% | $Z$/% | $KU_2$/J |
|---|---|---|---|---|---|---|---|
| 2 | 15 | 850 ℃油淬，200 ℃回火 | 1385 | 1175 | 11.5 | 55.0 | 93 |

注：序号 1 摘自 GB/T 3077—2015；序号 2 的数据为实测值，实测用钢主要成分（质量分数,%）为 C 0.22，Si 0.28，Mn 1.04，Cr 1.23，Mo 0.22。

### 5.1.3.2　淬火并在不同温度回火后的力学性能

20CrMnMo 钢淬火并在不同温度回火后的力学性能如图 5-1 所示。

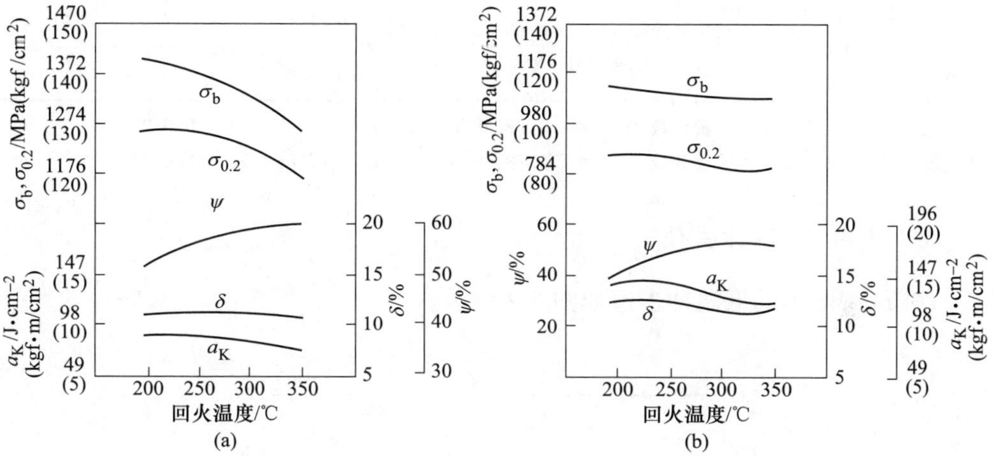


图 5-1　20CrMnMo 钢淬火并在不同温度回火后的力学性能

（a）试验用钢主要成分（质量分数,%）为 C 0.21，Si 0.27，Mn 0.96，Cr 1.24，Mo 0.22；热处理毛坯直径为 15 mm，850 ℃油淬；（b）试验用钢主要成分（质量分数,%）为 C 0.17，Si 0.30，Mn 1.05，Cr 1.22，Mo 0.27；热处理毛坯直径为 18 mm，一次油淬 850 ℃，二次油淬 800 ℃；回火后空冷

### 5.1.3.3　抗弯及冲击性能

20CrMnMo 钢渗碳并热处理后的抗弯及冲击性能如表 5-4 所示。

**表 5-4　20CrMnMo 钢渗碳并热处理后的抗弯及冲击吸收能量**

| 项目 | 试样尺寸及试验条件 | 热处理状态 | 渗碳层深度/mm | $\sigma_{bb}$/MPa | $KU_2$/J |
|---|---|---|---|---|---|
| 静弯曲试验 | 10 mm×10 mm×120 mm①，支距 100 mm | 940 ℃渗碳，降温至 860 ℃直接油淬，180 ℃回火 | 0.8~0.9 | 2216 | |
| | | | 1.0~1.1 | 1986 | |
| | | | 1.4~1.5 | 1790 | |
| | | | 1.6~1.7 | 1736 | |
| | 15 mm×15 mm×120 mm②，支距 100mm | 940 ℃渗碳 8 h，降温至 860 ℃直接油淬，200 ℃回火 | 1.65 | 1814 | |
| | | 940 ℃渗碳 8 h，重加热至 860 ℃油淬，200 ℃回火 | 1.65 | 2373 | |
| | | 940 ℃渗碳 8 h，第一次 860 ℃油淬，第二次 760 ℃油淬，200 ℃回火 | 1.65 | 2059 | |
| 冲击试验 | 10 mm×10 mm×50 mm①，无缺口 | 920 ℃渗碳 8 h，降温至 820 ℃直接油淬，180 ℃回火 | 0.9~1.1 | | 30 |
| | | | 1.4~1.6 | | 16.5 |

①试验用钢主要成分（质量分数,%）为 C 0.22，Si 0.28，Mn 1.04，Cr 1.23，Mo 0.22。
②试验用钢主要成分（质量分数,%）为 C 0.18，Si 0.40，Mn 1.07，Cr 1.22，Mo 0.19。

### 5.1.3.4　低温冲击值

20CrMnMo 钢的低温冲击值如图 5-2 所示。

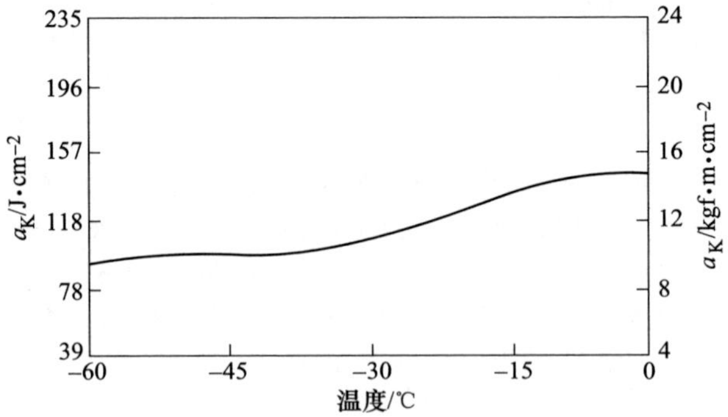


图 5-2　20CrMnMo 钢的低温冲击值

（试验用钢主要成分（质量分数,%）为 C 0.17，Si 0.30，Mn 1.05，Cr 1.22，Mo 0.27；热处理毛坯直径为 18 mm，油淬 850 ℃，190 ℃回火后空冷）

## 5.1.4 工艺性能

### 5.1.4.1 热成型工艺参数

20CrMnMo 钢的热成型工艺参数如表 5-5 所示。

**表 5-5 20CrMnMo 钢的热成型工艺参数**

| 开始温度/℃ | 终止温度/℃ | 冷却方式 |
|---|---|---|
| 1200 | 900 | 堆冷 |

### 5.1.4.2 热处理工艺参数

20CrMnMo 钢的热处理工艺参数如表 5-6 所示。

**表 5-6 20CrMnMo 钢的热处理工艺参数**

| 项目 | 退火 | 正火 | 淬火 | 回火 | 渗碳 | 渗碳后淬火 | 渗碳淬火后回火 |
|---|---|---|---|---|---|---|---|
| 加热温度/℃ | 850~870 | 870~900 | 830~860 | 200~250 | 880~900 | 840~860 | 180~200 |
| 冷却方式 | 炉冷 | 空冷 | 油淬 | 空冷 | | 油淬 | 空冷 |

注：退火后硬度（HB）不大于 217。需要时，渗碳后也可采用两次淬火；第一次淬火温度为 830~850 ℃，第二次淬火温度为 780~800 ℃。

### 5.1.4.3 淬透性

20CrMnMo 钢的淬透性带如图 5-3 所示。

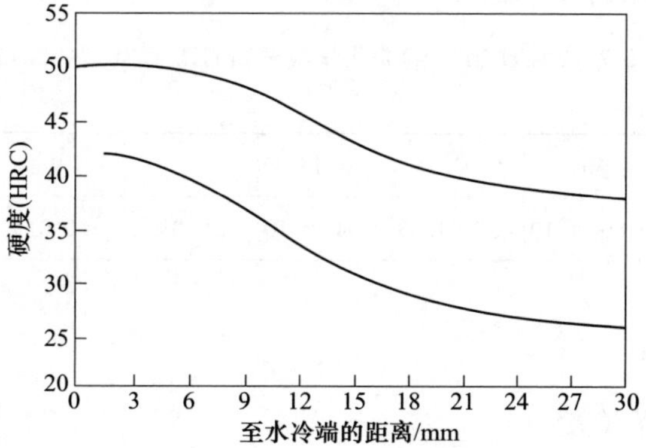


图 5-3 20CrMnMo 钢的淬透性带

### 5.1.5 主要生产厂

20CrMnMo 钢主要由大冶特殊钢公司、抚顺特殊钢公司、南京钢铁股份有限公司、西宁特殊钢公司、石家庄钢铁公司等企业生产。

## 5.2 20CrMnTi 钢

20CrMnTi 钢一般作渗碳钢用，也可以调质后使用。

这种钢的工艺性能良好，正火后有良好的被切削加工性，相对加工性为 75%，并可得到光洁的表面。为了避免出现带状组织而导致被切削加工性与粗糙度变坏，正火时必须采用风冷。这种钢渗碳后可以降温立即淬火，零件的变形极小，利于制造几何形状复杂的零件。选择合适的渗碳工艺处理后的零件，表面层碳含量适中，过渡层碳含量梯度平缓，晶粒不易长大。这种钢经渗碳淬火后，具有硬而耐磨的表面与极其坚韧的心部，其低温冲击值也较高。这种钢一般用于制造截面在 30 mm 以下，承受高速、中等载荷或重载荷以及耐冲击和抗摩擦的重要零件，如齿轮、齿圈、齿轮轴、十字头等。碳含量近上限时，也可用于制造截面在 40 mm 以下、模数大于 10 的齿轮。

在冶炼时，将碳控制在中、下限，锰在中限以上，碳与钛之差值在 0.1%±(0.01%~0.02%）为宜，这对钢的综合性能有良好的影响。如钢的合金元素含量均在下限时，即使全截面只有 8 mm，也难以淬透。

此钢也可用于制作连接套。

### 5.2.1 化学成分

20CrMnTi 钢的化学成分如表 5-7 所示。

**表 5-7 20CrMnTi 钢的化学成分（GB/T 3077—2015）**

（质量分数,%）

| C | Si | Mn | Cr | Ti | S | P | Ni | Cu |
|---|---|---|---|---|---|---|---|---|
| 0.17~0.23 | 0.17~0.37 | 0.80~1.10 | 1.00~1.30 | 0.04~0.10 | ≤0.035 | ≤0.035 | ≤0.30 | ≤0.30 |

### 5.2.2 物理性能

#### 5.2.2.1 临界温度

20CrMnTi 钢的临界温度如表 5-8 所示。

表 5-8 20CrMnTi 钢的临界温度 (℃)

| $A_{c_1}$ | $A_{c_3}$ | $A_{r_3}$ | $A_{r_1}$ | $M_s$ | 备注 |
|---|---|---|---|---|---|
| 745 | 830 | 775 | 665 | | ① |
| 760 | 840 | | | 374 | ② |
| 735 | 785（$A_{cm}$） | | | 185 | ③渗碳后 |

①试验用钢主要成分（质量分数,%）为 C 0.21，Si 0.35，Mn 0.99，Cr 1.08，Ti 0.064，P 0.012，S 0.006。

②试验用钢主要成分（质量分数,%）为 C 0.18，Si 0.28，Mn 0.98，Cr 1.18，Ti 0.12，P 0.013，S 0.013，Cu 0.09。

③试验用钢主要成分（质量分数,%）为 C 1.01，Si 0.34，Mn 0.96，Cr 1.26，Ti 0.12，P 0.012，S 0.005。

#### 5.2.2.2 线膨胀系数

20CrMnTi 钢的线膨胀系数如表 5-9 所示。

表 5-9 20CrMnTi 钢的线膨胀系数

| 温度/℃ | 200 | 300 | 400 | 500 | 600 | 700 |
|---|---|---|---|---|---|---|
| 线膨胀系数 $\alpha$/℃$^{-1}$ | $11.7\times10^{-6}$ | $12.5\times10^{-6}$ | $13.7\times10^{-6}$ | $14.2\times10^{-6}$ | $14.4\times10^{-6}$ | $14.5\times10^{-6}$ |

注：试验用钢主要成分（质量分数,%）为 C 0.18，Si 0.27，Mn 0.92，Cr 1.07，Ti 0.12。

### 5.2.3 力学性能

#### 5.2.3.1 室温抗拉、冲击性能及硬度

20CrMnTi 钢的室温抗拉、冲击性能及硬度如表 5-10 所示。

表 5-10 室温抗拉、冲击吸收能量及硬度

| 序号 | 试样状态 | $R_m$/MPa | $R_{eL}$/MPa | $A$/% | $Z$/% | $KU_2$/J | 硬度（HBW） |
|---|---|---|---|---|---|---|---|
| 1 | 一次 880 ℃油淬，二次 870 ℃油淬；200 ℃回火，水冷或油冷 | ≥1080 | ≥850 | ≥10 | ≥45 | ≥55 | 217 |
| 2 | 960 ℃正火，870 ℃油淬，200 ℃回火 | 1280 | 1064 | 12.5 | 54.0 | 78 | |
| 3 | 960 ℃正火，870 ℃油淬，200 ℃回火 | 1100 | 794 | 15.0 | 53.0 | 94 | |
| 4 | 930 ℃伪渗碳 8 h，直接油淬，200 ℃回火 | 1113 | 868 | 15.5 | 54.0 | 88 | 335 |
| 5 | 930 ℃伪渗碳 8 h，降温至 900 ℃油淬，200 ℃回火 | 1060 | 858 | 16.0 | 63.0 | 110 | 329 |

续表 5-10

| 序号 | 试样状态 | $R_m$/MPa | $R_{eL}$/MPa | $A$/% | $Z$/% | $KU_2$/J | 硬度（HBW） |
|---|---|---|---|---|---|---|---|
| 6 | 930 ℃伪渗碳 8 h，降温至 875 ℃油淬，200 ℃回火 | 1108 | 883 | 17.0 | 58.0 | 104 | 338 |
| 7 | 930 ℃伪渗碳 8 h，降温至 850 ℃油淬，200 ℃回火 | 1123 | 868 | 17.0 | 60.0 | 122 | 337 |
| 8 | 930 ℃伪渗碳 8 h，降温至 825 ℃油淬，200 ℃回火 | 1192 | 937 | 14.5 | 58.0 | 102 | 347 |
| 9 | 930 ℃伪渗碳 8 h，降温至 800 ℃油淬，200 ℃回火 | 1128 | 873 | 14.0 | 47.0 | 90 | 321 |
| 10 | 930 ℃伪渗碳 8 h，降温至 775 ℃油淬，200 ℃回火 | 1010 | 740 | 12.0 | 36.0 | 58 | 283 |

注：序号 1 摘自 GB/T 3077—2015，序号 2～10 数据系实测值。序号 2 试验用钢成分（质量分数,%）为 C 0.24，Si 0.26，Mn 0.92，Cr 1.15，Ti 0.09。序号 3～10 试验用钢成分（质量分数,%）为 C 0.19，Si 0.29，Mn 0.93，Cr 1.10，Ti 0.12。所有试样热处理毛坯直径均为 15 mm。

#### 5.2.3.2　室温抗弯性能

20CrMnTi 钢渗碳后的室温抗弯性能如表 5-11 所示。

**表 5-11　20CrMnTi 钢渗碳后的室温抗弯性能**

| 试样状态 | 表面硬度（HRC） | $\sigma_{bb}$/MPa |
|---|---|---|
| 940 ℃渗碳 5.5 h，830 ℃加热油淬，180 ℃回火 | | 2206<br>2600<br>2329 |
| 920 ℃渗碳 3 h，降温至 830 ℃油淬，180 ℃回火 | 61.5<br>62.0 | 2403<br>2667 |
| 920 ℃渗碳 4 h，降温至 860 ℃油淬，180 ℃回火 | 62.5<br>63.0 | 2334<br>2403 |

注：试样尺寸为 2 mm×15 mm×60 mm。

#### 5.2.3.3　渗碳层厚度与室温抗弯强度的关系

20CrMnTi 钢渗碳层厚度与室温抗弯强度的关系如表 5-12 所示。

**表 5-12　20CrMnTi 钢渗碳层厚度与室温抗弯强度的关系**

| 试样状态 | 在下列渗碳层厚度下的 $\sigma_{bb}$/MPa | | | |
|---|---|---|---|---|
| | 0.8~0.9 mm | 1.0~1.1 mm | 1.4~1.5 mm | 1.6~1.7 mm |
| 940 ℃渗碳，860 ℃油淬，180 ℃回火 | 2707 | 2334 | 2275 | 2118 |

注：试样尺寸为 10 mm×10 mm×120 mm。

### 5.2.3.4　伪渗碳后的硬度及室温抗弯强度

20CrMnTi 钢伪渗碳后的硬度及室温抗弯强度如表 5-13 所示。

**表 5-13　20CrMnTi 钢伪渗碳后的硬度及室温抗弯强度**

| 试样状态 | 硬度（HRC） | $\sigma_{bb}$/MPa |
|---|---|---|
| 920 ℃伪渗碳，880 ℃油淬，180 ℃回火 | 43 | 4385 |
| 920 ℃伪渗碳，860 ℃油淬，180 ℃回火 | 41 | 4285 |
| 920 ℃伪渗碳，830 ℃油淬，180 ℃回火 | 41 | 3560 |
| 920 ℃伪渗碳，800 ℃油淬，180 ℃回火 | 42 | 3393 |
| 920 ℃伪渗碳，780 ℃油淬，180 ℃回火 | 40 | 3610 |
| 920 ℃伪渗碳，760 ℃油淬，180 ℃回火 | 38 | 2677 |
| 920 ℃伪渗碳，740 ℃油淬，180 ℃回火 | 32 | 2932 |

注：光滑试样尺寸为 10 mm×10 mm×120 mm；试验用钢主要成分（质量分数,%）为 C 0.20，Si 0.35，Mn 0.99，Cr 1.08，Ti 0.06。

### 5.2.3.5　室温疲劳极限

20CrMnTi 钢的室温疲劳极限：$\sigma_{-1}=608$ MPa，$\sigma_{-1K}=461$ MPa。

试验用钢主要成分（质量分数,%）为 C 0.23，Si 0.27，Mn 1.03，Cr 1.06，Ti 0.10；热处理状态为 920 ℃渗碳，840 ℃油淬，160 ℃回火；缺口试样缺口半径为 1 mm，缺口处直径为 8 mm。

### 5.2.3.6　不同截面钢材淬火回火后的室温抗拉及冲击性能

20CrMnTi 钢不同截面钢材淬火回火后的室温抗拉及冲击性能如表 5-14 所示。

**表 5-14　20CrMnTi 钢不同截面钢材淬火回火后的室温抗拉及冲击吸收能量**

| 钢材直径/mm | 取样部位 | 淬火介质 | $R_m$/MPa | $R_{p0.2}$/MPa | $A$/% | $Z$/% | $KU_2$/J |
|---|---|---|---|---|---|---|---|
| 60 | 中心 | 水 | 902 | 765 | 16 | 61 | 55 |
| | | 油 | 794 | 667 | 19 | 61 | 55 |

续表 5-14

| 钢材直径/mm | 取样部位 | 淬火介质 | $R_m$/MPa | $R_{p0.2}$/MPa | $A$/% | $Z$/% | $KU_2$/J |
|---|---|---|---|---|---|---|---|
| 80 | 1/2 半径 | 水 | 892 | 755 | 15 | 60 | 110 |
| | | 油 | 785 | 608 | 18 | 61 | 134 |
| 100 | 1/2 半径 | 水 | 804 | 598 | 18 | 61 | 94 |
| | | 油 | 706 | 451 | 21 | 63 | 126 |
| 120 | 1/3 半径 | 水 | 834 | 608 | 18 | 54 | 102 |
| | | 油 | 667 | 412 | 15 | 64 | 110 |

注：试验用钢主要成分（质量分数,%）为 C 0.18，Si 0.27，Mn 0.92，Cr 1.07，Ti 0.12；热处理状态：880 ℃加热淬火，200 ℃回火。

#### 5.2.3.7　冷脆转变温度

20CrMnTi 钢的冷脆转变温度如表 5-15 所示。

**表 5-15　20CrMnTi 钢的冷脆转变温度**

| 钢样编号 | 试样热处理状态 | 硬度（HRC） | 冷脆转变温度/℃ | | |
|---|---|---|---|---|---|
| | | | $T_{90}$ | $T_{50}$ | $T_{10}$ |
| A | 880 ℃淬火，200 ℃回火 | 38 | 40 | 0 | -40 |
| B | | 40 | 60 | 30 | -20 |
| A | 880 ℃淬火，500 ℃回火 | 28 | 20 | -10 | -60 |
| B | | 28 | 20 | -20 | -60 |

注：钢样 A 及 B 的成分见图 5-4，表中 $T_{90}$ 表示宏观断口上纤维组分为 90%时的冷脆转变温度，余类推。

#### 5.2.3.8　880 ℃油淬并在不同温度回火后的力学性能

20CrMnTi 钢 880 ℃油淬并在不同温度回火后的力学性能如图 5-4 所示。

### 5.2.4　工艺性能

#### 5.2.4.1　热成型工艺参数

20CrMnTi 钢的热成型工艺参数如表 5-16 所示。

**表 5-16　20CrMnTi 钢的热成型工艺参数**

| 开始温度/℃ | 终止温度/℃ | 冷却方式 |
|---|---|---|
| 1200 | 900 | ≥$\phi$100 mm 时缓冷 |

#### 5.2.4.2　热处理工艺参数

20CrMnTi 钢的热处理工艺参数如表 5-17 所示。

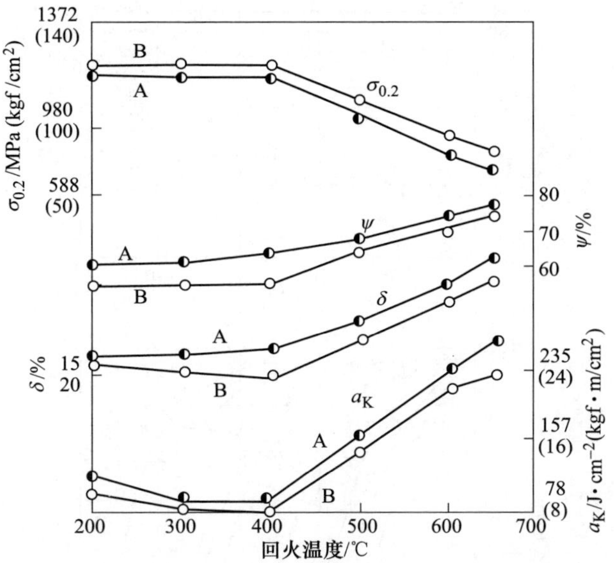


图 5-4 20CrMnTi 钢 880 ℃油淬并在不同温度回火后的力学性能

（试样 A 的成分（质量分数,%）为 C 0.18，Si 0.27，Mn 0.92，Cr 1.07，Ti 0.12；试样 B 的成分（质量分数,%）为 C 0.21，Si 0.28，Mn 0.92，Cr 1.08，Ti 0.14）

**表 5-17 20CrMnTi 钢的热处理工艺参数**

| 项目 | 正火 | 淬火 | 回火 | 渗碳 | 渗碳后淬火 | | 回火 |
|---|---|---|---|---|---|---|---|
| | | | | | 一次 | 二次 | |
| 加热温度/℃ | 950~970 | 850~880 | 500~650 | 900~920 | 870~890 | 860~880 | 180~200 |
| 冷却方式 | 空冷 | 油冷 | 空冷 | | 油冷 | 油冷 | 空冷 |
| 硬度 | HB 156~207 | | 按需要 | | | | 渗层 HRC56~62<br>心部 HRC30~45 |

注：也采用降温至 820~850 ℃后直接油淬。

### 5.2.4.3 过冷奥氏体转变曲线

20CrMnTi 钢的过冷奥氏体转变曲线如图 5-5 所示。

### 5.2.4.4 离子渗氮后的硬度梯度曲线

20CrMnTi 钢离子渗氮后的硬度梯度曲线（并与其他钢种比较）如图 5-6 所示。

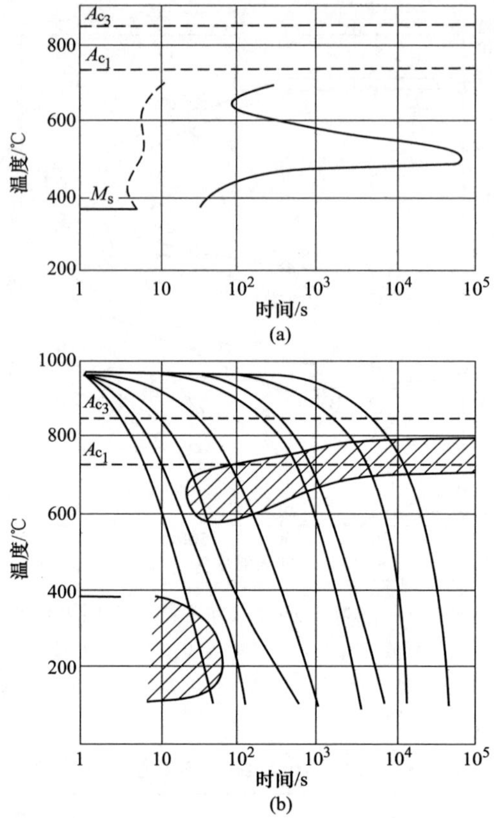


图 5-5　20CrMnTi 钢的过冷奥氏体转变曲线

（试验用钢主要成分（质量分数,%）为 C 0.21，Si 0.28，Mn 0.92，Cr 1.08，Ti 0.14）

（a）等温转变曲线，奥氏体化温度 880 ℃；（b）连续冷却转变曲线，奥氏体化温度 950 ℃

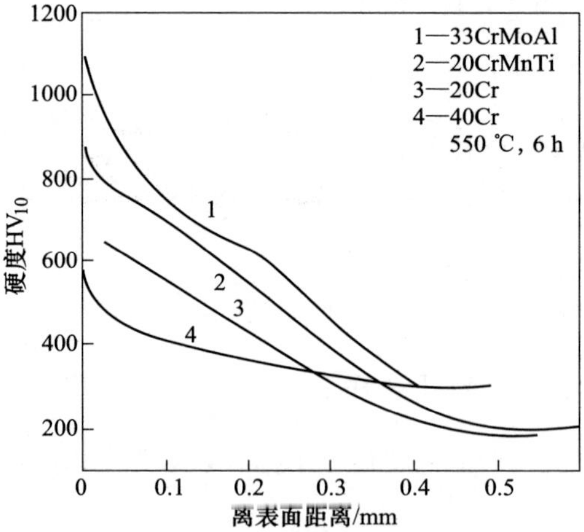


图 5-6　20CrMnTi 钢离子渗氮后的硬度梯度曲线（并与其他钢种比较）

#### 5.2.4.5 碳氮共渗时间与渗层深度的关系及淬透性曲线

20CrMnTi 钢碳氮共渗时间与渗层深度的关系如图 5-7 所示，20CrMnTi 钢淬透性带如图 5-8 所示，20CrMnTi 钢的淬火临界直径如表 5-18 所示。

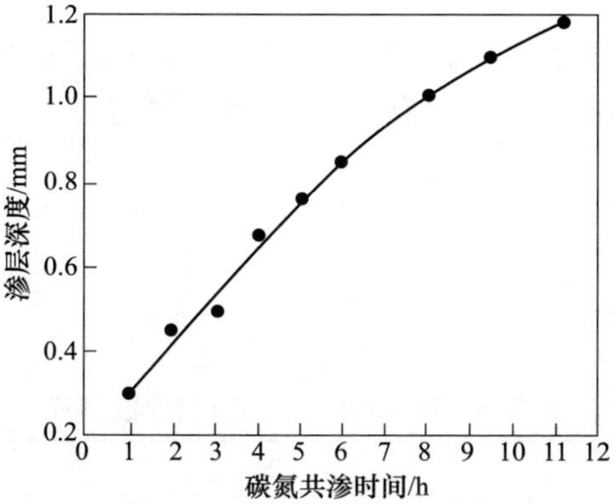


图 5-7 20CrMnTi 钢碳氮共渗时间与渗层深度的关系

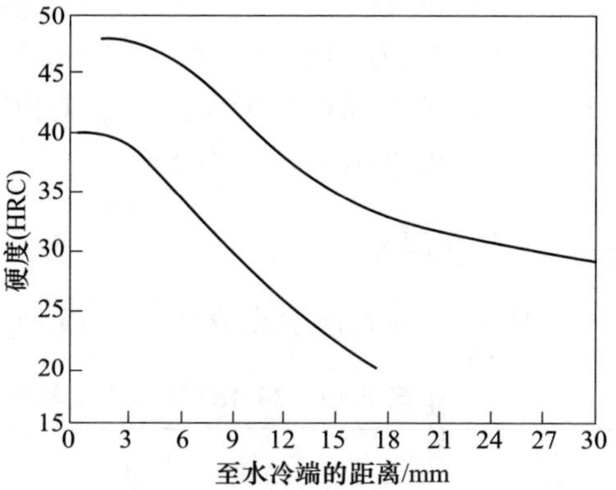


图 5-8 20CrMnTi 钢淬透性带

**表 5-18 20CrMnTi 钢的淬火临界直径** (mm)

| 最小值 | | 最大值 | |
|---|---|---|---|
| 水中 | 油中 | 水中 | 油中 |
| $\frac{35}{25}$ | $\frac{20}{10}$ | $\frac{55}{40}$ | $\frac{40}{25}$ |

注：分子为半马氏体时数值，分母为 90%马氏体时数值。

### 5.2.5 主要生产厂

20CrMnTi 钢主要由大冶特殊钢公司、抚顺特殊钢公司、南京钢铁股份有限公司、西宁特殊钢公司、石家庄钢铁公司等企业生产。

## 5.3 20MnVB 钢

20MnVB 钢具有良好的淬透性，比 20CrMnTi 钢稍好，更优于 20Cr 钢，对提高渗碳零件的心部性能有利。这种钢热处理工艺性能良好，渗碳速度与 20CrMnTi 近似，较 20Cr 钢稍慢（10%～15%）。在正常的渗碳温度下（920～960 ℃）晶粒不显著长大，渗碳后可降温直接淬火。20MnVB 渗碳零件的热处理变形情况尚好，但与 20CrMnTi 和 20MnTiB 钢比则变形倾向较大。渗碳层碳浓度不高，渗碳后冷却不当，表面层会发生贫碳现象，对于渗碳淬火后不再磨削加工的零件应注意。渗碳层中碳浓度梯度变化平缓，不会引起钢组织和性能的突然变化，淬火后残余奥氏体含量甚少，淬火后有高的硬度、强度、耐磨性和疲劳极限，而且有较好的低温冲击韧性。

这种钢的锻造性能良好，锻后正火硬度较低，不需要附加高温回火，被切削加工性能也较好。

这种钢的用途和 20Cr 钢、20MnTiB 钢近似，用于制造承受中、高载荷和冲击的零件，如机床和汽车齿轮、轴类和轴套类零件、离合器、机床主轴等。

此钢也可以用于制作连接套。

## 5.3.1　化学成分

20MnVB 钢的化学成分如表 5-19 所示。

**表 5-19　20MnVB 钢的化学成分（GB/T 3077—2015）**　（质量分数,%）

| C | Si | Mn | V | B | S | P |
|---|---|---|---|---|---|---|
| 0.17~0.23 | 0.17~0.37 | 1.20~1.60 | 0.07~0.12 | 0.0008~0.0035 | ≤0.035 | ≤0.035 |

## 5.3.2　临界温度

20MnVB 钢的临界温度如表 5-20 所示。

**表 5-20　20MnVB 钢的临界温度**

| $A_{c_1}$ | $A_{c_3}$ | $A_{r_3}$ | $A_{r_1}$ |
|---|---|---|---|
| 720 | 840 | 770 | 635 |

注：试验用钢主要成分（质量分数,%）为 C 0.20，Si 0.33，Mn 1.00，V 0.06，B 0.0025，P 0.018，S 0.016。

## 5.3.3　力学性能

### 5.3.3.1　室温抗拉、冲击性能及硬度

20MnVB 钢的室温抗拉、冲击性能及硬度如表 5-21 所示。

**表 5-21　20MnVB 钢的室温抗拉、冲击性能及硬度**

| 热处理毛坯直径/mm | 试样状态 | $R_m$/MPa | $R_{eL}$/MPa | $A$/% | $Z$/% | $KU_2$/J |
|---|---|---|---|---|---|---|
| 15① | 860 ℃淬油，200 ℃回火，空冷或水冷 | ≥1080 | ≥885 | ≥10 | ≥45 | ≥55 |
| 25 | 860~880 ℃正火 | 579 | 360 | 330 | 669 | 126 |

续表 5-21

| 热处理毛坯直径/mm | 试样状态 | $R_m$ /MPa | $R_{p0.2}$ /MPa | $A$/% | $Z$/% | $KU_2$/J | 硬度(HBW) |
|---|---|---|---|---|---|---|---|
| 15 | 930 ℃加热 8 h，淬油，200 ℃回火 | 1400 | 1118 | 12 | 40.0 | 66 | 375 |
| | 930 ℃加热 8 h，降温至 850 ℃，淬油，200 ℃回火 | 1440 | 1157 | 12 | 50.0 | 67 | 387 |
| | 930 ℃加热 8 h，降温至 825 ℃，淬油，200 ℃回火 | 1430 | 1177 | 12 | 52.0 | 70 | 389 |
| | 930 ℃加热 8 h，降温至 800 ℃，淬油，200 ℃回火 | 1440 | 1118 | 12 | 54.0 | 73 | 387 |
| | 930 ℃加热 8 h，降温至 775 ℃，淬油，200 ℃回火 | 1430 | 1205 | 13 | 53.0 | 70 | 364 |
| 25 | 950~970 ℃正火，890 ℃淬火，200 ℃回火 1 h | 1480 | 1235 | 13.5 | 54 | 59 | HRC44 |

①摘自 GB/T 3077—2015。

#### 5.3.3.2 弯曲及冲击吸收能量

20MnVB 钢渗碳淬火后的弯曲及冲击吸收能量如表 5-22 所示。

**表 5-22 20MnVB 钢渗碳淬火后的弯曲及冲击吸收能量**

| 试验项目 | 试样尺寸及试验条件 | 热处理 | 试验结果 | 备注 |
|---|---|---|---|---|
| 无缺口弯曲试验 | 15 mm×15 mm×100 mm，支距 80 mm | 930 ℃气体渗碳 2.5~3 h，840 ℃淬油，200 ℃回火 1.5 h | 抗弯强度 $\sigma_{bb}$ = 1960 MPa | 表面硬度 HRC59~61 |
| 缺口弯曲试验 | 15.3 mm×15.3 mm×100 mm，缺口深 0.3 mm，支距 80 mm | | 抗弯强度 $\sigma_{bb}$ = 1825 MPa | 渗碳层深度 0.93~1.02 mm |
| 冲击试验 | 15 mm×15 mm×100 mm，无缺口，支距 80 mm | | 冲击吸收能量 $KU_2$ = 146~177 J | |
| 薄片弯曲试验 | 2 mm×12 mm×80 mm，支距 50 mm | | 抗弯强度 $\sigma_{bb}$ = 1865 MPa | 基本渗透表面硬度 HRC58~59 |

#### 5.3.3.3 渗碳淬火，并于不同温度回火后的硬度

20MnVB 钢渗碳淬火后于不同温度回火对硬度的影响如图 5-9 所示。

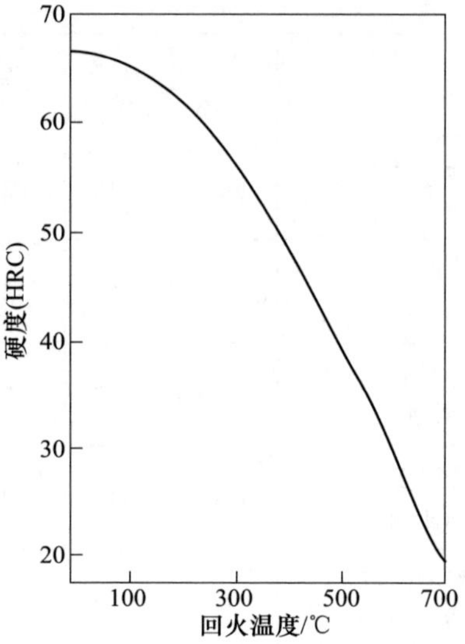


图 5-9　20MnVB 钢渗碳淬火后于不同温度回火对硬度的影响
（试验用钢主要成分（质量分数,%）为 C 0.24，Mn 1.07，V 0.083，B 0.0049；
气体渗碳后，810~860 ℃淬入 57~60 ℃油中）

### 5.3.3.4　温度对冲击韧性的影响

温度对 20MnVB 钢冲击性能的影响如图 5-10 所示。

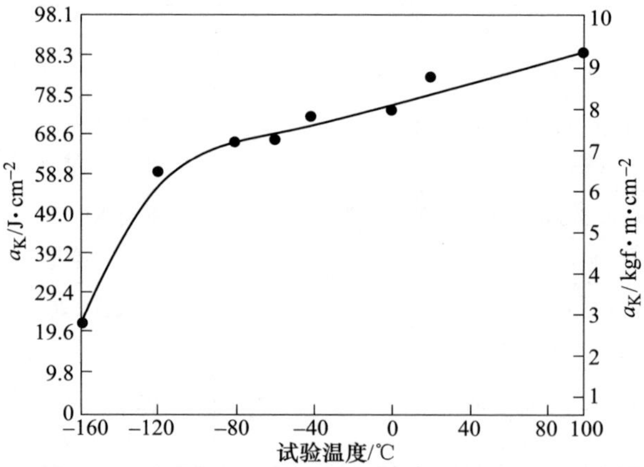


图 5-10　温度对 20MnVB 钢冲击性能的影响
（试验用钢主要成分（质量分数,%）为 C 0.20，Mn 1.00，V 0.06，B 0.0025；
930 ℃加热，降温至 840 ℃淬火，200 ℃回火）

## 5.3.4 工艺性能

### 5.3.4.1 热成型工艺参数

20MnVB 钢的热成型工艺参数如表 5-23 所示。

表 5-23 20MnVB 钢的热成型工艺参数

| 开始温度/℃ | 终止温度/℃ | 冷却方式 |
|---|---|---|
| 1200 | 850 | 空冷 |

### 5.3.4.2 热处理工艺参数

20MnVB 钢的热处理工艺参数如表 5-24 所示。

表 5-24 20MnVB 钢的热处理工艺参数

| 项目 | 正火 | 渗碳 | 降温淬火 | 淬火 | 回火 |
|---|---|---|---|---|---|
| 加热温度/℃ | 950~970 | 920~940 | 800~830 | 780~840 | 180~200 |
| 冷却方式 | 空冷 | 650~700 ℃<br>出炉空冷 | 油冷 | 油冷或水冷 | 空冷 |
| 硬度 | HB149~179 | HRC≤30 | | HRC≥60 | 表面 HRC56~62<br>心部 HRC30~45 |

### 5.3.4.3 等温转变曲线、渗碳层碳浓度梯度曲线、淬透性带

20MnVB 钢（渗碳后）的等温转变曲线如图 5-11 所示。

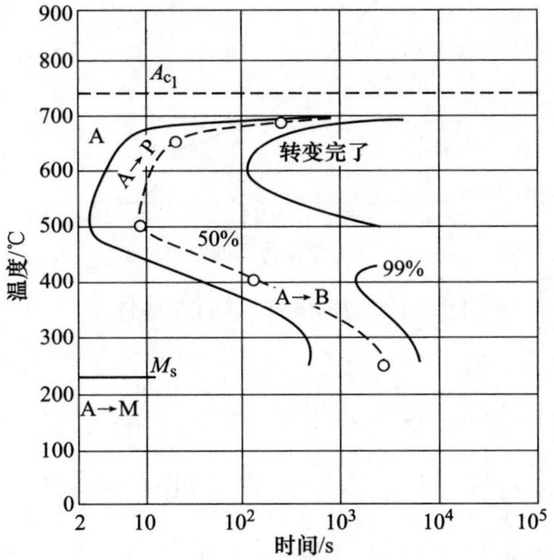


图 5-11 20MnVB 钢（渗碳后）的等温转变曲线
（奥氏体化温度 810 ℃）

20MnVB 钢渗碳层的碳浓度梯度曲线如图 5-12 所示。

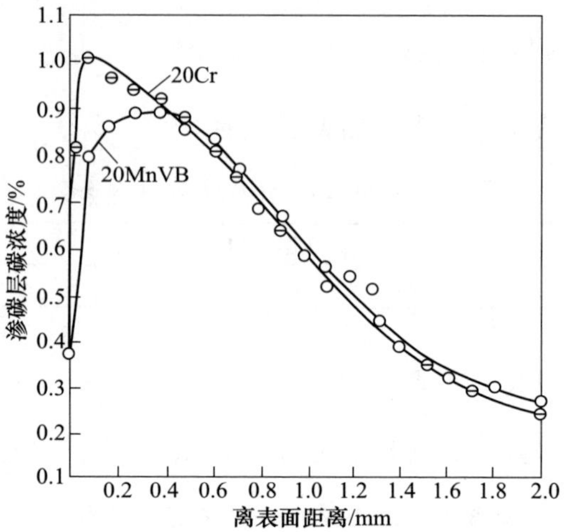


图 5-12　20MnVB 钢渗碳层的碳浓度梯度曲线（并与 20Cr 钢比较）

（试验用钢主要成分（质量分数,%）为 C 0.20，Mn 1.27，V 0.17，B 0.002；940 ℃渗碳，保温 7 h，炉中冷却）

20MnVB 钢淬透性带如图 5-13 所示。

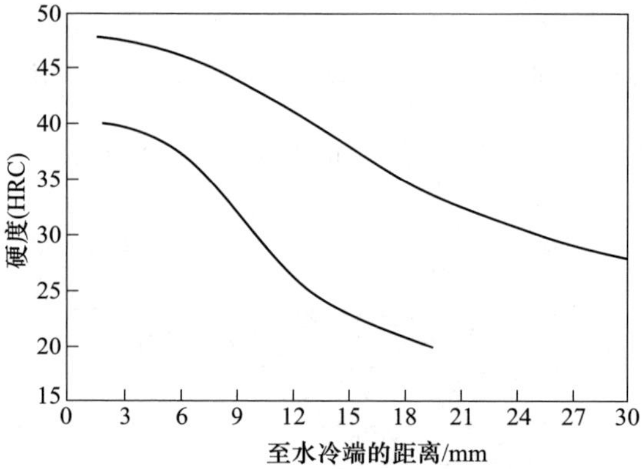


图 5-13　20MnVB 钢的淬透性带

#### 5.3.4.4　渗碳时间与渗碳层深度的关系

20MnVB 钢渗碳时间与渗碳层深度的关系如图 5-14 所示。

#### 5.3.4.5　渗碳温度与渗碳层深度的关系

20MnVB 钢渗碳温度与渗碳层深度的关系如图 5-15 所示。

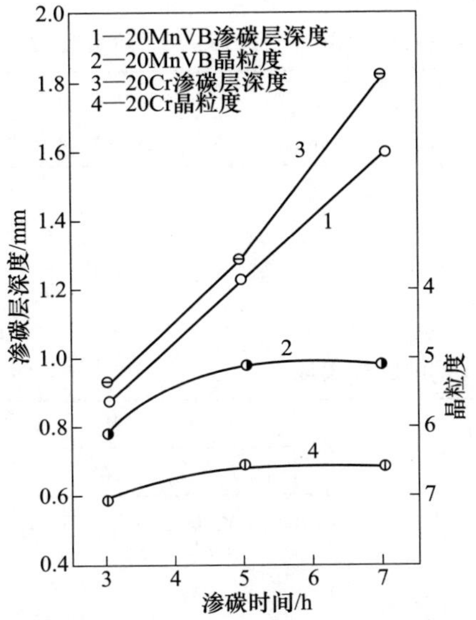


图 5-14　20MnVB 钢渗碳时间与渗碳层深度的关系（并与 20Cr 钢比较）
（渗碳温度 940 ℃）

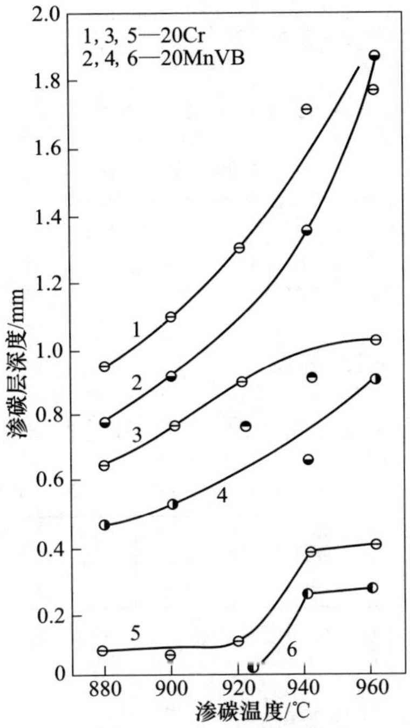


图 5-15　20MnVB 钢渗碳温度与渗碳层深度的关系（并与 20Cr 钢比较）
（固体（木炭+$BaCO_3$10%）渗碳，保温 8 h）

5.3.4.6　渗碳后淬火加热温度对硬度的影响

20MnVB 钢渗碳后淬火加热温度对硬度的影响如图 5-16 所示。

### 5.3.5　主要生产厂

20MnVB 钢主要由大冶特殊钢公司、抚顺特殊钢公司、南京钢铁股份有限公司、西宁特殊钢公司、石家庄钢铁公司等企业生产。

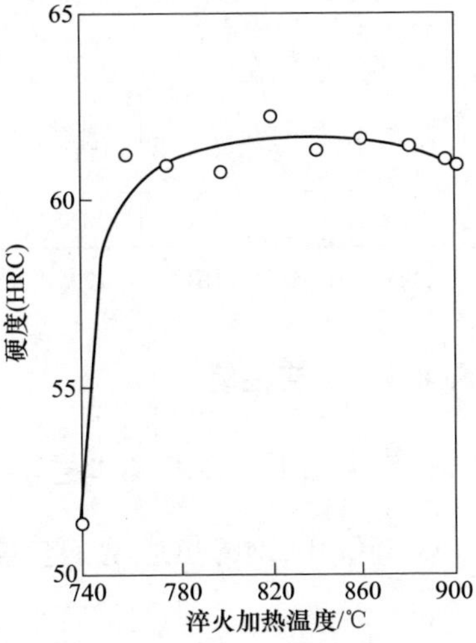


图 5-16　20MnVB 钢渗碳后淬火加热温度对硬度的影响
（淬火介质 160 ℃硝盐浴）

## 5.4　35CrMo 钢

35CrMo 钢用于制造承受冲击、弯扭、高载荷的各种机器中的重要零件和在高负荷下工作的重要结构件，可用作螺纹钎杆的连接套及高压潜孔冲击器外套管等。

### 5.4.1　化学成分

35CrMo 钢的化学成分如表 5-25 所示。

表 5-25　35CrMo 钢的化学成分（GB/T 3077—2015）　（质量分数，%）

| C | Si | Mn | P | S | Mo | Cu | Cr |
|---|---|---|---|---|---|---|---|
| 0. 32～0. 40 | 0. 17～0. 37 | 0. 40～0. 70 | ≤0. 025 | ≤0. 025 | 0. 15～0. 25 | ≤0. 20 | 0. 80～1. 10 |

### 5.4.2　临界温度

35CrMo 钢的临界温度如表 5-26 所示。

表 5-26　35CrMo 钢的临界温度　（℃）

| $A_{c_1}$ | $A_{c_3}$ | $M_s$ |
|---|---|---|
| 740 | 790 | 340 |

注：用钢成分（质量分数，%）为 C 0. 37，Si 0. 15，Mn 0. 77，Cr 0. 98，Mo 0. 21。

### 5.4.3　力学性能

35CrMo 钢热处理后的力学性能如表 5-27 所示。

表 5-27　35CrMo 钢热处理后的力学性能（GB/T 3077—2015）

| 热处理制度 | | | | 力学性能 | | | | |
|---|---|---|---|---|---|---|---|---|
| 淬火 | | 回火 | | | | | | |
| 温度/℃ | 冷却介质 | 温度/℃ | 冷却介质 | $R_m$ /MPa | $R_{eL}$ /MPa | A/% | Z/% | $KU_2$/J |
| 850±5 | 油 | 550 | 水或油 | ≥980 | ≥835 | ≥12 | ≥45 | ≥63 |

注：布氏硬度（HBW）（退火或高温回火状态）≤229。

### 5.4.4　工艺性能

#### 5.4.4.1　热成型工艺参数

35CrMo 钢的热成型工艺参数如表 5-28 所示。

表 5-28　热成型工艺参数

| 加热温度/℃ | 开始温度/℃ | 终止温度/℃ | 冷却方式 |
|---|---|---|---|
| ≤1200 | 1150～1180 | 850 | >$\phi$50 mm 时缓冷 |

### 5.4.4.2　热处理

A　热处理制度对性能的影响

热处理制度对 35CrMo 钢性能的影响如图 5-17 所示。

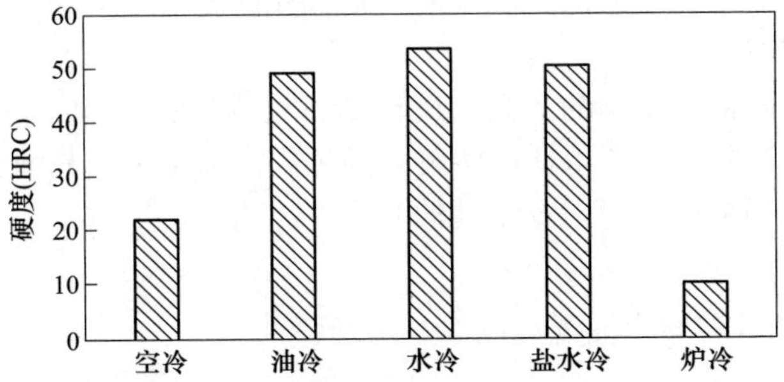


图 5-17　热处理制度对 35CrMo 钢性能的影响

B　热处理加热后的冷却制度对硬度的影响

热处理加热后的冷却制度对 35CrMo 钢硬度的影响如表 5-29 所示。

**表 5-29　热处理加热后的冷却制度对 35CrMo 钢硬度的影响**

| 冷却制度 | 空冷 | 油冷 | 水冷 | 盐水冷 | 炉冷 |
|---|---|---|---|---|---|
| 硬度（HRC） | 21.5 | 48.8 | 52.9 | 50 | 10 |

C　不同冷却制度下回火温度与硬度的关系曲线

35CrMo 钢不同冷却制度下回火温度与硬度的关系曲线如图 5-18 所示。

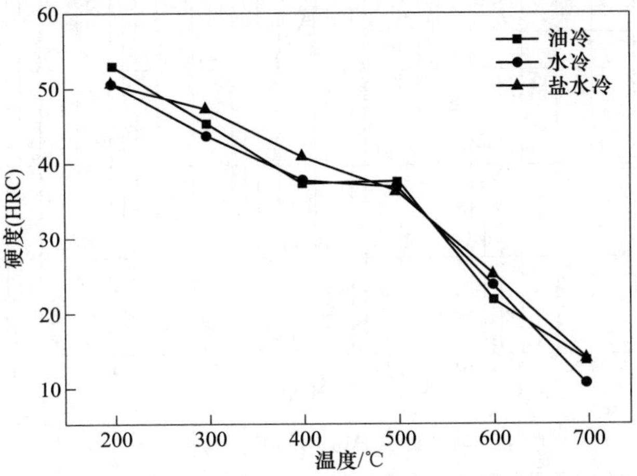


图 5-18　不同冷却制度下回火温度与硬度关系曲线

D　35CrMo 钢的回火温度对试样性能的影响

a　硬度

低温回火：所得到的试样硬度基本没有变化。中温回火：试样硬度显著下降；值得注意的是，在 500 ℃回火温度附近出现一个平台甚至曲线略有上升，分析认为这是由二次硬化造成的。高温回火：试样硬度持续下降。

b　强度和塑性

结果表明，随回火温度的提高，试样的各类强度指标均下降同时塑性上升，这是因为高温时晶粒长大和溶质的溶解，导致固溶强化和细晶强化等强化机制的减弱，从而使试样强度下降以及塑性的升高。

E　过冷奥氏体转变曲线

35CrMo 钢的等温转变曲线如图 5-19 所示。

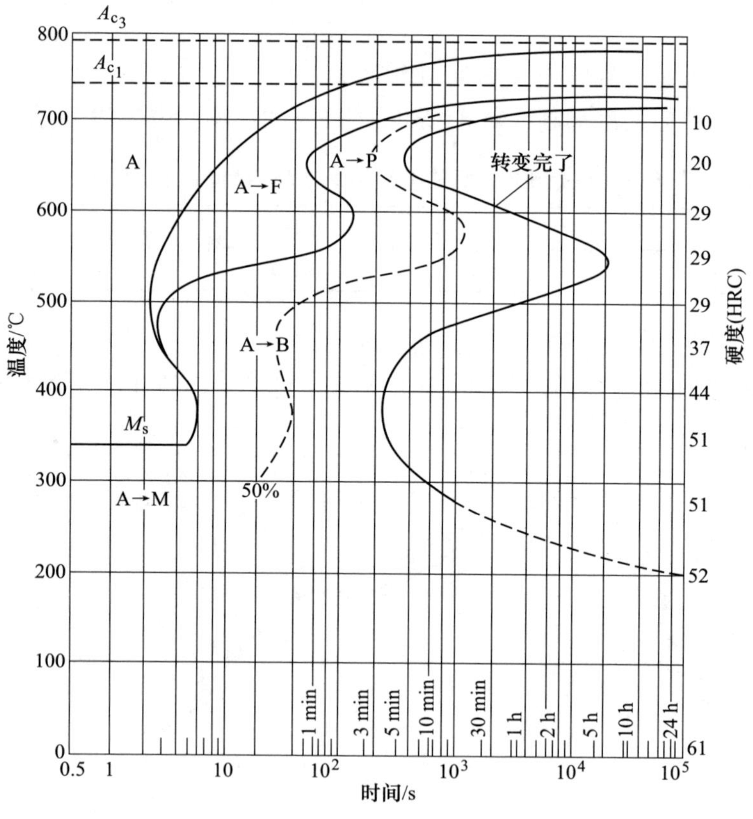


图 5-19　35CrMo 钢的等温转变曲线

（用钢成分（质量分数,%）为 C 0.37，Si 0.15，Mn 0.77，Cr 0.98，Mo 0.21）

35CrMo 钢的连续冷却曲线如图 5-20 所示。

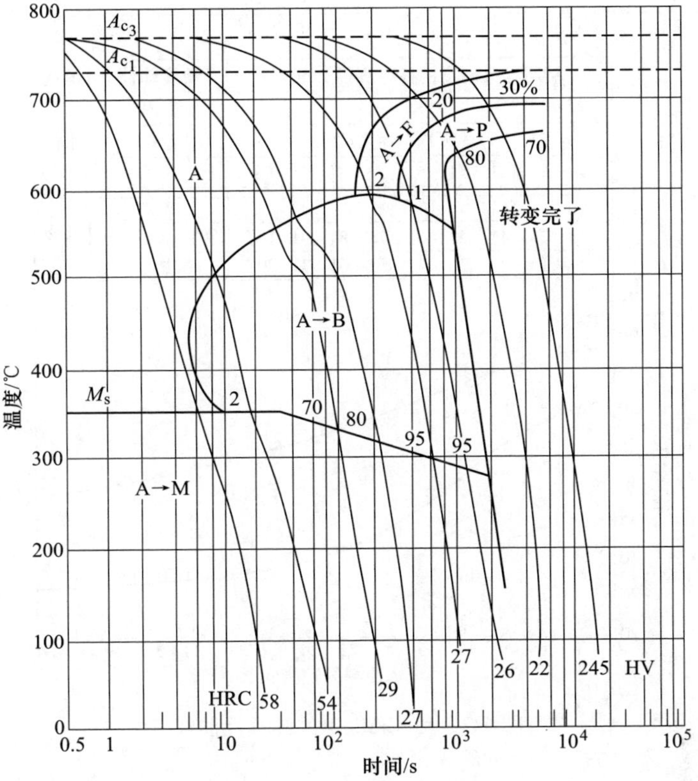


图 5-20 35CrMo 钢的连续冷却曲线

（用钢成分（质量分数,%）为 C 0.38，Si 0.23，Mn 0.64，Cr 0.99，Mo 0.16）

F 淬透性曲线

35CrMo 钢的淬透性曲线如图 5-21 所示。

G 淬火临界直径

35CrMo 钢的淬火临界直径如表 5-30 所示。

**表 5-30 淬火临界直径**

| 淬火介质 | 静油 | 20 ℃水 | 40 ℃水 | 20 ℃5%NaCl 水溶液 |
|---|---|---|---|---|
| 临界直径/mm | 25 | 42 | 38 | 43 |

| 成分/% | C | Si | Mn | Cr | Mo |
|---|---|---|---|---|---|
| | 0.32~0.38 | 0.20~0.35 | 0.60~1.00 | 0.75~1.20 | 0.15~0.25 |
| 晶粒度 | — | 奥氏体化温度/℃ | | 845 | |

| 相同淬火硬度的棒料直径/mm | 硬度部位 | 淬火 |
|---|---|---|
| 97 | 表面 | 水淬 |
| 28 51 74 97 122 147 170 | 距中心3/4半径 | 水淬 |
| 18 31 41 51 61 71 81 91 99 | 中心 | 水淬 |
| 20 46 64 76 86 97 | 表面 | 油淬 |
| 13 25 41 51 61 71 81 91 102 | 距中心3/4半径 | 油淬 |
| 5 15 25 36 43 51 61 71 79 | 中心 | 油淬 |

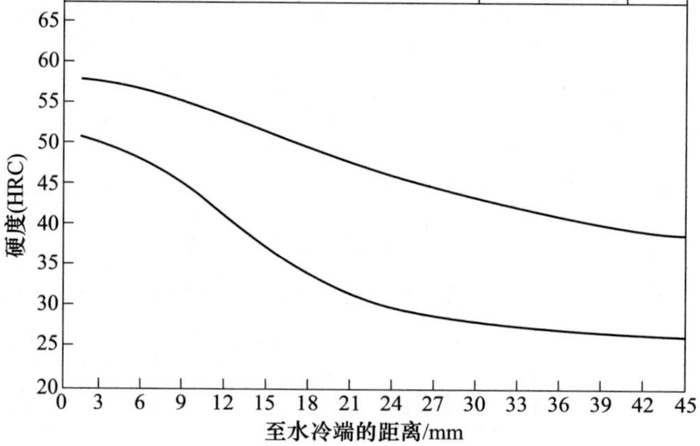


图 5-21　35CrMo 钢的淬透性曲线

### 5.4.5　主要生产厂

35CrMo 钢主要由大冶特殊钢公司、抚顺特殊钢公司、南京钢铁股份有限公司、西宁特殊钢公司、石家庄钢铁公司等企业生产。

## 5.5　40Cr 钢

40Cr 钢的抗拉强度与屈服强度比相应的碳素钢约高 20%，并具有良好的淬透性。断面在 50 mm 以下时，油淬后无自由铁素体析出，故有较高的疲劳强度。当碳含量近下限时，经淬火与回火后，除能获得较高的强度外，还有良好的韧性。这种钢多用来制造较重要的调质零件，如在交变载荷下工作的零件，中等转速和中等载荷的零件，表面淬火后可用作载荷及耐磨性要求较高，而无很大冲击的零件，如齿轮、套筒、轴、曲轴、销、连杆用螺钉和螺帽以及进气阀等。

这种钢也适于制造进行碳氮共渗处理的传动机件，直径较大和要求低温韧性的齿轮与轴。此外，还可以作冷顶锻钢用。用作需要高频淬火的零件时，钢的碳含量上限不宜超过 0.42%，且在处理前需先将心部调质为索氏体组织。

这种钢的碳含量和合金含量不宜在下限，否则将因淬透性的降低而使综合力学性能变坏，此钢切削加工性尚好，当硬度（HBW）为 174~229 时，相对加工性为 60%，其冷变形的塑性中等，冷顶锻前最好予以球化处理，但其切削加工性将因之变坏。

该钢也可制作连接套。

## 5.5.1 化学成分

40Cr 钢的化学成分如表 5-31 所示。

**表 5-31 40Cr 钢的化学成分（GB/T 3077—2016）**（质量分数,%）

| C | Si | Mn | Cr | S | P | Ni | Cu |
|---|---|---|---|---|---|---|---|
| 0.37~0.44 | 0.17~0.37 | 0.50~0.80 | 0.80~1.10 | ≤0.035 | ≤0.035 | ≤0.30 | ≤0.30 |

## 5.5.2 物理性能

40Cr 钢的物理性能如表 5-32 所示。

**表 5-32 40Cr 钢的物理性能**

| 临界温度（近似值）/℃ | | | | | 在下列温度时的导热系数 $\lambda$/W·(m·K)$^{-1}$ | | | | | |
|---|---|---|---|---|---|---|---|---|---|---|
| $A_{c_1}$ | $A_{c_3}$ | $A_{r_3}$ | $A_{r_1}$ | $M_s$ | 100 ℃ | 200 ℃ | 300 ℃ | 400 ℃ | 500 ℃ | 600 ℃ |
| 745 | 800 | 730 | 693 | 325 | 33 | 31 | 29 | 28 | 27 | 26 |

在 20 ℃与下列温度间的线膨胀系数 $\alpha$/℃$^{-1}$

| 200 ℃ | 300 ℃ | 400 ℃ | 500 ℃ | 600 ℃ | 700 ℃ |
|---|---|---|---|---|---|
| $12.0\times10^{-6}$ | $13.4\times10^{-6}$ | $13.4\times10^{-6}$ | $15.1\times10^{-6}$ | $15.4\times10^{-6}$ | $15.5\times10^{-6}$ |

## 5.5.3 力学性能

### 5.5.3.1 弹性模量和切变弹性模量

40Cr 钢的弹性模量 $E$ 为 202 GPa，切变弹性模量 $G$ 为 78 GPa。

### 5.5.3.2 室温抗拉及冲击性能

40Cr 钢的室温抗拉及冲击性能如表 5-33 所示。

表 5-33　40Cr 钢的室温抗拉及冲击吸收能量

| 序号 | 试样热处理状态 | $R_m$/MPa | $R_{eL}$/MPa | $A$/% | $Z$/% | $KU_2$/J |
|---|---|---|---|---|---|---|
| 1 | 850 ℃油淬，520 ℃回火，水冷或油冷 | ≥980 | ≥785 | ≥9 | ≥45 | 47 |
| 2 | 860 ℃正火 | 726 | 451 | 17 | 62 | 85 |
| 3 | 850 ℃油淬，500 ℃回火 | 1010 | 853 | 11 | 48 | 55 |

注：所有试样热处理毛坯直径均为 25 mm；序号 1 摘自 GB/T 3077—2015，序号 2、3 为实测数据；序号 2 所用试样成分（质量分数,%）为 C 0.44，Si 0.26，Mn 0.60，Cr 1.07。

#### 5.5.3.3　油淬并在不同温度回火后的力学性能

40Cr 钢由 850 ℃油淬并在不同温度回火后的力学性能如图 5-22 所示。

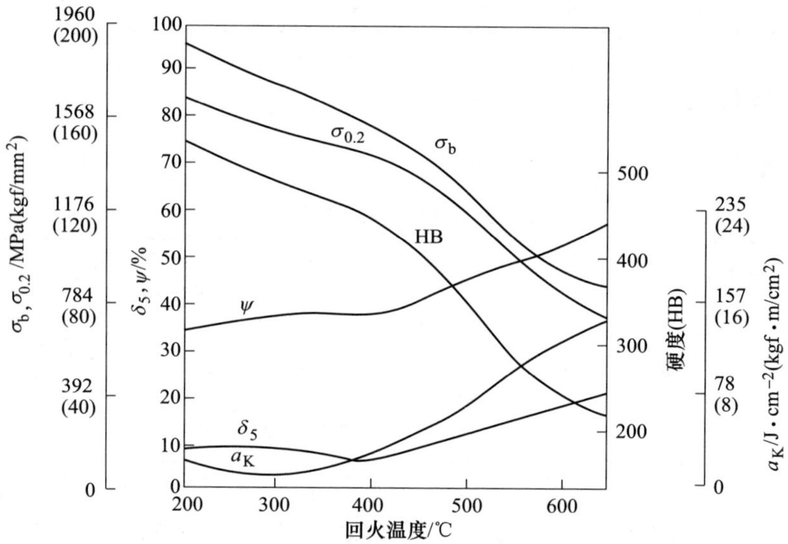


图 5-22　40Cr 钢由 850 ℃油淬并在不同温度回火后的力学性能
（试验用钢主要成分（质量分数,%）为 C 0.40，Mn 0.66，Cr 0.97；试样热处理毛坯直径为 12 mm）

#### 5.5.3.4　不同截面毛坯调质后的力学性能

40Cr 钢的不同截面毛坯调质后的力学性能如表 5-34 所示。

#### 5.5.3.5　疲劳极限

40Cr 钢的疲劳极限如表 5-35 所示。

表 5-34 40Cr 钢的不同截面毛坯调质后的力学性能（不小于）

| 热处理状态 | 热处理用毛坯直径/mm | 试样状态 | $R_m$/MPa | $R_{eL}$/MPa | $A$/% | $Z$/% | $KU_2$/J | 硬度(HBW) |
|---|---|---|---|---|---|---|---|---|
| 850 ℃油淬，500 ℃回火 | 12.5 | 中心 | 1221 | 1123 | 13.0 | 54.0 | 62 | 341 |
| | 25 | 中心 | 1064 | 843 | 14.0 | 56.0 | 59 | 311 |
| | 50 | 中心 | 922 | 814 | 15.5 | 55.0 | 59 | 255 |
| | 100 | 1/2 半径 | 937 | 794 | 17.0 | 50.5 | 46 | 269 |
| 850 ℃油淬，575 ℃回火 | 12.5 | 中心 | 995 | 922 | 16.5 | 58.0 | 94 | 302 |
| | 25 | 中心 | 912 | 780 | 17.0 | 60.0 | 105 | 255 |
| | 50 | 中心 | 799 | | 20.5 | 61.0 | 98 | 229 |
| | 100 | 1/2 半径 | 858 | 677 | 18.5 | 57.0 | 55 | 235 |
| 850 ℃油淬，650 ℃回火 | 12.5 | 中心 | 892 | 780 | 19.5 | 64.0 | 118 | 255 |
| | 25 | 中心 | 824 | 652 | 22.5 | 67.0 | 133 | 235 |
| | 50 | 中心 | 735 | 539 | 24.0 | 66.0 | 130 | 207 |
| | 100 | 1/2 半径 | 770 | | 21.5 | 62.0 | 74 | 207 |

注：试验用钢主要成分（质量分数,%）为 C 0.41，Si 0.30，Mn 0.62，Cr 0.87。

表 5-35 40Cr 钢的疲劳极限

| 试验用钢主要成分/% | | | | 热处理状态 | $\sigma_b$/MPa | $\sigma_{-1}$/MPa | $\sigma_{-1K}$/MPa |
|---|---|---|---|---|---|---|---|
| C | Si | Mn | Cr | | | | |
| 0.37 | 0.30 | 0.66 | 0.97 | 850 ℃油淬，500 ℃回火 | | 539 | |
| 0.42 | 0.29 | 0.69 | 0.87 | | 1010 | 559 | |
| 0.38 | 0.25 | 0.52 | 0.99 | 840 ℃油淬，然后分别在不同温度回火到所列抗拉强度水平 | 1966 | 623① | 490② |
| | | | | | 1471 | 608① | 422② |
| | | | | | 1103 | 520① | 382② |
| | | | | | 794 | 392① | 255② |

①14 mm 圆棒，粗加工成直径 6 mm 的试样（留有磨加工余量），然后进行热处理，最后进行磨削加工。

②试样缺口底部曲率半径 1 mm，缺口底部试样直径 6 mm。

#### 5.5.3.6 高温抗拉及冲击性能

40Cr 钢的高温抗拉及冲击性能如表 5-36 所示。

**表 5-36　40Cr 钢的高温抗拉及冲击吸收能量**

| 热处理状态 | 试验温度/℃ | $R_m$/MPa | $R_{eL}$/MPa | $A$/% | $Z$/% | $KU_2$/J |
|---|---|---|---|---|---|---|
| 820~840 ℃油淬，550 ℃回火 | 20 | 937 | 789 | 13.0 | 56.0 | 66 |
| | 200 | 888 | 706 | 15.0 | 42.0 | 94 |
| | 300 | 878 | 682 | 17.5 | 59.0 | |
| | 400 | 686 | 613 | 18.0 | 68.0 | 78 |
| | 450 | 588 | 539 | 18.5 | 76.0 | |
| | 500 | 490 | 431 | 21.0 | 81.0 | 62 |
| 820~840 ℃油淬，680 ℃回火 | 20 | 696 | 569 | 26.0 | 60.0 | 173 |
| | 200 | 647 | 476 | 17.5 | 67.0 | |
| | 400 | 593 | 427 | 19.0 | 71.0 | 169 |
| | 450 | 436 | 397 | 27.5 | 85.0 | |
| | 500 | 422 | 363 | 24.0 | 79.0 | 106 |
| | 550 | | | | | 98 |
| | 600 | 245 | 211 | 32.5 | 90.0 | |
| 820~840 ℃油淬，720 ℃回火 | 20 | 549 | 392 | 29.0 | 71.0 | 142 |
| | 300 | 564 | 324 | 19.5 | 66.0 | 212 |
| | 400 | 490 | 304 | 27.5 | 71.0 | 102 |
| | 450 | 412 | 294 | 24.0 | 75.0 | |
| | 500 | 314 | 245 | 28.5 | 78.0 | 82 |
| | 550 | 245 | 216 | 30.0 | 87.0 | |
| | 600 | 206 | 186 | 33.0 | 90.0 | 251 |

### 5.5.3.7　高温蠕变性能

40Cr 钢的高温蠕变性能如表 5-37 所示。

**表 5-37　40Cr 钢的高温蠕变性能**

| 试验温度/℃ | 425 | 540 |
|---|---|---|
| $\frac{\sigma_{0.1}}{1000}$/MPa | 124 | 20.6 |

注：试验用钢主要成分（质量分数,%）为 C 0.36，Mn 0.72，Cr 1.00；840 ℃油淬，560 ℃回火，硬度（HB）为 270。

### 5.5.3.8　低温冲击性能及冷脆转变温度

40Cr 钢的低温冲击性能及冷脆转变温度如表 5-38 所示。

**表 5-38　40Cr 钢的低温冲击性能及冷脆转变温度**

| 试验用钢编号 | 试样硬度（HRC） | 冷脆转变温度/℃ | | |
|---|---|---|---|---|
| | | $T_{90}$ | $T_{50}$ | $T_{10}$ |
| A | 25 | -40 | -80 | -120 |
| | 35 | 10 | -40 | -80 |
| B | 25 | -30 | -70 | -120 |
| | 35 | 15 | -20 | -70 |

注：1. 试验用钢成分见图 5-24。

2. $T_{90}$为宏观断口上纤维状组分占 90%的冷脆转变温度，余类推。

### 5.5.3.9　冲击性能与温度关系曲线

40Cr 钢的冲击性能与温度关系曲线如图 5-23 所示。

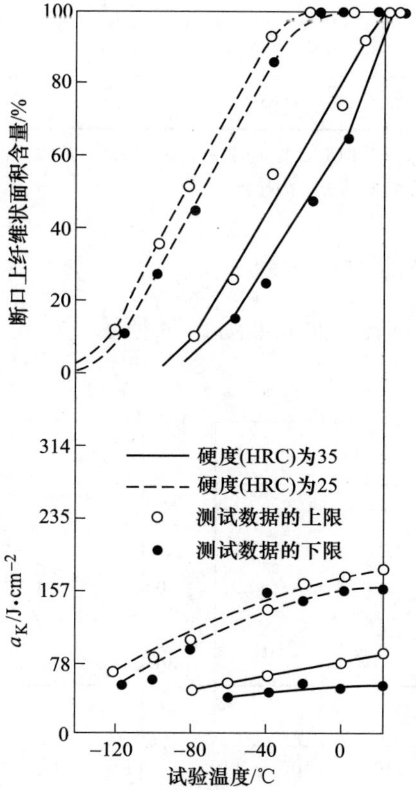


图 5-23　40Cr 钢的冲击性能与温度关系曲线

（试验用钢成分见图 5-24）

## 5.5.4　工艺性能

### 5.5.4.1　热成型工艺参数

40Cr 钢的热成型工艺参数如表 5-39 所示。

**表 5-39　40Cr 钢的热成型工艺参数**

| 开始温度/℃ | 终止温度/℃ | 冷却方式 |
|---|---|---|
| 1200 | 800 | 空冷；直径大于 15 mm 时，坑冷或砂冷 |

### 5.5.4.2　热处理工艺参数

40Cr 钢的热处理工艺参数如表 5-40 所示。

**表 5-40　40Cr 钢的热处理工艺参数**

| 项目 | 退火 | 正火 | 高温回火 | 淬火 | 淬火后回火 |
|---|---|---|---|---|---|
| 加热温度/℃ | 825~845 | 850~870 | 680~700 | 830~860 | 根据需要选定 |
| 冷却方式 | 炉冷 | 空冷 | 空冷 | 油冷或水冷 | 油冷或水冷 |

注：截面大于 30 mm 时可水淬；但形状复杂时易淬裂，以油淬或水淬油冷（双液淬火）为宜，此钢回火脆性倾向大。在较高温度回火后应快冷。

### 5.5.4.3　过冷奥氏体转变曲线

40Cr 钢的过冷奥氏体转变曲线如图 5-24 所示。

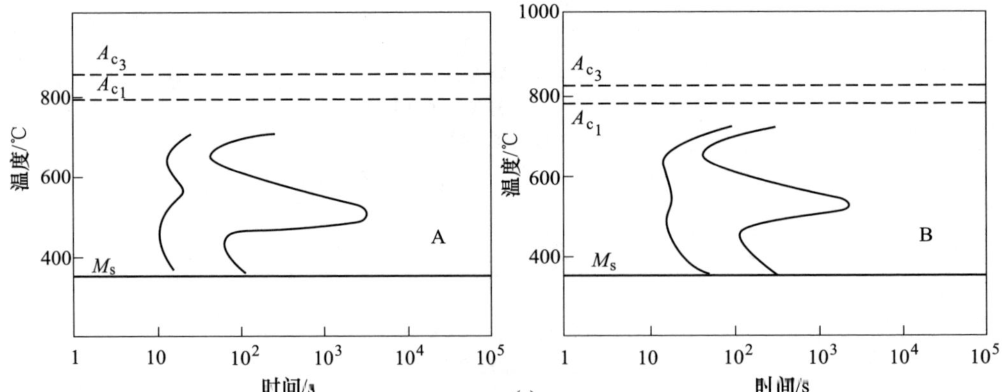

(a)

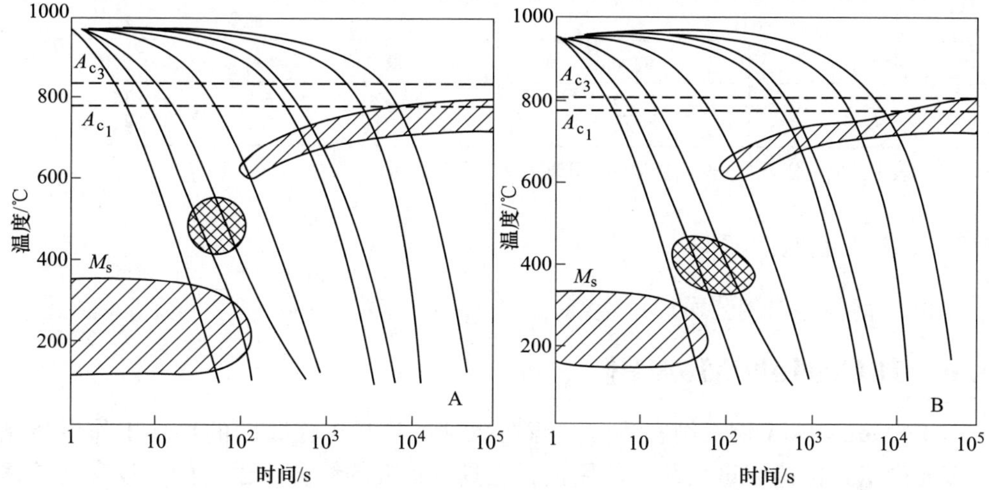


(b)

图 5-24 40Cr 钢的过冷奥氏体转变曲线

（试验用钢 A 主要成分（质量分数,%）为 C 0.37，Si 0.30，Mn 0.66，Cr 0.95；

试验用钢 B 主要成分（质量分数,%）为 C 0.42，Si 0.29，Mn 0.69，Cr 0.87）

（a）等温转变曲线，加热温度 850 ℃；（b）连续冷却转变曲线，加热温度 950 ℃

#### 5.5.4.4 淬透性

40Cr 钢的淬透性带如图 5-25 所示，临界淬火直径如表 5-41 所示。

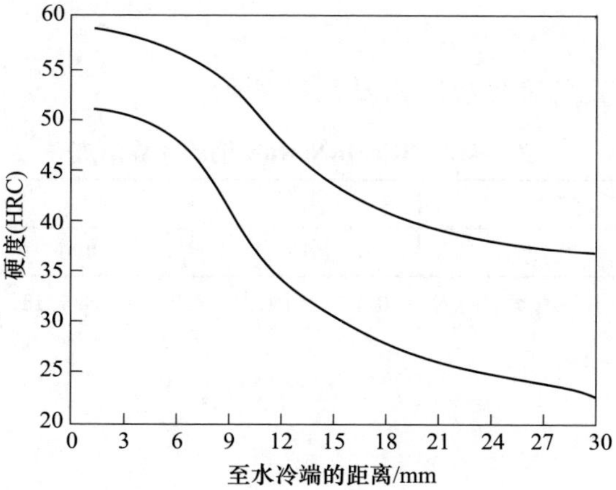


图 5-25 40Cr 钢的淬透性带

表 5-41　40Cr 钢的临界淬火直径　（mm）

| 水淬 | | 油淬 | |
|---|---|---|---|
| 最小值 | 最大值 | 最小值 | 最大值 |
| $\frac{35}{25}$ | $\frac{50}{40}$ | $\frac{20}{10}$ | $\frac{35}{25}$ |

注：表中数值，分子为 50%马氏体的，分母为 90%马氏体的。

### 5.5.5　主要生产厂

40Cr 钢各特殊钢公司均可生产。

## 5.6　18CrMnNiMoA 钢

18CrMnNiMoA 钢系结合我国资源在 20 世纪 70 年代我国的科技工作者研制的多元少量铬锰镍钼重负荷齿轮用钢，它具有良好的综合力学性能，较高的淬透性和较好的切削加工性，锻造时裂纹倾向小且不易产生磨削裂纹。可作为连接套用钢，推荐热处理工艺为碳氮共渗。

### 5.6.1　化学成分

18CrMnNiMoA 钢的化学成分如表 5-42 所示。

表 5-42　18CrMnNiMoA 钢的化学成分　（质量分数,%）

| C | Si | Mn | Cr | Ni | Mo | S，P | Cu |
|---|---|---|---|---|---|---|---|
| 0.15~0.21 | 0.20~0.40 | 1.10~1.40 | 1.00~1.30 | 1.00~1.30 | 0.20~1.30 | ≤0.02 | ≤0.25 |

### 5.6.2　临界温度

18CrMnNiMoA 钢的临界温度如表 5-43 所示。

表 5-43　18CrMnNiMoA 钢的临界温度　（℃）

| $A_{c_1}$ | $A_{c_3}$ | $A_{r_1}$ | $A_{r_3}$ | $M_s$ |
|---|---|---|---|---|
| 730 | 795 | 670 | 490 | 380 |

注：试样化学成分（质量分数,%）为 C 0.17，Mn 1.35，Cr 1.18，Ni 1.18，Mo 0.25；奥氏体化温度为 850 ℃。

### 5.6.3　力学性能

#### 5.6.3.1　常规力学性能

18CrMnNiMoA 钢的常规力学性能如表 5-44 所示。

表 5-44 18CrMnNiMoA 钢的常规力学性能

| 热处理制度 | | | | 力学性能 | | | | |
|---|---|---|---|---|---|---|---|---|
| 淬火 | | 回火 | | | | | | |
| 温度/℃ | 冷却介质 | 温度/℃ | 冷却介质 | $R_m$/MPa | $R_{p0.2}$/MPa | $A$/% | $Z$/% | $KU_2$/J |
| 830±10 | 油 | 200 | 空气 | ≥1496 | ≥1387 | ≥12 | ≥58 | ≥99 |

### 5.6.3.2 淬火温度与力学性能的关系

18CrMnNiMoA 钢的淬火温度与力学性能的关系如表 5-45 所示。

表 5-45 18CrMnNiMoA 钢的淬火温度与力学性能的关系

| 淬火温度/℃ | $R_m$/MPa | $R_{p0.2}$/MPa | $A$/% | $Z$/% | $KU_2$/J |
|---|---|---|---|---|---|
| 789 | 1176 | 877 | 14.6 | 56.0 | 97.2 |
| 800 | 1398 | 1164 | 13.5 | 69.9 | 98.8 |
| 820 | 1407 | 1172 | 13.5 | 58.0 | 106.6 |
| 840 | 1403 | 1170 | 14.6 | 58.9 | 99.6 |
| 860 | 1404 | 1159 | 13.7 | 58.6 | 108.9 |

注：力学性能为三个试样的平均值，试样回火温度为 200 ℃，保温 6 h。

### 5.6.3.3 不同回火温度时的力学性能

18CrMnNiMoA 钢不同回火温度时的力学性能如表 5-46 所示。

表 5-46 18CrMnNiMoA 钢不同回火温度时的力学性能

| 淬火温度/℃ | 回火温度/℃ | 硬度(HRC) | $R_m$/MPa | $R_{p0.2}$/MPa | $A$/% | $Z$/% | $KU_2$/J |
|---|---|---|---|---|---|---|---|
| 820~830 | 150 | 42.5 | 1411 | 1274 | 14.0 | 58.1 | 118 |
| | 200 | 43.5 | 1436 | 1333 | 14.3 | 61.7 | 118 |
| | 250 | 41.5 | 1401 | 1294 | 13.8 | 62.0 | 110 |
| | 300 | 39.0 | 1377 | | 13.3 | 63.2 | 89 |
| | 350 | 40.0 | 1318 | | 13.1 | 63.7 | 78 |
| | 400 | 38.0 | 1243 | 1178 | 12.7 | 62.5 | 88 |
| | 500 | 31.5 | 1019 | 875 | 14.8 | 66.7 | |
| | 600 | 22.0 | 801 | 747 | 21.2 | 75.5 | 219 |

### 5.6.3.4 渗碳淬火后的冲击吸收能量和静弯曲强度

18CrMnNiMoA 钢渗碳淬火后的冲击吸收能量和静弯曲强度如表 5-47 所示。

**表 5-47　18CrMnNiMoA 钢渗碳淬火后的冲击吸收能量和抗弯强度**

| 热处理工艺 | 冲击吸收能量 $KU_2$/J | 抗弯强度 $\sigma_{bb}$/MPa |
| --- | --- | --- |
| 920 ℃渗碳，650 ℃回火；830 ℃油淬，200 ℃回火 | 19.36 | 2107 |

#### 5.6.3.5　低温冲击吸收能量

18CrMnNiMoA 钢的低温冲击吸收能量如表 5-48 所示。

**表 5-48　18CrMnNiMoA 钢的低温冲击吸收能量**

| 试验温度/℃ | 17 | 0 | -20 | -40 | -60 | -80 |
| --- | --- | --- | --- | --- | --- | --- |
| 1 号样 $KU_2$/J | 104 | 100 | 78 | 72 | 72 | 69 |
| 2 号样 $KU_2$/J | 78 | 82 | 65 | 60 | 68 | 34 |

注：1 号样热处理工艺：试样经 830 ℃油淬，200 ℃回火 6 h，$KU_2$ 为两个试样的平均值；
2 号样热处理工艺：试样经 830 ℃油淬，250 ℃回火 6 h，$KU_2$ 为两个试样的平均值。

### 5.6.4　工艺性能

#### 5.6.4.1　热成型工艺参数

18CrMnNiMoA 钢的热成型工艺参数如表 5-49 所示。

**表 5-49　18CrMnNiMoA 钢的热成型工艺参数**

| 加热温度/℃ | 开始温度/℃ | 终止温度/℃ | 冷却方式 |
| --- | --- | --- | --- |
| ≤1250 | 1180～1200 | ≥850 | 缓冷 |

#### 5.6.4.2　热处理性能

（1）18CrMnNiMoA 钢的碳氮共渗：共渗温度为 800～830 ℃，共渗后直接油淬，其力学性能如表 5-50 所示。

**表 5-50　18CrMnNiMoA 钢碳氮共渗后的力学性能**

| 抗弯强度 $\sigma_{bb}$/MPa | 冲击吸收能量 $KU_2$/J | 表面硬度（HRC） | 心部硬度（HRC） |
| --- | --- | --- | --- |
| 2123，2123 | 43，53 | 57～58 | 44 |

（2）18CrMnNiMoA 钢的顶端淬透性曲线和截面淬透性曲线分别如图 5-26 和图 5-27 所示，从曲线可看出，该钢淬透性较高，直径 80 mm 的大截面试样在油中淬火，中心处硬度（HRC）在 37 以上。

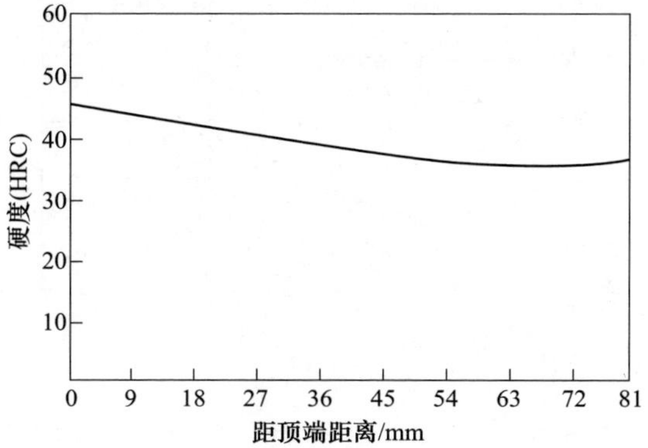


图 5-26　18CrMnNiMoA 钢的顶端淬透性曲线

（试样化学成分（质量分数,%）为 C 0.18，Mn 1.29，Cr 1.15，Ni 1.18，Mo 0.23；830 ℃水淬）

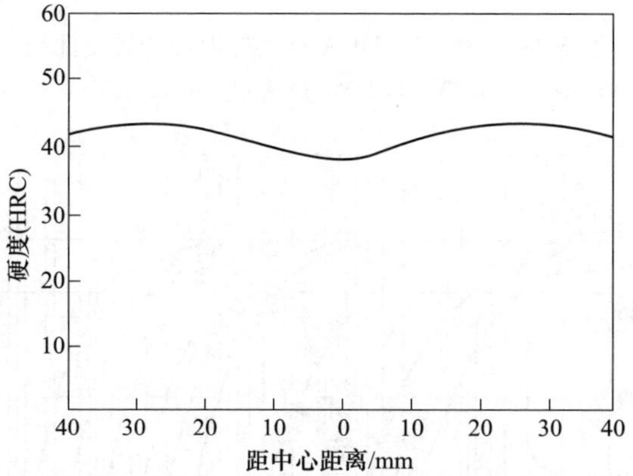


图 5-27　18CrMnNiMoA 钢的截面淬透性曲线

（试样化学成分（质量分数,%）为 C 0.18，Mn 1.36，Cr 1.26，Ni 1.19，Mo 0.25；860 ℃油淬）

（3）18CrMnNiMoA 钢的等温冷却转变曲线和连续冷却转变曲线如图 5-28 和图 5-29 所示。

### 5.6.5　主要生产厂

18CrMnNiMoA 钢可由大冶特殊钢公司、抚顺特殊钢公司、南京钢铁股份有限公司、西宁特殊钢公司等生产。

其他可制作螺纹钎具连接套用的钢种：35SiMnMoV 钢（见 2.1 节），40MnMoV 钢（见 4.1 节），40SiMnCrNiMo 钢（见 1.5 节），38CrNi3Mo 钢（见 1.3 节），22(24,27)SiMnNi2CrMoA 钢（见 1.6 节），38CrSiV 钢（见 1.4 节），40CrMnMo 钢（见 3.4 节）。

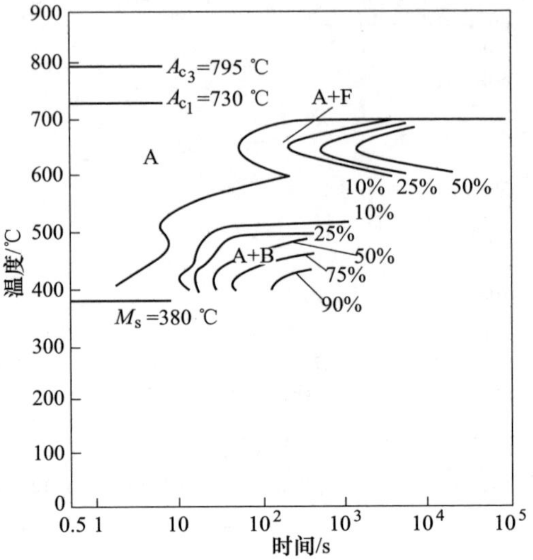


图 5-28　18CrMnNiMoA 钢的等温冷却转变曲线

（试样化学成分（质量分数,%）为 C 0.17，Mn 1.35，Cr 1.18，Ni 1.18，Mo 0.25；奥氏体化温度为 850 ℃）

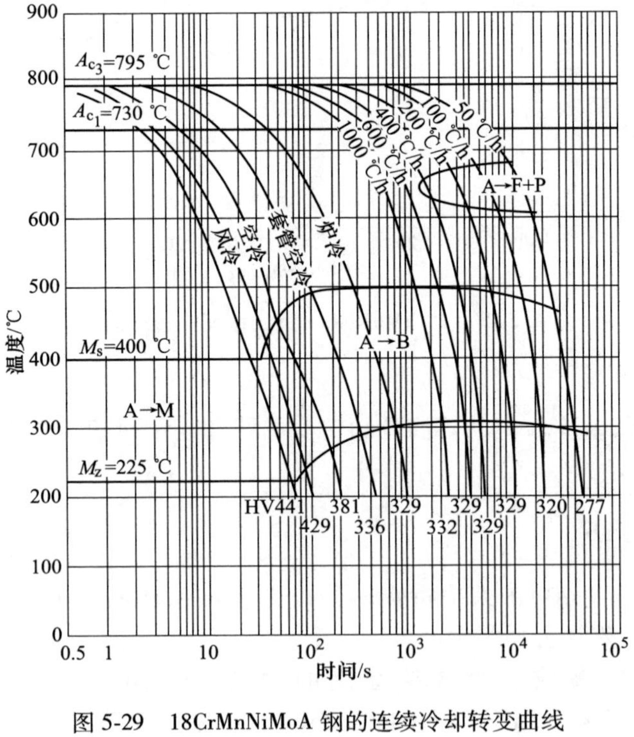


图 5-29　18CrMnNiMoA 钢的连续冷却转变曲线

（试样化学成分（质量分数,%）为 C 0.17，Mn 1.35，Cr 1.18，Ni 1.18，Mo 0.25；奥氏体化温度为 900 ℃）

# 6 凿岩机钎尾用钢

钎尾是螺纹钎具中与凿岩机配合的一个重要部件，它承担将凿岩机活塞产生的冲击应力传递给钎杆，再经过钎杆传递给钎头后钻凿岩石。钎尾装在凿岩机内，处于凿岩机头部。钎尾一端在凿岩机内承受活塞的高频冲击，另一端螺纹部位突出凿岩机外，通过连接套与钎杆连接。受活塞冲击一端，主要是接触疲劳破坏，钎尾螺纹端与螺纹钎杆的破断机理相同。由于钎尾是凿岩机的一个重要零件，在一定意义上代表凿岩机的质量和寿命，受到凿岩机生产厂的高度重视。为了保证钎尾具有高的质量和使用寿命，往往采用最好的钢种、最佳的热处理工艺和很高的加工精度来加以保证。

钎尾用钢的基本要求：

（1）高强度和高韧性的配合；

（2）高的接触疲劳强度和低的缺口敏感性及低的疲劳扩展速率；

（3）高的弯曲疲劳强度和热稳定性及抗回火软化性或高温强度；

（4）高的耐磨性和抗腐蚀疲劳的能力；

（5）良好的加工性能，包括切削性能、磨削性能和粗糙度等。

钎尾用钢有 23 ~ 30CrNi3Mo、24CrMo、20 ~ 30Cr3Ni4Mo、22SiMnCrNi2Mo、18Cr2Ni4WA、30CrMnSiNi2A、25~35SiMnMoV 等。

## 6.1 18Cr2Ni4WA 钢

18Cr2Ni4WA 钢是含镍较高的高级优质合金结构钢，具有高的强度、韧性和良好的淬透性。此钢一般用作截面较大，载荷较高，而又需要良好的韧性和缺口敏感性很低的重要零件，如截面较大的齿轮、传动轴、曲轴、花键轴、活塞销等。此钢可经渗碳后淬火回火使用，也可不经渗碳在调质状态下使用。这种钢经渗碳、二次加热淬火并低温回火后，表面有较高的硬度和耐磨性，心部有很高的强度和韧性。此钢也可用渗氮处理以提高其疲劳极限及抗腐蚀性能。该钢也适用于做中大功率凿岩机钎尾。

18Cr2Ni4WA 钢由于合金元素含量较高，工艺性能较差，锻造时变形抗力较大，锻件的氧化皮不易清理，需要较长的酸洗时间才能清除干净。此钢锻件正火后硬度较高，需经长时间的高温回火才能软化。被切削性较差，当硬度（HBW）

为 270 时，相对加工性为 70%；硬度（HBW）为 321～385 时，相对加工性为 50%。

此钢中的钨含量，也可用相当其含量的 1/3 的钼（0. 30%～0. 40%）取代，即成为 18Cr2Ni4MoA 钢。

## 6. 1. 1　化学成分

18Cr2Ni4WA 钢的化学成分如表 6-1 所示。

**表 6-1　18Cr2Ni4WA 钢的化学成分（GB/T 3077—2015）**

（质量分数，%）

| C | Si | Mn | Cr | Ni | W | P | S | Cu |
|---|---|---|---|---|---|---|---|---|
| 0. 13～0. 19 | 0. 17～0. 37 | 0. 30～0. 60 | 1. 35～1. 65 | 4. 00～4. 50 | 0. 80～1. 20 | ≤0. 025 | ≤0. 025 | ≤0. 20 |

## 6. 1. 2　物理性能

### 6. 1. 2. 1　临界温度

18Cr2Ni4WA 钢的临界温度如表 6-2 所示。

**表 6-2　18Cr2Ni4WA 钢的临界温度**　（℃）

| $A_{c_1}$ | $A_{c_3}$ | $A_{r_1}$ | $A_{r_3}$ | $M_s$ |
|---|---|---|---|---|
| 700 | 810 | 350 | 400 | 342 |

注：试验用钢主要成分（质量分数，%）为 C 0. 16，Si 0. 19，Cr 1. 51，Ni 4. 30，W 0. 86。

### 6. 1. 2. 2　线膨胀系数和导热系数

18Cr2Ni4WA 钢的线膨胀系数和导热系数如表 6-3 所示。

**表 6-3　18Cr2Ni4WA 钢的线膨胀系数和导热系数**

| 在 20 ℃与下列温度间的线膨胀系数 $\alpha$/℃$^{-1}$ | | | | | 在下列温度时的导热系数 $\lambda$/W·(m·K)$^{-1}$ | | | |
|---|---|---|---|---|---|---|---|---|
| 200 ℃ | 300 ℃ | 400 ℃ | 500 ℃ | 600 ℃ | 70 ℃ | 230 ℃ | 530 ℃ | 900 ℃ |
| $11.2\times10^{-6}$ | $12.0\times10^{-6}$ | $13.2\times10^{-6}$ | $13.8\times10^{-6}$ | $14.0\times10^{-6}$ | 23. 9 | 25. 5 | 28. 1 | 24. 3 |

## 6. 1. 3　力学性能

### 6. 1. 3. 1　室温力学性能

18Cr2Ni4WA 钢的室温力学性能如表 6-4 所示。

**表 6-4 18Cr2Ni4WA 钢的室温力学性能**

| 序号 | 热处理毛坯直径/mm | 热处理状态 | $R_m$/MPa | $R_{p0.2}$/MPa | $A$/% | $Z$/% | $KU_2$/J |
|---|---|---|---|---|---|---|---|
| 1 | 15 | 一次淬火 950 ℃空冷，二次淬火 850 ℃空冷，回火 200 ℃空冷 | ≥1180 | ≥835 | ≥10 | ≥45 | ≥78 |
| 2 | 25 | 900 ℃油淬，200 ℃回火 | 1388 | 1093 | 13.5 | 59.0 | 112 |

注：序号 1 摘自 GB/T 3077—2015，序号 2 数据为实测值；试验用钢主要成分（质量分数,%）为 C 0.18，Si 0.20，Mn 0.60，Cr 1.67，Ni 4.34，W 0.51。

### 6.1.3.2 室温疲劳极限

18Cr2Ni4WA 钢的室温疲劳极限如表 6-5 所示。

**表 6-5 18Cr2Ni4WA 钢的室温疲劳极限**

| 试验用钢主要成分/% | | | | 淬火后回火温度/℃ | $R_m$/MPa | $\sigma_{-1}$/MPa | $\sigma_{-1K}$/MPa |
|---|---|---|---|---|---|---|---|
| C | Cr | Ni | W | | | | |
| 0.18 | 1.45 | 4.40 | 0.88 | 560 | 995 | 510 | 245 |
| | | | | 200 | 1378 | 559 | 353 |

注：光滑疲劳试验试样直径为 7.52 mm；缺口疲劳试验试样直径为 9.02 mm，缺口深度及半径为 0.75 mm。

### 6.1.3.3 不同直径钢坯热处理后的室温力学性能

18Cr2Ni4WA 钢不同直径钢坯热处理后的室温力学性能如表 6-6 所示。

**表 6-6 18Cr2Ni4WA 钢不同直径钢坯热处理后的室温力学性能**

| 试验用钢主要成分（质量分数/%）及热处理 | 热处理钢坯直径/mm | 试样取样部位 | $R_m$/MPa | $R_{p0.2}$/MPa | $A$/% | $Z$/% | $KU_2$/J | 硬度（HRC） |
|---|---|---|---|---|---|---|---|---|
| C 0.18，Si 0.20，Mn 0.60，Cr 1.67，Ni 4.43，W 0.51；900 ℃油淬，200 ℃回火 | 25 | 心部 | 1393 | 1098 | 13.5 | 59.0 | 118 | 40 |
| | 60 | 心部 | 1388 | 1103 | 14.0 | 58.0 | 97 | 41 |
| | 90 | 近表面 | 1393 | 1064 | 13.5 | 55.5 | 108 | 42.5 |
| | | 心部 | 1402 | | 13.5 | 55.0 | 103 | 42.5 |
| | 120 | 近表面 | 1373 | 1049 | 14.0 | 59.0 | 102 | 43 |
| | | 1/2 半径 | 1378 | 1047 | 14.0 | 55.0 | 111 | 42 |
| | | 心部 | 1412 | 1079 | 13.5 | 55.0 | | 42.5 |
| | 150 | 近表面 | 1368 | 995 | 14.5 | 60.0 | 112 | 41.5 |
| | | 1/2 半径 | 1373 | 1010 | 14.0 | 59.0 | 115 | 42.5 |
| | | 心部 | 1373 | 1000 | 14.0 | 59.0 | 102 | 43 |

续表 6-6

| 试验用钢主要成分（质量分数/%）及热处理 | 热处理钢坯直径/mm | 试样取样部位 | $R_m$/MPa | $R_{p0.2}$/MPa | $A$/% | $Z$/% | $KU_2$/J | 硬度（HRC） |
|---|---|---|---|---|---|---|---|---|
| C 0.15，Si 0.34，Mn 0.44，Cr 1.44，Ni 4.22，W 1.20；860 ℃油淬，200 ℃回火 | 40 | 心部 | 1275 | 1049 | 14.0 | 69.0 | 118 | 41 |
| | 60 | 心部 | 1226 | 1089 | 15.0 | 62.0 | 110 | 39 |
| | 80 | 1/2 半径 | 1226 | 1108 | 12.0 | 54.0 | 134 | 40 |
| | 100 | 1/2 半径 | 1206 | 1079 | 15.0 | 63.0 | 126 | 38 |
| | 120 | 1/2 半径 | 1196 | 1069 | 13.0 | 60.0 | 126 | 39 |

### 6.1.3.4　淬火后在不同温度回火后的力学性能

18Cr2Ni4WA 钢淬火后在不同温度回火后的力学性能如图 6-1 所示。

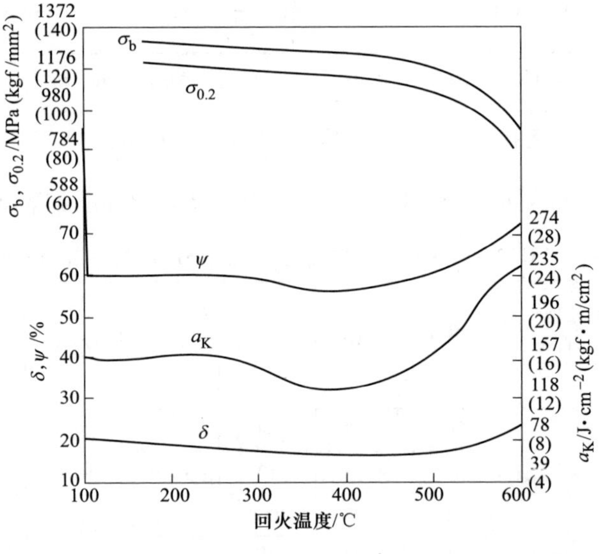


图 6-1　18Cr2Ni4WA 钢淬火后在不同温度回火后的力学性能

（试验用钢主要成分（质量分数,%）为 C 0.16，Si 0.21，Mn 0.41，Cr 1.47，Ni 4.17，W 0.97；热处理毛坯直径为 15 mm，850 ℃空冷）

### 6.1.3.5　渗碳并热处理后的性能

18Cr2Ni4WA 钢渗碳并热处理后的性能如表 6-7 所示。

**表 6-7 18Cr2Ni4WA 钢渗碳并热处理后的性能数据**

| 试验用钢成分/% | 试样热处理状态 | 试验项目 | 试样尺寸及试验条件/mm | 试验结果 |
|---|---|---|---|---|
| C 0.18<br>Cr 0.20<br>Mn 0.60<br>Cr 1.67<br>Ni 4.34<br>W 0.51 | 连续式气体渗碳炉渗碳，各区温度 850~910 ℃，840~900 ℃，油淬后再次加热至 800 ℃油淬，200 ℃回火 | 抗弯试验① | 15×15×100<br>支距 80 | 抗弯强度 $R_{bb}$ 为 2113 MPa，<br>抗弯屈服强度 $\sigma_{bf}$ 为 1697 MPa |
| | | 缺口抗弯试验① | 15.3×15.3×100<br>缺口深度 0.3，支距 80 | 抗弯强度 $R_{bb}$ 为 1907 MPa |
| | | 薄片抗弯试验② | 2×12×80<br>支距 50 | 抗弯强度 $R_{bb}$ 为 1731 MPa |
| | | 冲击试验① | 15×15×100<br>无缺口支距 80 | 冲击吸收能量 $KU_2$ 为 157~190 J，<br>平均值为 168 J |

①碳层深度为 1.20 mm，表面硬度（HRC）为 56，心部硬度（HRC）为 42。

②渗碳渗透。

### 6.1.3.6 不同试验温度时的力学性能

18Cr2Ni4WA 钢不同试验温度时的力学性能如表 6-8 所示。

**表 6-8 18Cr2Ni4WA 钢不同试验温度时的力学性能**

| 试验温度/℃ | $R_m$/MPa | $R_{p0.2}$/MPa | $A$/% | $Z$/% | $KU_2$/J |
|---|---|---|---|---|---|
| 20 | 1226 | 1089 | 12.0 | 61.0 | 102 |
| 250 | 1187 | 1060 | 12.0 | 60.0 | 106 |
| 300 | 1187 | 1050 | 15.5 | 64.0 | 96 |
| 400 | 1059 | 961 | 14.0 | 69.0 | 84 |
| 450 | 1010 | 922 | 13.5 | 68.0 | 80 |
| 500 | 883 | 814 | 14.0 | 70.0 | 83 |
| 550 | 755 | 706 | 16.0 | 73.0 | 86 |

### 6.1.3.7 低温冲击及脆性转变温度

18Cr2Ni4WA 钢的低温冲击及脆性转变温度如表 6-9 所示。

**表 6-9 18Cr2Ni4WA 钢的低温冲击及脆性转变温度**

| 试验用钢 | 试样硬度（HRC） | 脆性转变温度/℃ | | |
|---|---|---|---|---|
| | | $T_{90}$ | $T_{50}$ | $T_{10}$ |
| A | 24 | -80 | -120 | -140 |
| B | | -80 | -100 | -140 |
| A | 41 | -60 | -100 | -130 |

注：1. 试验用钢成分同图 6-2。

2. $T_{90}$ 为宏观断口上纤维状面积占 90%时的脆性转变温度，余类推。

18Cr2Ni4WA 钢的低温冲击性能如表 6-10 所示。

**表 6-10　18Cr2Ni4WA 钢的低温冲击性能**

| 热处理制度 | 取样方向 | 下列温度时的 $KU_2$/J | | | | | | | | | 备注 |
|---|---|---|---|---|---|---|---|---|---|---|---|
| | | 20 ℃ | 0 ℃ | −20 ℃ | −40 ℃ | −60 ℃ | −80 ℃ | −100 ℃ | −140 ℃ | −196 ℃ | |
| 860 ℃空冷，820~830 ℃油淬，200 ℃回火 | 纵向 | $\frac{126\sim120}{163\sim146}$ | | $\frac{94\sim90}{120\sim118}$ | | $\frac{78\sim77}{93\sim11.5}$ | $\frac{71\sim63}{86}$ | $\frac{59\sim55}{90\sim89}$ | $\frac{47\sim43}{74\sim59}$ | | ① |
| 860 ℃空冷，820~830 ℃油淬，200 ℃回火 | 横向 | $\frac{76\sim60}{140\sim134}$ | 78 | 121~111 | 71 | 78~74 | 75~67 | 64~62 | 46~31 | | ① |
| 860 ℃空冷，810 ℃油冷，150 ℃回火 | 纵向 | 102 | | 86 | | 71 | | | | | ② |
| 820 ℃油淬，550 ℃回火 | 纵向 | 92 | | | 71 | 61 | | 45 | | 31 | ③ |

①分子为电炉钢（质量分数,%）为 C 0.15，Cr 1.3，Ni 4.2，160 方坯；分母为电渣重熔后的 60 方坯。

②用钢成分（质量分数,%）为 C 0.14，Si 0.35，Mn 0.53，Cr 1.60，Ni 4.23，W 0.61。

③用钢成分（质量分数,%）为 C 0.19，Si 0.20，Mn 0.49，Cr 1.32，Ni 4.09，W 0.87，P 0.036，S 0.010；$\phi$20 mm 棒材。

## 6.1.4　工艺性能

### 6.1.4.1　热成型工艺参数

18Cr2Ni4WA 钢的热成型工艺参数如表 6-11 所示。

**表 6-11　18Cr2Ni4WA 钢的热成型工艺参数**

| 开始温度/℃ | 终止温度/℃ | 冷却方式 |
|---|---|---|
| 1180 | 850 | 有白点敏感性，≥$\phi$75 mm 时缓冷 |

### 6.1.4.2　热处理工艺参数

18Cr2Ni4WA 钢的热处理工艺参数如表 6-12 所示。

**表 6-12　18Cr2Ni4WA 钢的热处理工艺参数**

| 项目 | 高温软化回火 | 调质处理 | | 表面渗碳硬化处理 | | |
|---|---|---|---|---|---|---|
| | | 淬火 | 回火 | 渗碳 | 淬火 | 回火 |
| 加热温度/℃ | 650~680 | 850~870 | 根据需要选定 | 900~920 | 840~860 | 150~200 |
| 冷却方式 | 空冷 | 油淬 | 油冷或水冷 | | 油淬 | 空冷 |

渗碳后也可进行两次淬火，淬火温度分别为 880~900 ℃及 820~840 ℃。

### 6.1.4.3　过冷奥氏体转变曲线

18Cr2Ni4WA 钢的过冷奥氏体转变曲线如图 6-2 所示。

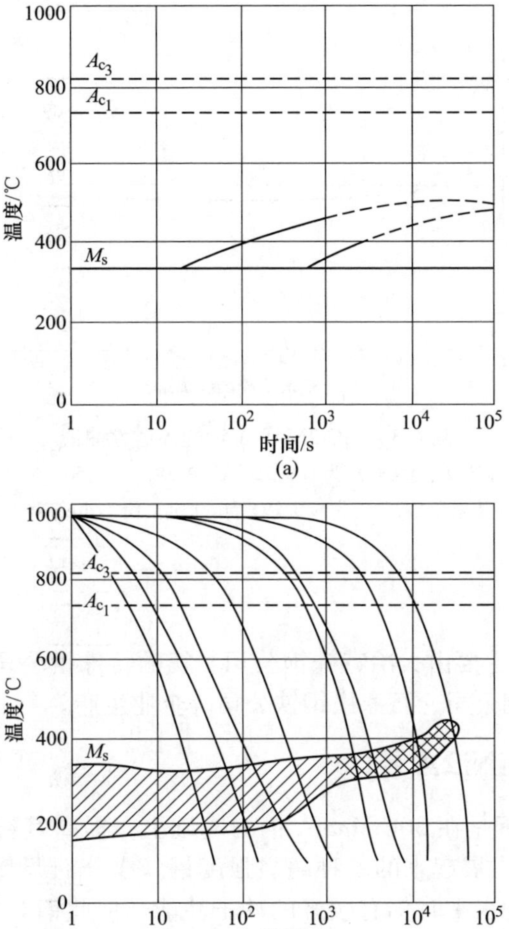


图 6-2　18Cr2Ni4WA 钢的过冷奥氏体转变曲线

（试验用钢主要成分（质量分数,%）为 C 0.15，Si 0.34，Mn 0.44，Cr 1.44，Ni 4.22，W 1.20）

（a）等温转变曲线，奥氏体化温度为 860 ℃；（b）连续冷却转变曲线，奥氏体化温度为 950 ℃

### 6.1.4.4　淬透性曲线

18Cr2Ni4WA 钢的淬透性曲线如图 6-3 所示。

| 相同淬火硬度的棒料直径/mm | 硬度部位 | 淬火 |
|---|---|---|
| 97 | 表面 | 水淬 |
| 28　51　74　97　122　147　170 | 距中心3/4半径 | 水淬 |
| 18　31　41　51　61　71　81　91　99 | 中心 | 水淬 |
| 20　46　64　76　86　97 | 表面 | 油淬 |
| 13　25　41　51　61　71　81　91　102 | 距中心3/4半径 | 油淬 |
| 5　15　25　36　43　51　61　71　79 | 中心 | 油淬 |

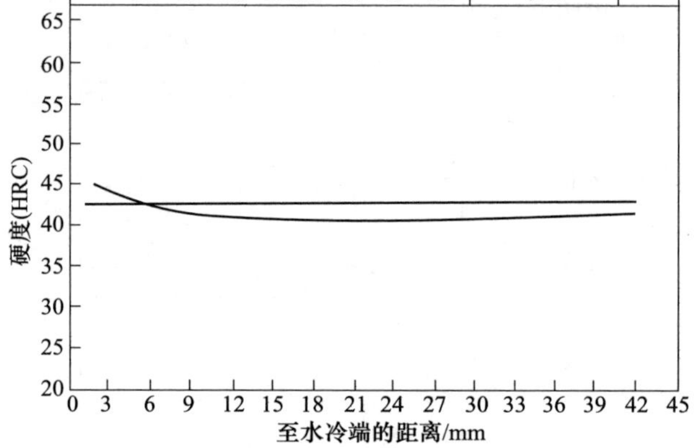


图 6-3　18Cr2Ni4WA 钢的淬透性曲线

（水淬试验用钢主要成分（质量分数,%）为 C 0.21，Mn 0.35，Cr 1.50，Ni 4.15，Mo 0.10，W 0.72；油淬试验用钢主要成分（质量分数,%）为 C 0.19，Mn 0.36，Cr 1.40，Ni 4.15，Mo 0.10，W 0.75）

### 6.1.5　主要生产厂

18Cr2Ni4WA 钢主要由大冶特殊钢公司、抚顺特殊钢公司、南京钢铁股份有限公司、西宁特殊钢公司、石家庄钢铁公司等企业生产。

## 6.2　30CrMnSiNi2A 钢

30CrMnSiNi2A 钢是在 30CrMnSiA 钢的基础上，提高其锰、铬含量，并添加 1.40%～1.80%镍而发展起来的一种超高强度钢。成分的调整使其淬透性显著提高，并在较高的强度水平时仍有较好的冲击性能。但此钢有较严重的回火脆性，所以应避免在 400～550 ℃的温度范围内回火。此钢有脱碳倾向，对缺口也较敏感，进行零件设计及热处理工艺等时应充分注意。

30CrMnSiNi2A 钢适用于制造承受切应力的高强度螺栓及轴类、飞机起落架及其他重要连接件等。

此钢也可用于制造中大功率凿岩机的钎尾。

### 6.2.1　化学成分

30CrMnSiNi2A 钢的化学成分如表 6-13 所示。

表 6-13　30CrMnSiNi2A 钢的化学成分（YB 6—71）　　（质量分数，%）

| C | Si | Mn | P | S | Cr | Ni | Cu |
|---|---|---|---|---|---|---|---|
| 0.26~0.33 | 0.90~1.20 | 1.00~1.30 | ≤0.025 | ≤0.025 | 0.90~1.20 | 1.40~1.80 | ≤0.30 |

## 6.2.2　物理性能

30CrMnSiNi2A 钢的物理性能如表 6-14 所示。

表 6-14　30CrMnSiNi2A 钢的物理性能

| 临界温度（近似值）/℃ | | | 在 17 ℃与下列温度间的线膨胀系数 $\alpha$/℃$^{-1}$ | | | | | | |
|---|---|---|---|---|---|---|---|---|---|
| $A_{c_1}$ | $A_{c_3}$ | $M_s$ | 100 ℃ | 200 ℃ | 300 ℃ | 400 ℃ | 500 ℃ | 600 ℃ | 700 ℃ |
| 740 | 820 | 320 | $11.37\times10^{-6}$ | $11.67\times10^{-6}$ | $12.68\times10^{-6}$ | $12.90\times10^{-6}$ | $12.53\times10^{-6}$ | $13.84\times10^{-6}$ | $13.97\times10^{-6}$ |

| 在下列温度时的导热系数 $\lambda$/W·(m·K)$^{-1}$ | | | | | | |
|---|---|---|---|---|---|---|
| 100 ℃ | 200 ℃ | 300 ℃ | 400 ℃ | 500 ℃ | 600 ℃ | 700 ℃ |
| 28.1 | 29.5 | 29.9 | 29.3 | 28.3 | 27.0 | 25.7 |

## 6.2.3　力学性能

### 6.2.3.1　弹性模量

30CrMnSiNi2A 钢的弹性模量如表 6-15 所示。

表 6-15　30CrMnSiNi2A 钢的弹性模量

| 温度/℃ | 20 | 100 | 200 |
|---|---|---|---|
| $E$/Pa | 206.8 | 203.8 | 199.9 |

### 6.2.3.2　室温力学性能

30CrMnSiNi2A 钢的室温力学性能如表 6-16 所示。

表 6-16　30CrMnSiNi2A 钢的室温力学性能

| 序号 | 热处理毛坯 | 热处理 | $R_m$/MPa | $R_{p0.2}$/MPa | $A$/% | $Z$/% | $KU_2$/J |
|---|---|---|---|---|---|---|---|
| 1 | 试样 | 900 ℃油淬，250 ℃回火，或 900 ℃加热，(260±20) ℃等温淬火 | ≥1568 | | ≥9 | ≥40 | ≥47 |
| 2 | 试样 | 890 ℃×30 min 油淬，290 ℃×3 h 回火，空冷 | $\frac{1568\sim1862}{1728}$ | $\frac{1254\sim1730}{1629}$ | | $\frac{45\sim57.3}{50.5}$ | $\frac{59\sim122}{96}$ |
| | | | $\frac{160\sim190}{176.3}$ | $\frac{128\sim176.5}{166.2}$ | $\frac{9\sim19}{12.3}$ | | $\frac{47\sim97}{77}$ |

注：序号 1 为 YB 6—71 技术标准规定；序号 2 为实际生产的 50 炉钢测试统计结果，其中分子为数据范围，分母为平均值。

### 6.2.3.3　油淬并在不同温度回火后的力学性能

30CrMnSiNi2A 钢油淬并在不同温度回火后的力学性能如图 6-4 所示。

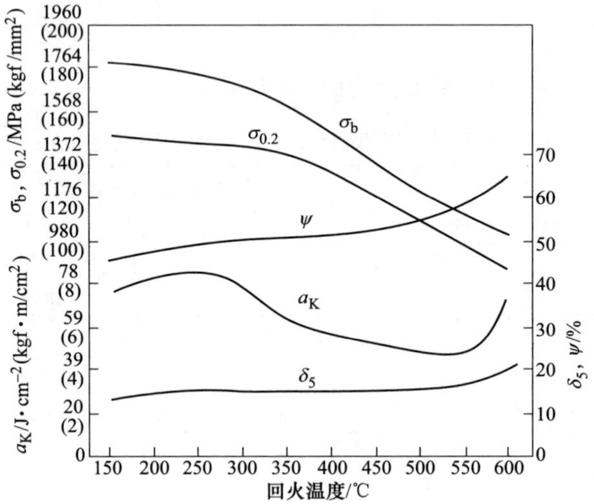


图 6-4　30CrMnSiNi2A 钢油淬并在不同温度回火后的力学性能
（试验用钢主要成分（质量分数,%）为 C 0.29，Si 1.11，Mn 1.17，Ni 1.58；
900 ℃×40 min 油淬，回火 2 h，空冷）

### 6.2.3.4　油淬并在不同温度回火后的部分力学性能

30CrMnSiNi2A 钢 900 ℃油淬并在不同温度回火后的部分力学性能如表 6-17 所示。

**表 6-17　30CrMnSiNi2A 钢 900 ℃油淬并在不同温度回火后的部分力学性能**

| 回火温度/℃ | 200 | 260 | 280 | 300 | 320 | 340 | 360 | 400 |
|---|---|---|---|---|---|---|---|---|
| $R_{p0.2}$/MPa | 1607 | 1637 | 1646 | 1588 | 1607 | 1578 | 1539 | 1382 |
| $K_{IC}$/MPa · $m^{1/2}$ | 66.0 | 67.3 | 63.9 | 64.2 | 58.6 | 53.3 | 54.6 | 54.3 |

### 6.2.3.5　疲劳极限

30CrMnSiNi2A 钢的疲劳极限如表 6-18 所示。

**表 6-18　30CrMnSiNi2A 钢的疲劳极限**

| 热处理毛坯/mm | 热处理制度 | $\sigma_{-1}$/MPa |
|---|---|---|
| $\phi$25 | 890 ℃加热，300 ℃等温淬火 | 720 |
| | 890 ℃油淬，200 ℃回火，空冷 | 715 |
| | 890 ℃油淬，300 ℃回火，空冷 | 696 |

## 6.2.3.6 不同因素对冲击性能的影响

不同因素对 30CrMnSiNi2A 钢冲击性能的影响如图 6-5 所示。

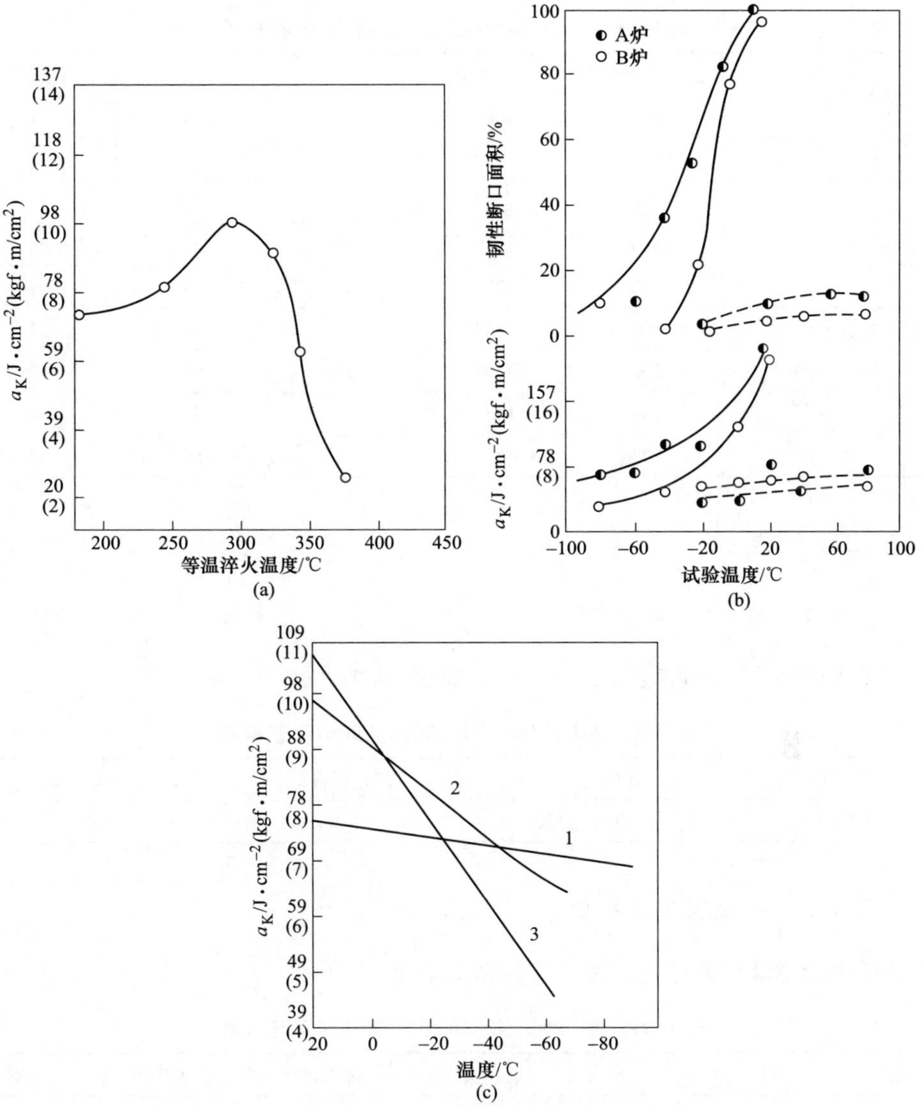


图 6-5 不同因素对 30CrMnSiNi2A 钢冲击性能的影响

（a）不同等温淬火温度对室温冲击性能的影响；（b）不同回火工艺对冲击性能的影响（试验用钢主要成分（质量分数,%）为 A 炉钢：C 0.27，Si 1.05，Mn 1.06，Cr 1.05，Ni 1.66；B 炉钢：C 0.30，Si 1.10，Mn 1.07，Cr 1.06，Ni 1.50。回火工艺：实线为 900 ℃油淬，350 ℃×2.5 h 回火，油冷；虚线为 900 ℃油淬，650 ℃×2.5 h 回火，油冷，525 ℃×16 h 回火，炉冷）；（c）不同热处理对低温冲击性能的影响（曲线 1：用钢主要成分（质量分数,%）为 C 0.29，Si 1.11，Mn 1.17，Cr 1.01，Ni 1.58；900 ℃×40 min 油淬，250 ℃×2 h 回火空冷；曲线 2、3：用钢主要成分（质量分数,%）为 C 0.29，Si 1.11，Mn 1.15，Cr 1.20，Ni 1.70；900 ℃×10 min 加热后，分别于 300 ℃及 320 ℃等温淬火）

#### 6.2.3.7　高温力学性能

30CrMnSiNi2A 钢的高温力学性能如表 6-19 所示。

**表 6-19　30CrMnSiNi2A 钢的高温力学性能**

| 热处理 | 试验温度/℃ | $R_m$/MPa | A/% | Z/% | $KU_2$/J |
|---|---|---|---|---|---|
| 油淬，310 ℃回火 | 250 | 1666 | 10 | 49 | 51 |
| | 300 | 1568 | 14 | 52 | 39 |
| 油淬，360 ℃回火 | 250 | 1519 | 9 | 52 | 47 |
| | 300 | 1519 | 10 | 53 | 46 |
| | 350 | 1372 | 10 | 54 | 41 |
| 270 ℃等温淬火，310 ℃回火 | 250 | 1568 | 10 | 50 | 51 |
| | 300 | 1568 | 14 | 52 | 47 |
| 320 ℃等温淬火，未回火 | 250 | 1470 | 11 | 55 | 62 |
| | 300 | 1470（150） | 12 | 56 | 62 |

### 6.2.4　工艺性能

#### 6.2.4.1　热成型工艺参数

30CrMnSiNi2A 钢的热成型工艺参数如表 6-20 所示。

**表 6-20　30CrMnSiNi2A 钢的热成型工艺参数**

| 加热温度/℃ | 开始温度/℃ | 终止温度/℃ | 冷却方式 |
|---|---|---|---|
| 1180～1200 | 1050～1120 | ≥800 | 缓冷 |

#### 6.2.4.2　热处理工艺参数

30CrMnSiNi2A 钢的热处理工艺参数如表 6-21 所示。

**表 6-21　30CrMnSiNi2A 钢的热处理工艺参数**

| 项目 | 软化回火 | 退火 | 正火 | 常规淬火 | 等温淬火 | 回火 |
|---|---|---|---|---|---|---|
| 加热温度/℃ | 650～680 | 900±10 | 900±10 | 900±10 | 900±10 | 200～300 |
| 冷却方式 | 空冷 | 炉冷至 650 ℃，保温 2 h，空冷 | 空冷 | 油淬 | 180～360 ℃盐浴等温后油冷 | 油冷或空冷 |

注：等温淬火温度视所需强度而定；需高强度时，应取近下限；反之，可取近上限。等温保温时间，通常为 1 h，300 ℃以下等温的工件，须回火后使用；300 ℃以上等温的工件可不回火。

#### 6.2.4.3　等温转变曲线

30CrMnSiNi2A 钢的等温转变曲线如图 6-6 所示。

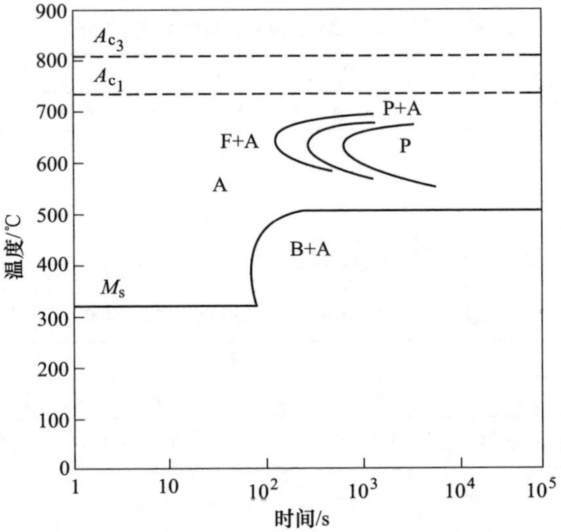


图 6-6　30CrMnSiNi2A 钢的等温转变曲线
（试验用钢主要成分（质量分数,%）为 C 0.30，Si 1.17，
Mn 1.17，Cr 0.95，Ni 1.61；奥氏体化温度为 900 ℃）

### 6.2.5　主要生产厂

30CrMnSiNi2A 钢主要由大冶特殊钢公司、抚顺特殊钢公司、南京钢铁股份有限公司、西宁特殊钢公司、石家庄钢铁公司等企业生产。

## 6.3　25SiMnMoVA 钢

25SiMnMoVA 钢含有较多的 Si、Mo、V 元素，回火稳定性好，在 600～660 ℃回火后仍然有很高的强度，当 $R_m$≥980 MPa，$R_{p0.2}$≥882 MPa 时，$KV_2$(45°V 形缺口）为 49～98 J，而且调质处理后有良好的低温冲击能量。25SiMnMoVA 钢的淬透性比 25CrMnSiA 钢的好。25SiMnMoVA 钢只有回火温度达到 600 ℃左右，碳化物才开始球化并析出新的细小碳化物。为保证回火后碳化物球化得较好，使冲击试样断口呈纤维状并有良好冲击性能，在 630 ℃左右回火时，保温时间应大于 6 h；在 660 ℃左右回火时，保温时间应大于 4 h。25SiMnMoVA 钢的冷、热冲压性及可焊性良好。它可代替 25CrMnSiA、30CrMnSiA 等钢制造高强度压力容器、焊接构件和连接件，能减轻质量 20%～30%。

25SiMnMoVA 钢也可做中小功率凿岩机的钎尾。

## 6.3.1　化学成分

25SiMnMoVA 钢的化学成分如表 6-22 所示。

**表 6-22　25SiMnMoVA 钢的化学成分**　　（质量分数,%）

| C | Si | Mn | Mo | V | Cr、Ni | P | S |
|---|---|---|---|---|---|---|---|
| 0.23~0.29 | 0.80~1.20 | 0.90~1.30 | 0.25~0.40 | 0.07~0.15 | ≤0.35 | ≤0.025 | ≤0.025 |

## 6.3.2　临界温度

25SiMnMoVA 钢的临界温度如表 6-23 所示。

**表 6-23　25SiMnMoVA 钢的临界温度**　　（℃）

| $A_{c_1}$ | $A_{c_3}$ | $A_{r_3}$ | $A_{r_1}$ |
|---|---|---|---|
| 760 | 910 | 785 | 640 |

注：用钢成分（质量分数,%）为 C 0.29，Si 1.20，Mn 1.18，Mo 0.59，V 0.02，P 0.023，S 0.004。

## 6.3.3　力学性能

### 6.3.3.1　室温力学性能

25SiMnMoVA 钢的室温力学性能如表 6-24 所示。

**表 6-24　25SiMnMoVA 钢的室温力学性能**

| 产品尺寸/mm | 热处理毛坯直径/mm | 热处理制度 | $R_m$/MPa | $R_{eL}$/MPa | $A$/% | $Z$/% | $KU_2$/J | 硬度(HBW) | 备注 |
|---|---|---|---|---|---|---|---|---|---|
| ≤3.0 板 | 试样 | 900 ℃油淬，650 ℃回火油冷 | | ≥910 | ≥8 | | $d=3a$，弯曲 180°不裂 | | |
| 棒材 | 25 | 900 ℃油淬，650 ℃回火油冷 | ≥980 | ≥833 | ≥10 | ≥45 | ≥55 | | 建议力学性能指标 |
| 2~28 板 | 试样 | 900 ℃20 min 油淬，660 ℃40 min 回火空冷 | $\frac{1049\sim960}{999}$ | $\frac{975\sim887}{934}$ | $\frac{14.5\sim10}{13}$ | | | 187 | 3 批钢 |
| 6.5 板 | 试样 | 900 ℃20 min 油淬，660 ℃40 min 回火空冷 | $\frac{1250\sim1215}{1232}$ | $\frac{1152\sim1122}{1143}$ | $\frac{15.5\sim14.5}{15.0}$ | | | 187 | 1 炉钢 |
| $\phi$45 | 25 | 900 ℃40 min 油淬，660 ℃40 min 回火空冷 | 1032 | 916 | 17.5 | 59.0 | 104 | 187 | |
| $\phi$120 | 25 | 900 ℃40 min 油淬，650 ℃40 min 回火油冷 | 1132 | 1029 | 16.0 | 59.0 | 93 | 197 | |

注：分子为数据范围，分母为平均值。

### 6.3.3.2 不同温度淬火后的力学性能

25SiMnMoVA 钢不同温度淬火后的力学性能如表 6-25 所示。

**表 6-25 25SiMnMoVA 钢不同温度淬火后的力学性能**

| 热处理毛坯直径/mm | 热处理制度 | $R_m$/MPa | $R_{eL}$/MPa | $A$/% | $Z$/% | $KU_2$/J | 硬度(HRC) |
|---|---|---|---|---|---|---|---|
| 20 | 880 ℃60 min 油淬,660 ℃120 min 回火油冷 | 1313 | 1279 | 12.0 | 50.0 | 38 | 43.0 |
| | 900 ℃60 min 油淬,600 ℃120 min 回火油冷 | 1355 | 1303 | 15.5 | 50.0 | 33 | 46.0 |
| | 920 ℃60 min 油淬,600 ℃120 min 回火油冷 | 1348 | 1289 | 13.5 | 48.0 | 28 | 45.0 |

注：1. 数据为两个试样的平均值。

2. 用钢成分（质量分数,%）为 C 0.29, Si 1.18, Mn 1.20, Mo 0.59, V 0.20, P 0.023, S 0.004。

3. 25SiMnMoVA 钢含碳、钒上下限时的力学性能如表 6-26 所示。

**表 6-26 25SiMnMoVA 钢含碳、钒上下限时的力学性能**

| 热处理毛坯直径/mm | 热处理制度 | $R_m$/MPa | $R_{p0.2}$/MPa | $A$/% | $Z$/% | $KU_2$/J | 硬度(HRC) |
|---|---|---|---|---|---|---|---|
| 试样① | 910 ℃50 min 油淬,200 ℃115 min 回火油冷 | 1700 | 1524 | 12.0 | 49.0 | 49 | 46~46.5 |
| | 910 ℃50 min 油淬,600 ℃115 min 回火油冷 | 1230 | 1169 | 17.0 | 52.0 | 42 | 39~41 |
| | 910 ℃50 min 油淬,660 ℃115 min 回火油冷 | 1005 | 970 | 18.5 | 62.0 | 127 | 39~40 |
| 试样② | 910 ℃50 min 油淬,200 ℃115 min 回火油冷 | 1735 | 1426 | 12.5 | 47.0 | 39 | 47~48 |
| | 910 ℃50 min 油淬,600 ℃115 min 回火油冷 | 1173 | 1101 | 17.0 | 53.0 | 61 | 38~40 |
| | 910 ℃50 min 油淬,660 ℃115 min 回火油冷 | 965 | 889 | 19.0 | 61.0 | 121 | 33~34 |

①用钢成分（质量分数,%）为 C 0.25, Si 0.85, Mn 1.00, Mo 0.26, V 0.14；冲击试样为 45° V 形缺口。

②用钢成分（质量分数,%）为 C 0.30, Si 1.00, Mn 1.15, Mo 0.27, V 0.09；冲击试样为 45° V 形缺口。

#### 6.3.3.3　回火保温时间对硬度和冲击韧度的影响

25SiMnMoVA 钢回火保温时间对硬度和冲击韧度的影响如图 6-7 所示。

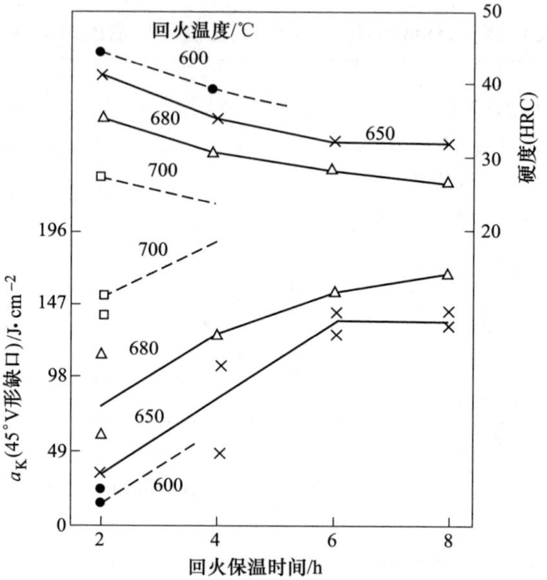


图 6-7　25SiMnMoVA 钢回火保温时间对硬度和冲击韧度的影响
（$\phi$20 mm，910 ℃50 min 油淬，回火 115 min 空冷；用钢成分（质量分数,%）为 C 0.29，Si 1.18，Mn 1.20，Mo 0.59，V 0.20，P 0.023，S 0.004）

#### 6.3.3.4　调质后的低温冲击韧度

25SiMnMoVA 钢调质后的低温冲击性能如图 6-8 所示。

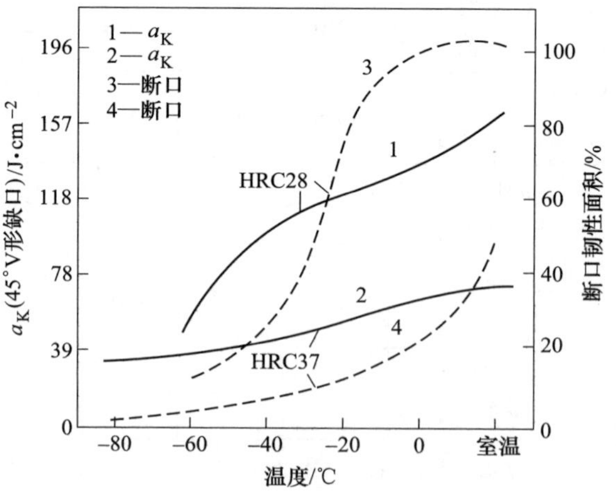


(a)

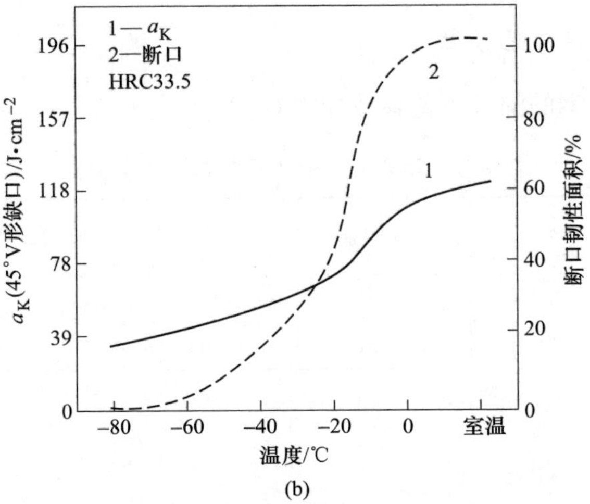


图 6-8 25SiMnMoVA 钢调质后的低温冲击性能

（a）用钢成分（质量分数,%）为 C 0.25，Si 0.85，Mn 1.00，Mo 0.26，V 0.14；910 ℃油淬，1，3—680 ℃回火 115 min 油冷；2，4—640 ℃回火 115 min 油冷；（b）用钢成分（质量分数,%）为 C 0.30，Si 1.00，Mn 1.15，Mo 0.27，V 0.09；910 ℃油淬，670 ℃回火 115 min 空冷

## 6.3.4 工艺性能

### 6.3.4.1 热成型工艺参数

25SiMnMoVA 钢的热成型工艺参数如表 6-27 所示。

**表 6-27 25SiMnMoVA 钢的热成型工艺参数**

| 加热温度/℃ | 开始温度/℃ | 终止温度/℃ | 冷却方式 |
| --- | --- | --- | --- |
| 1180～1220 | 1130～1200 | ≥900 | 退火缓冷 |

### 6.3.4.2 热处理工艺参数

25SiMnMoVA 钢的热处理工艺参数如表 6-28 所示。

**表 6-28 25SiMnMoVA 钢的热处理工艺参数**

| 项目 | 退火 | 焊后预回火 | 正火 | 淬火 | 回火 |
| --- | --- | --- | --- | --- | --- |
| 温度/℃ | 720 | 400～500 | 900～930 | 900～930 | 630～660 |
| 冷却方式 | 炉冷 | 空冷 | 空冷 | 油冷 | 油冷或水冷 |
| 硬度（HB） | ≤229 | | | | 248～302 |

### 6.3.4.3　焊接工艺参数

25SiMnMoVA 钢的焊接工艺参数如表 6-29 所示。

**表 6-29　25SiMnMoVA 钢的焊接工艺参数**

| 钢板厚度/mm | 块数 | 使用焊条 | 单件焊缝总长/mm | 裂纹条数 | 裂纹部位 |
|---|---|---|---|---|---|
| 2.5 | 5 | T4251 | 1400 | | 热影响区和焊缝上 |
| 3.0 | 20 | T5051 | 6500 | 2 | |

注：焊接后经调质处理，冷弯 180°、$d=3a$，不裂。

### 6.3.4.4　等温转变曲线

25SiMnMoVA 钢的等温转变曲线如图 6-9 所示。

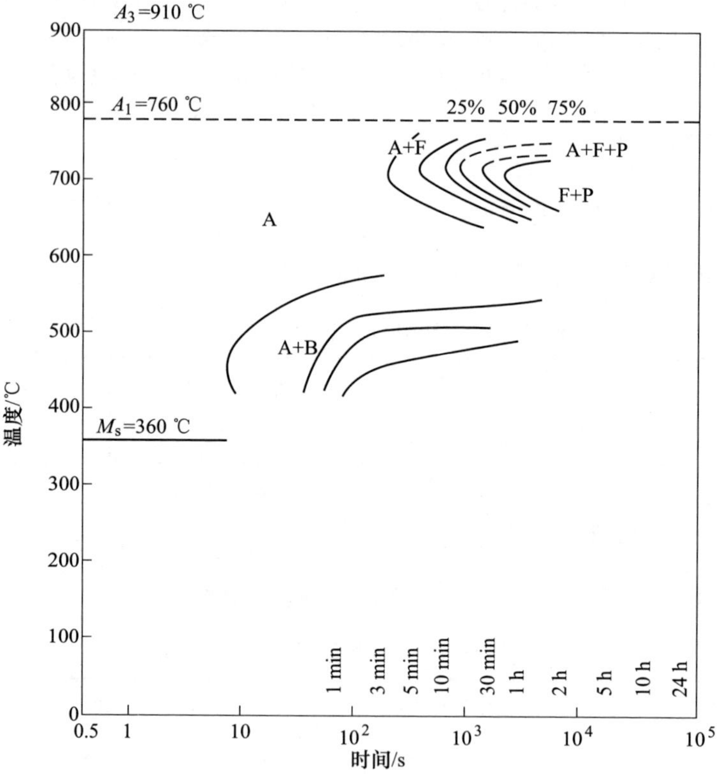


图 6-9　25SiMnMoVA 钢的等温转变曲线

（用钢成分（质量分数,%）为 C 0.29，Si 1.18，Mn 1.20，Mo 0.59，V 0.20，P 0.023，S 0.004；原始状态为高温回火；奥氏体化温度为 910 ℃，晶粒度为 8 级）

#### 6.3.4.5　淬透性

25SiMnMoVA 钢和 25CrMnSiA 钢的淬透性曲线如图 6-10 所示。

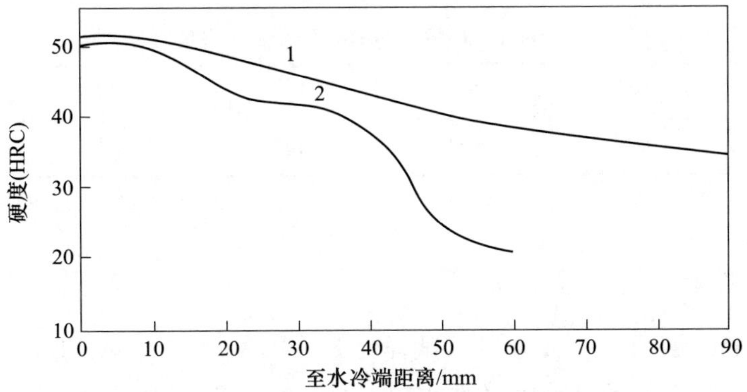


图 6-10　25SiMnMoVA 钢和 25CrMnSiA 钢的淬透性曲线

（1—25SiMnMoVA，用钢成分同图 6-9，930 ℃ 50 min 加热；2—25CrMnSiA，用钢成分（质量分数,%）为 C 0.27，Si 1.23，Mn 1.02，Cr 0.97，P 0.015，S 0.003；880 ℃50 min 加热）

### 6.3.5　交货状态

25SiMnMoVA 钢退火或高温回火后，HBW≤229。

### 6.3.6　主要生产厂

25SiMnMoVA 钢主要由大冶特殊钢公司、抚顺特殊钢公司、南京钢铁股份有限公司、西宁特殊钢公司、石家庄钢铁公司等企业生产。

## 6.4　15MnNi4Mo(SN2025)钢

15MnNi4Mo(SN2025) 钢是一种含 Ni、Mo 元素的超高强度渗碳钢，非常适合于高强、高韧性需求的凿岩工具，可用作钎尾、钻头及凿岩机活塞。

### 6.4.1　化学成分

15MnNi4Mo 钢的化学成分如表 6-30 所示。

表 6-30　15MnNi4Mo 钢的化学成分　（质量分数,%）

| C | Si | Mn | Cr | Ni | Mo | P | S | Cu |
|---|---|---|---|---|---|---|---|---|
| 0.12~0.17 | 0.15~0.35 | 0.70~0.95 | 0.10~0.20 | 3.25~3.75 | 0.30~0.40 | ≤0.025 | ≤0.025 | ≤0.20 |

注：$w(O) \leqslant 15\times10^{-6}$，$w(H) \leqslant 1.5\times10^{-6}$，$w(N)=(80\sim120)\times10^{-6}$。

### 6.4.2　临界温度

15MnNi4Mo 钢的临界温度如表 6-31 所示。

表 6-31　15MnNi4Mo 钢的临界温度　（℃）

| $A_{c_1}$ | $A_{c_3}$ | $A_{r_1}$ | $A_{r_3}$ | $M_s$ | $M_f$ |
|---|---|---|---|---|---|
| 680 | 785 | 680 | 745 | 325 | 236 |

注：用钢化学成分（质量分数,%）为 C 0.14，Si 0.26，Mn 0.82，Ni 3.45，Mo 0.33。

### 6.4.3　力学性能

15MnNi4Mo 钢圆坯（或方坯）试样经 850 ℃±10 ℃油淬，160~200 ℃回火后，纵向力学性能要求如表 6-32 所示。

表 6-32　15MnNi4Mo 钢的纵向力学性能

| $R_{p0.2}$/MPa | $R_m$/MPa | $A_m$/% | $Z$/% | $KV_2$/J |
|---|---|---|---|---|
| ≥850 | ≥1080 | ≥11 | ≥42 | ≥68 |

注：钢材经退火或高温回火后 HBW≤241。

### 6.4.4　工艺性能

#### 6.4.4.1　热成型工艺参数

15MnNi4Mo 钢的热成型工艺参数如表 6-33 所示。

表 6-33　15MnNi4Mo 钢的热成型工艺参数

| 加热温度/℃ | 开始温度/℃ | 终止温度/℃ | 冷却方式 |
|---|---|---|---|
| 1180 | 1150 | 900 | 坑冷 |

#### 6.4.4.2　热处理工艺参数

15MnNi4Mo 钢的热处理工艺参数如表 6-34 所示。

表 6-34　15MnNi4Mo 钢的热处理工艺参数　（℃）

| 渗碳温度 | 正火温度 | 高温回火温度 | 淬火回火温度 |
|---|---|---|---|
| 920~940 | 860 | 675 | 850 油冷，200 空冷 |

15MnNi4Mo 钢的渗碳工艺参数如图 6-11 所示。

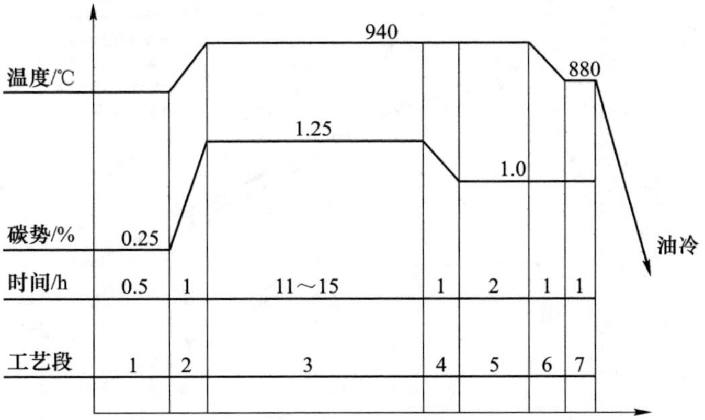


图 6-11　15MnNi4Mo 钢的渗碳工艺参数

15MnNi4Mo 钢的显微硬度分布曲线如图 6-12 所示。

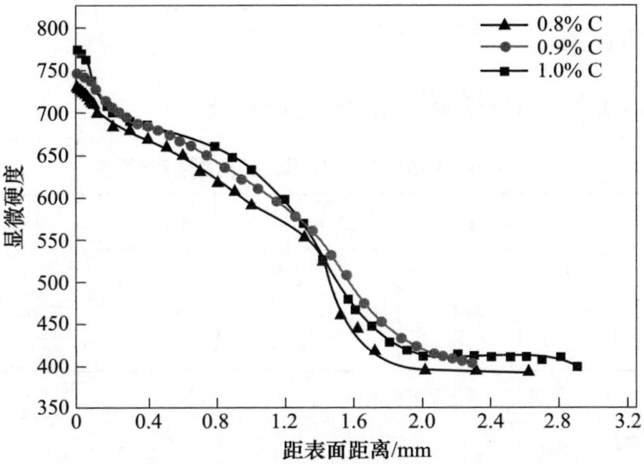


图 6-12　15MnNi4Mo 钢的显微硬度分布曲线
（渗碳样经 820 ℃×15 min 淬火，180 ℃×2 h 回火）

15MnNi4Mo 钢的不同温度下的回火硬度曲线如图 6-13 所示。

15MnNi4Mo 钢的不同碳含量的淬火硬度如表 6-35 所示。

**表 6-35　15MnNi4Mo 钢的不同碳含量的淬火硬度**

| 钢种 | 表面碳含量/% | 淬火温度/℃ | 表面硬度（HRC） | 心部硬度（HRC） |
|---|---|---|---|---|
| SN2025 | 0.8 | 820 | 63.0 | 41.0 |
| | 0.9 | 820 | 63.5 | 41.5 |
| | 1.0 | 820 | 64.0 | 42.0 |

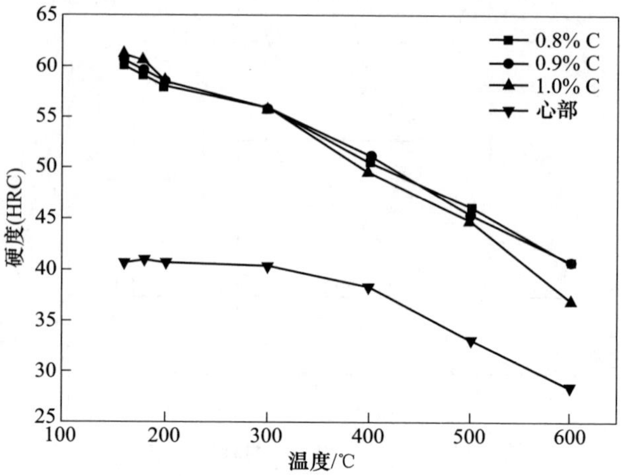


图 6-13　15MnNi4Mo 钢的不同温度下的回火硬度曲线

6.4.4.3　淬透性

15MnNi4Mo 钢的淬透性实测值如表 6-36 所示。

**表 6-36　15MnNi4Mo 钢的淬透性实测值**

| 试样状态 | 1.5 mm | 3 mm | 9 mm | 15 mm | 20 mm | 25 mm |
|---|---|---|---|---|---|---|
| 845 ℃<br>水淬实测值<br>(HRC) | 42.5 | 42.4 | 41.8 | 38.7 | 33.4 | 31.5 |

### 6.4.5　主要生产厂

15MnNi4Mo 钢主要由大冶特殊钢公司、抚顺特殊钢公司、南京钢铁股份有限公司、西宁特殊钢公司、石家庄钢铁公司等企业生产。

## 6.5　15CrNi4Mo 钢

15CrNi4Mo 钢是一种工程机械用钢，通常用于制造高强度零件和机械构件。这种钢具有良好的强度、韧性和耐磨性，适用于要求高强度和耐磨性的工程机械中。15CrNi4Mo 通常用于制造钻凿工具、轴承、齿轮、轴销和其他机械零件。

### 6.5.1　化学成分

15CrNi4Mo 钢的化学成分如表 6-37 所示。

表 6-37 15CrNi4Mo 钢的化学成分（GB/T 33084—2016） （质量分数,%）

| C | Si | Mn | P | S | Cr | Ni | Mo | Cu |
|---|---|---|---|---|---|---|---|---|
| 0.12~0.18 | 0.15~0.35 | 0.30~0.60 | ≤0.025 | ≤0.025 | 0.70~1.10 | 4.0~4.5 | 0.15~0.35 | ≤0.15 |

## 6.5.2 临界温度

15CrNi4Mo 钢的临界温度如表 6-38 所示。

表 6-38 15CrNi4Mo 钢的临界温度 （℃）

| $A_{c_1}$ | $A_{c_3}$ | $M_s$ |
|---|---|---|
| 680 | 785 | 325 |

注：试验用钢化学成分（质量分数,%）为 C 0.14，Si 0.26，Mn 0.82，Cr 0.18，Ni 3.51，Mo 0.33，Cu 0.03，P 0.011，S 0.006。

## 6.5.3 力学性能

### 6.5.3.1 常规力学性能

15CrNi4Mo 钢的常规力学性能如表 6-39 所示。

表 6-39 15CrNi4Mo 钢的纵向力学性能（不小于）（GB/T 33084—2016）

| 热处理制度 | $R_m$/MPa | $R_{eL}$/MPa | $A$/% | $Z$/% |
|---|---|---|---|---|
| 淬火+回火 | 1080 | 790 | 8 | 35 |

### 6.5.3.2 热处理后的力学性能

淬火—回火后的力学性能如表 6-40 所示。

表 6-40 直径为 25.4 mm 的圆棒淬火—回火后的力学性能

| $R_m$/MPa | $R_{p0.2}$/MPa | $A$/% | $Z$/% | $KU_2$/J | 热处理工艺 |
|---|---|---|---|---|---|
| 1342 | 1134 | 14.0 | 61 | 210 | 820 ℃油淬，180 ℃回火 |
| 1335 | 1139 | 14.5 | 63 | 205 | |
| 1323 | 1118 | 14 | 62 | 185 | 820 ℃油淬，200 ℃回火 |
| 1314 | 1110 | 14 | 62 | 196 | |
| 1298 | 1098 | 14 | 65 | 177 | 820 ℃油淬，250 ℃回火 |
| 1290 | 1095 | 14.5 | 67 | 185 | |
| 1275 | 1085 | 13 | 58 | 113 | 820 ℃油淬，300 ℃回火 |
| 1285 | 1084 | 13.5 | 69 | 120 | |

注：试验用钢化学成分（质量分数,%）为 C 0.14，Si 0.26，Mn 0.82，Cr 0.18，Ni 3.51，Mo 0.33，Cu 0.03，P 0.011，S 0.006。

### 6.5.4 热成型及热处理工艺

6.5.4.1　热成型

开轧温度为 1150 ℃，终轧温度为 900 ℃。

6.5.4.2　热处理

渗碳温度为 900～930 ℃，高温回火温度为 640～660 ℃，低温回火温度为 150～200 ℃。

推荐热处理工艺如图 6-14 所示。

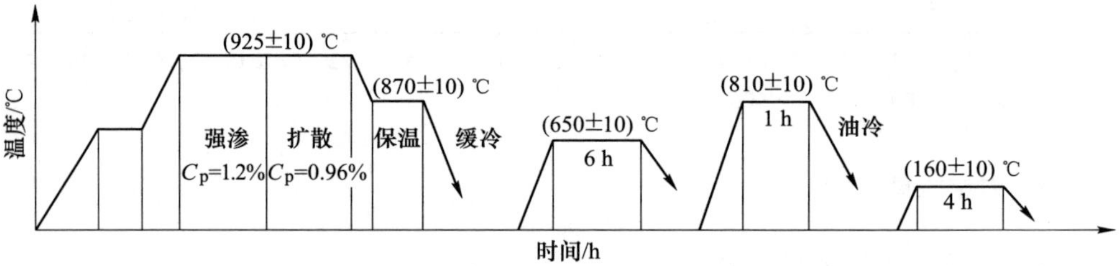


图 6-14　推荐渗碳—淬火—回火工艺

6.5.4.3　淬透性

试样经 920 ℃正火，845 ℃淬火，结果如表 6-41 所示。

**表 6-41　淬透性试验结果**

| 距离/mm | 1.5 | 3.0 | 5.0 | 7.0 | 9.0 | 11 | 13 | 15 | 20 | 25 | 30 | 35 | 40 | 45 | 50 |
|---|---|---|---|---|---|---|---|---|---|---|---|---|---|---|---|
| 硬度（HRC） | 42 | 42 | 41 | 41 | 40 | 39.5 | 38 | 37 | 33 | 31 | 28 | 28 | 27.5 | 27 | 27 |

### 6.5.5 主要生产厂

大冶特殊钢公司、抚顺特殊钢公司、南京钢铁股份有限公司、西宁特殊钢公司等。

## 6.6 30CrNi4MoA（498、EN30B）钢

30CrNi4MoA（498、EN30B）钢是一种高强、高韧合金钢，即使对于相当大截面的产品，空淬也可获得较好的淬透性，它可通过油淬获得极佳的冲击性能，但激烈的淬火可能引起变形和开裂。

它可用于制造钎具中的活塞、钻（钎）头、接头，高负荷汽轮机、航空发动机连杆，各种高负荷轴类及传输元件；油气田用工具等。

## 6.6.1　化学成分

30CrNi4MoA 钢的化学成分如表 6-42 所示。

**表 6-42　30CrNi4MoA 钢的化学成分**　（质量分数,%）

| C | Si | Mn | P | S | Cr | Ni | Mo | Cu |
|---|---|---|---|---|---|---|---|---|
| 0.26~0.34 | 0.15~0.35 | 0.40~0.60 | ≤0.025 | ≤0.025 | 1.10~1.40 | 3.30~4.30 | 0.30~0.60 | ≤0.20 |

注：$w(O)\leqslant 15\times10^{-6}$，$w(H)\leqslant 1.5\times10^{-6}$，$w(N)\leqslant 80\times10^{-6}$。

## 6.6.2　临界温度

30CrNi4MoA 钢的临界温度如表 6-43 所示。

**表 6-43　30CrNi4MoA 钢的临界温度**　（℃）

| $A_{c_1}$ | $A_{c_3}$ | $A_{r_1}$ | $A_{r_3}$ | $M_s$ |
|---|---|---|---|---|
| 705 | 759 | 660 | 745 | 375 |

## 6.6.3　力学性能

### 6.6.3.1　常规力学性能

30CrNi4MoA 钢的常规力学性能如表 6-44 所示。

**表 6-44　30CrNi4MoA 钢的常规力学性能**

| 热处理制度 | | | | 力学性能 | | | | |
|---|---|---|---|---|---|---|---|---|
| 淬火 | | 回火 | | | | | | |
| 温度/℃ | 冷却介质 | 温度/℃ | 冷却介质 | $R_m$/MPa | $R_{p0.2}$/MPa | $A$/% | $Z$/% | $KU_2$/J |
| 810~840 | 空气 | 200~250 | 水、空气 | ≥1640 | ≥1130 | ≥8 | | ≥20 |

注：退火状态布氏硬度（HBW）≥444。

### 6.6.3.2　纵向力学性能

圆坯（或方坯）试样经 860 ℃±10 ℃油淬，160~200 ℃回火后，纵向力学性能要求如表 6-45 所示。

**表 6-45　30CrNi4MoA 钢的纵向力学性能**

| $R_{p0.2}$/MPa | $R_m$/MPa | $A_m$/% | $Z$/% | $KU_2$/J |
|---|---|---|---|---|
| ≥900 | ≥1000 | ≥68 | ≥19 | ≥62 |
| 1106~1289 | 976~1148 | 62~69 | 17~18 | 110~184 |

注：表中第二行数据为实测值。

### 6.6.4 工艺性能

#### 6.6.4.1 热成型工艺参数

30CrNi4MoA 钢的热成型工艺参数如表 6-46 所示。

**表 6-46　30CrNi4MoA 钢的热成型工艺参数**

| 加热温度/℃ | 开始温度/℃ | 终止温度/℃ | 冷却方式 |
|---|---|---|---|
| ≤1180 | 1150 | ≥850 | 保温缓冷 |

#### 6.6.4.2 热处理

30CrNi4MoA 钢的热处理工艺如下：

（1）淬火温度：860 ℃；

（2）回火温度：520~590 ℃；

（3）退火工艺：720 ℃×3 h，炉冷至 680 ℃×10 h，再炉冷至 550 ℃出炉；

（4）正火温度：860~880 ℃。

回火温度对 EN30B 伸长率及断面收缩率的影响如图 6-15 所示。

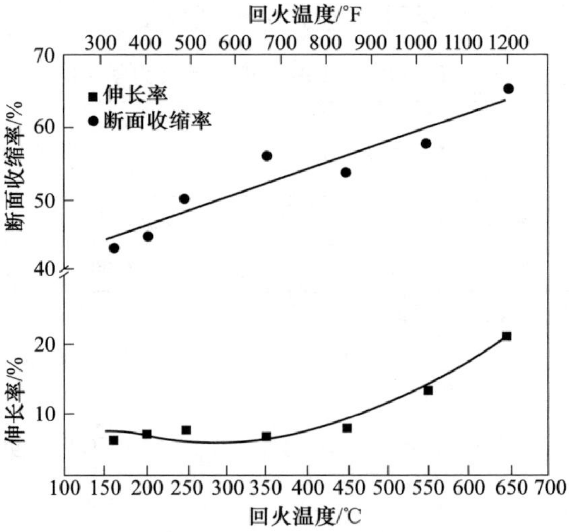


图 6-15　回火温度对 EN30B 伸长率及断面收缩率的影响

回火温度对 EN30B 抗拉及屈服强度的影响如图 6-16 所示。

回火温度对 EN30B 冲击功及洛氏硬度的影响如图 6-17 所示。

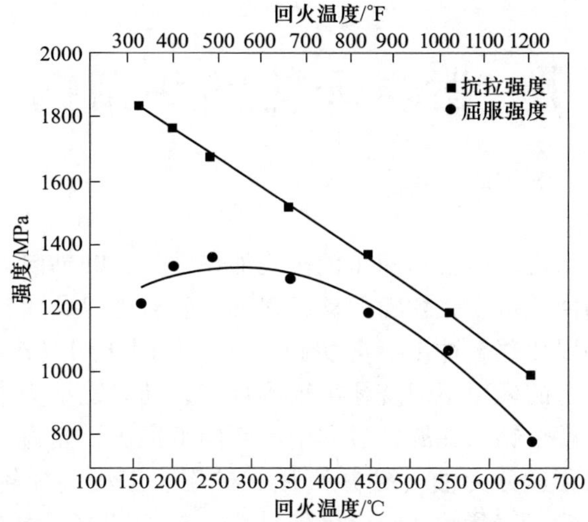


图 6-16 回火温度对 EN30B 抗拉及屈服强度的影响

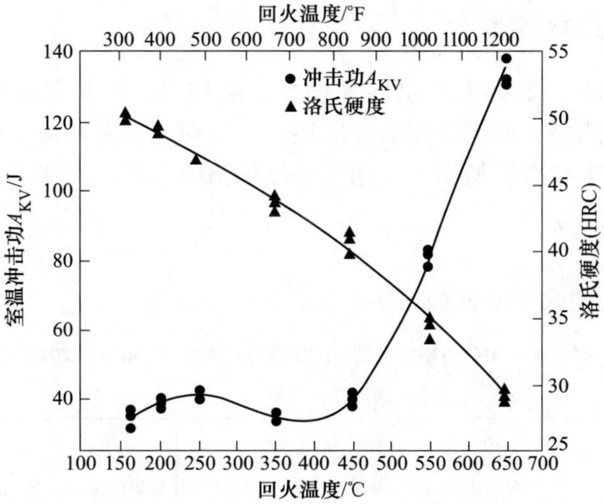


图 6-17 回火温度对 EN30B 冲击功及洛氏硬度的影响

### 6.6.5 主要生产厂

30CrNi4MoA 钢可以由大冶特殊钢公司、抚顺特殊钢公司、南京钢铁股份有限公司、西宁特殊钢公司、石家庄钢铁公司等企业生产。

其他可制作凿岩机钎尾的钢种：20Ni4Mo（见 4.8 节），35SiMnMoV（见 2.1 节），23CrNi3Mo(EN27B)（见 2.6 节）。

# 7 凿岩牙轮钻头用钢

牙轮钻头是靠钻机的回转和加压机构施加在钻头上的轴向力和回转力矩来破碎岩石的，钻头的回转带动着牙轮滚动，在轴压静载荷以及牙轮转动时动载荷作用下，牙轮钻头将以压碎、冲击、剪切和刮削等不同作用方式吃入并破碎岩石，穿孔过程中，钻头上的牙轮不但绕牙爪轴颈自转，同时绕钻头中心公转，使岩石破碎而排出孔外，整个钻头在旋转过程中不断向下推进，能适应从软到硬的多种岩层。牙轮钻头按用途分为油（钻井）用、矿用、工程用牙轮钻头；按牙轮数量多少可分为单牙轮、三牙轮、组合牙轮钻头；按切割材质可分为钢齿（铣齿）和镶齿牙轮钻，要求牙掌钢强度高，韧性、耐磨性及耐腐蚀性好。

## 7.1 20CrNiMo 钢

20CrNiMo 钢是国家标准规定的一种合金结构钢，该钢的淬透性较高，无回火脆性，焊接性能好，形成冷裂的倾向很小，可切削性及冷应变塑性良好。一般在调质或渗碳淬火状态下使用，可用作牙轮钻头的掌片。

### 7.1.1 化学成分

20CrNiMo 钢的化学成分如表 7-1 所示。

**表 7-1 20CrNiMo 钢的化学成分（GB/T 3077—2015）**

（质量分数,%）

| C | Si | Mn | P | S | Mo | Cr | Ni |
|---|---|---|---|---|---|---|---|
| 0.17~0.23 | 0.17~0.37 | 0.60~0.95 | ≤0.025 | ≤0.025 | 0.20~0.30 | 0.40~0.70 | 0.35~0.75 |

### 7.1.2 临界温度

20CrNiMo 钢的临界温度如表 7-2 所示。

**表 7-2 20CrNiMo 钢的临界温度** （℃）

| $A_{c_1}$ | $A_{c_3}$ | $M_s$ |
|---|---|---|
| 725 | 810 | 396 |

注：用钢成分（质量分数,%）为 C 0.20，Si 0.31，Ni 0.55，Cr 0.57，Mo 0.34，Cu<0.20，P 0.022，S 0.009。

## 7.1.3 力学性能

### 7.1.3.1 常规力学性能

20CrNiMo 钢的常规力学性能如表 7-3 所示。

**表 7-3 20CrNiMo 钢的常规力学性能（GB/T 3077—2015）**

| 热处理制度 | | | | 力学性能 | | | | |
|---|---|---|---|---|---|---|---|---|
| 淬火 | | 回火 | | | | | | |
| 温度/℃ | 冷却介质 | 温度/℃ | 冷却介质 | $R_m$/MPa | $R_{p0.2}$/MPa | $A$/% | $Z$/% | $KU_2$/J |
| 850±5 | 油 | 200 | 空气 | ≥980 | ≥785 | ≥9 | ≥40 | ≥47 |

注：布氏硬度（HBW）（退火或高温回火状态）≤197。

### 7.1.3.2 不同淬火温度的力学性能

20CrNiMo 钢不同淬火温度的力学性能如表 7-4 所示。

**表 7-4 20CrNiMo 钢不同淬火温度的力学性能**

| 热处理毛坯直径 | 热处理制度 | | | | 力学性能 | | | | |
|---|---|---|---|---|---|---|---|---|---|
| | 淬火 | | 回火 | | | | | | |
| | 温度 | 冷却介质 | 温度 | 冷却介质 | $R_m$/MPa | $R_{p0.2}$/MPa | $A$/% | $Z$/% | $KU_2$/J |
| $\phi$20 mm（用作拉伸试样）15 mm×15 mm×55 mm（用作冲击试样） | 900 ℃油淬，200 ℃回火空冷 | 油 | 200 ℃ | 空气 | 1408<br>1437 | <br>1251 | 11.5<br>11.5 | 56.0<br>54.0 | 86<br>69 |
| | 870 ℃油淬，200 ℃回火空冷 | | | | 1467<br>1467 | 1280<br>1280 | 12.0<br>12.0 | 58.0<br>56.0 | 93<br>77 |
| | 840 ℃油淬，200 ℃回火空冷 | | | | 1142<br>1471 | 1251<br>1251 | | 52.0<br>58.0 | 76<br>83 |
| | 810 ℃油淬，200 ℃回火空冷 | | | | 1339<br>1393 | 1182<br>1202 | | 50.0<br>46.0 | 59<br>58 |
| | 780 ℃油淬，200 ℃回火空冷 | | | | 1099<br>1118 | 848 | 12.0<br>12.5 | 48.0<br>47.0 | 60<br>64 |

注：1. 毛坯经 950 ℃正火，650 ℃回火，然后加工成留有余量的拉伸试样和冲击试样再经淬火和回火热处理；

2. 用钢成分（质量分数,%）为 C 0.20，Si 0.31，Mn 0.87，Cr 0.57，Ni 0.55，Mo 0.34，Cu≤0.20，P 0.022，S 0.009。

### 7.1.3.3 疲劳极限

20CrNiMo 钢疲劳极限 $\sigma_{-1}$为 412 MPa。

#### 7.1.3.4 低温冲击吸收能量

20CrNiMo 钢的低温冲击吸收能量如表 7-5 所示。

**表 7-5 下列温度时的冲击吸收能量** (J)

| 项目 | 室温 | 0 ℃ | −20 ℃ | −40 ℃ | −60 ℃ | −78 ℃ |
|---|---|---|---|---|---|---|
| 梅氏 | 78 | 73 | 64 | 64 | 60 | 53 |
| | 77 | 71 | 64 | 63 | 49 | 55 |
| | 76 | 67 | 59 | 59 | 60 | 54 |
| 夏氏 | 52 | 43 | 44 | 33 | 35 | 23 |
| | 50 | 38 | 37 | 29 | 26 | 25 |
| | 49 | 45 | 34 | 28 | 28 | 21 |

### 7.1.4 工艺性能

#### 7.1.4.1 热成型工艺参数

20CrNiMo 钢的热成型工艺参数如表 7-6 所示。

**表 7-6 20CrNiMo 钢的热成型工艺参数**

| 加热温度/℃ | 开始温度/℃ | 终止温度/℃ | 冷却方式 |
|---|---|---|---|
| ≤1200 | 1180 | 850 | 缓冷 |

#### 7.1.4.2 热处理工艺参数

20CrNiMo 钢的热处理工艺参数如表 7-7 所示。

**表 7-7 20CrNiMo 钢的热处理工艺参数**

| 项目 | 温度/℃ | 冷却方式 | 硬度（HBW） |
|---|---|---|---|
| 退火 | 660 | 炉冷 | ≤197 |
| 正火 | 900 | 空冷 | |
| 高温回火 | 670 | 空冷 | |
| 淬火 | 840~880 | 油冷 | |
| 回火 | 150~200 | 空冷，油冷 | |
| 渗碳 | 930 | 缓冷 | |
| 高温回火 | 650 | 空冷 | |
| 淬火 | 820~840 | 油冷 | |
| 回火 | 150~180 | 空冷 | 表面 HRC≥56 |
| 氰化（碳氮共渗） | 820~840 | 油冷 | |
| 回火 | 150~180 | 空冷 | 表面 HRC≥56 |

### 7.1.4.3 过冷奥氏体等温转变曲线及淬透性曲线

20CrNiMo 钢渗碳前、渗碳后的奥氏体等温转变曲线如图 7-1 所示。

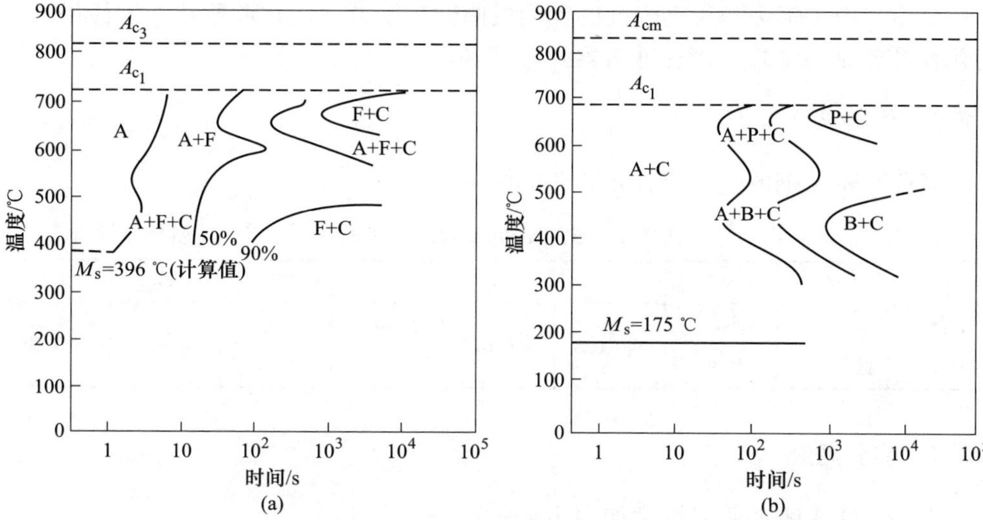


图 7-1 20CrNiMo 钢渗碳前（a）、渗碳后（b）的奥氏体等温转变曲线

（用钢成分（质量分数,%）为（a）C 0.20，Si 0.38，Mn 0.90，Cr 0.53，Ni 0.54，Mo 0.34，P 0.023，S 0.009；奥氏体化温度为 860 ℃；（b）C 0.91，Si 0.40，Mn 0.80，Cr 0.70，Ni 0.55，Mo 0.31，P 0.014，S 0.003；奥氏体化温度为 860 ℃）

20CrNiMo 钢的淬透性曲线如图 7-2 所示。

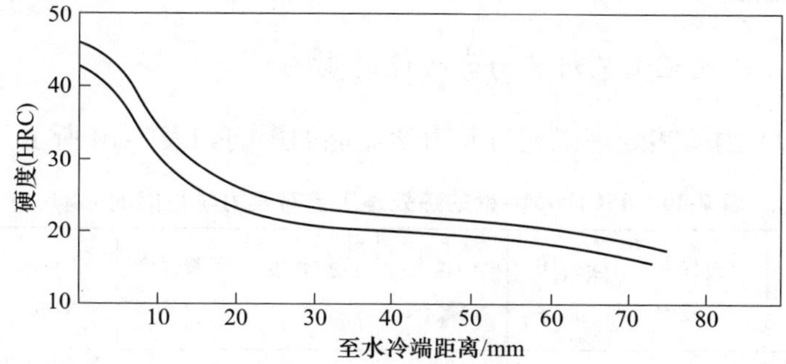


图 7-2 20CrNiMo 钢的淬透性曲线

（$\phi$35 mm 试料经 950 ℃正火，650 ℃回火空冷，然后加工成标准试样，860 ℃端淬；用钢成分（质量分数,%）为 C 0.20，Si 0.38，Mn 0.90，Cr 0.53，Ni 0.54，Mo 0.34，P 0.023，S 0.009）

## 7.1.5 主要生产厂

20CrNiMo 钢主要由大冶特殊钢公司、抚顺特殊钢公司、南京钢铁股份有限

公司、西宁特殊钢公司、石家庄钢铁公司等企业生产。

## 7.2　45CrNiMoA 钢

45CrNiMoA 钢为一种高强度的发动机曲轴用钢，一般在调质状态下使用，也可用作牙轮钻的掌片、潜孔冲击器外套管等。

### 7.2.1　化学成分

45CrNiMoA 钢的化学成分如表 7-8 所示。

**表 7-8　45CrNiMoA 钢的化学成分**　（质量分数,%）

| C | Si | Mn | P | S | Cr | Ni | Mo | Cu |
|---|---|---|---|---|---|---|---|---|
| 0.42～0.49 | 0.17～0.37 | 0.50～0.80 | ≤0.025 | ≤0.025 | 0.50～0.80 | 1.25～1.65 | 0.20～0.30 | ≤0.20 |

### 7.2.2　临界温度

45CrNiMoA 钢的临界温度如表 7-9 所示。

**表 7-9　45CrNiMoA 钢的临界温度**　（℃）

| $A_{c_1}$ | $A_{c_3}$ | $M_s$ | $M_f$ |
|---|---|---|---|
| 746 | 806 | 301 | 146 |

### 7.2.3　力学性能

#### 7.2.3.1　热处理工艺对其力学性能的影响

45CrNiMoA 钢的热处理工艺对其力学性能的影响如表 7-10 所示。

**表 7-10　45CrNiMo 钢的热处理工艺对其力学性能的影响**

| 试样 | 热处理工艺 | 取样位置 | 铁素体含量/% | 平均铁素体含量/% | 抗拉强度 $R_m$/MPa | 屈服强度 $R_{eL}$/MPa | 伸长率 $A$/% | 冲击吸收能量 $KU_2$/J |
|---|---|---|---|---|---|---|---|---|
| A | 880 ℃正火 | 1/2 半径 | 3.9 | 4.25 | 740 | 440 | 19 | 33.0 |
| | 880 ℃淬火 | | | | | | | |
| | 630 ℃回火 | 1/2 半径 | 4.6 | | | | | |
| B | 910 ℃正火 | 1/2 半径 | 9.8 | 8.2 | 770 | 520 | 22 | 44.0 |
| | 880 ℃淬火 | | | | | | | |
| | 630 ℃回火 | 1/2 半径 | 6.6 | | | | | |

### 7.2.3.2 不同淬火条件下的力学性能

45CrNiMoA 钢不同淬火条件下的力学性能如表 7-11 和表 7-12 所示。

**表 7-11 45CrNiMoA 钢不同淬火温度、冷却介质条件下的力学性能**

| 淬火温度/℃ | 保温时间/h | 冷却介质 | 回火温度/℃ | 冲击吸收能量/J | 平均硬度(HBW) |
|---|---|---|---|---|---|
| 825 | 1 | 水 | 600 | 101.0 | 269.0 |
| 850 | 1 | 水 | 600 | 97.0 | 278.0 |
| 875 | 1 | 水 | 600 | 106.0 | 257.0 |
| 825 | 1 | 空气 | 600 | 33.0 | 207.0 |
| 850 | 1 | 空气 | 600 | 34.0 | 211.0 |
| 875 | 1 | 空气 | 600 | 30.0 | 201.0 |
| 825 | 1 | 油 | 600 | 65.0 | 244.0 |
| 850 | 1 | 油 | 600 | 56.0 | 241.0 |
| 875 | 1 | 油 | 600 | 64.0 | 237.5 |

**表 7-12 45CrNiMoA 钢不同淬火温度、时间、油冷条件下的力学性能**

| 淬火温度/℃ | 保温时间/h | 冷却介质 | 回火温度/℃ | 平均冲击吸收能量/J | 平均硬度(HBW) |
|---|---|---|---|---|---|
| 825 | 1 | 油 | 600 | 65.0 | 244.0 |
| 825 | 2 | 油 | 600 | 37.0 | 223.0 |
| 825 | 5 | 油 | 600 | 42.0 | 227.5 |
| 850 | 1 | 油 | 600 | 56.0 | 241.0 |
| 850 | 2 | 油 | 600 | 59.0 | 215.0 |
| 850 | 5 | 油 | 600 | 62.0 | 234.0 |
| 875 | 1 | 油 | 600 | 64.0 | 237.5 |
| 875 | 2 | 油 | 600 | 60.0 | 239.0 |
| 875 | 5 | 油 | 600 | 45.0 | 232.5 |

### 7.2.3.3 试样力学性能随回火温度的变化

45CrNiMoA 钢试样硬度和冲击功随回火温度的变化如图 7-3 所示。

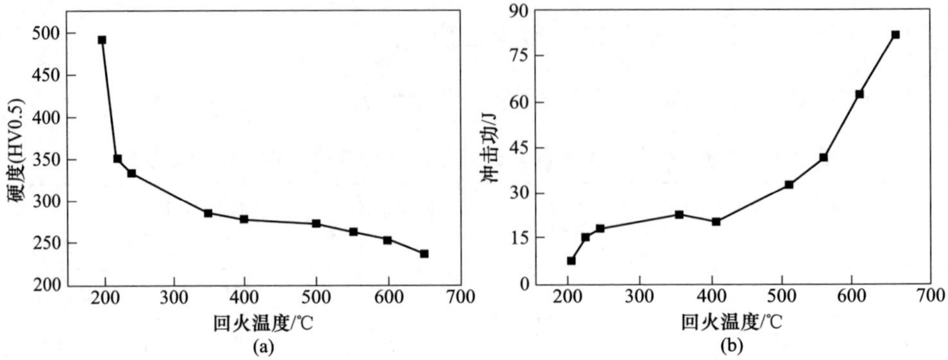


图 7-3　试样硬度和冲击功随回火温度的变化
（a）硬度；（b）冲击功

## 7.2.4　工艺性能

### 7.2.4.1　热成型工艺参数

45CrNiMoA 钢的热成型工艺参数如表 7-13 所示。

**表 7-13　45CrNiMoA 钢的热成型工艺参数**

| 加热温度/℃ | 开始温度/℃ | 终止温度/℃ | 冷却方式 |
|---|---|---|---|
| 1200 | 1150 | ≥850 | 空冷 |

### 7.2.4.2　热处理工艺

45CrNiMoA 钢的退火工艺流程如图 7-4 所示。45CrNiMoA 钢的淬火工艺流程如图 7-5 所示。45CrNiMoA 钢的回火工艺流程如图 7-6 所示。

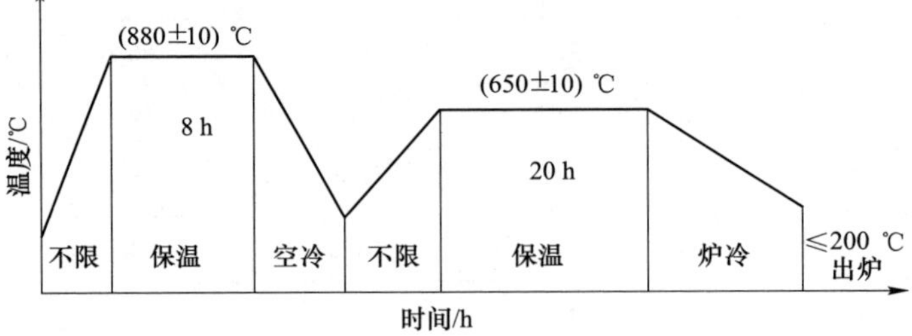


图 7-4　45CrNiMoA 钢的退火工艺流程

### 7.2.4.3　过冷奥氏体转变曲线

45CrNiMoA 钢的过冷奥氏体转变曲线（TTT 转变曲线）如图 7-7 所示。

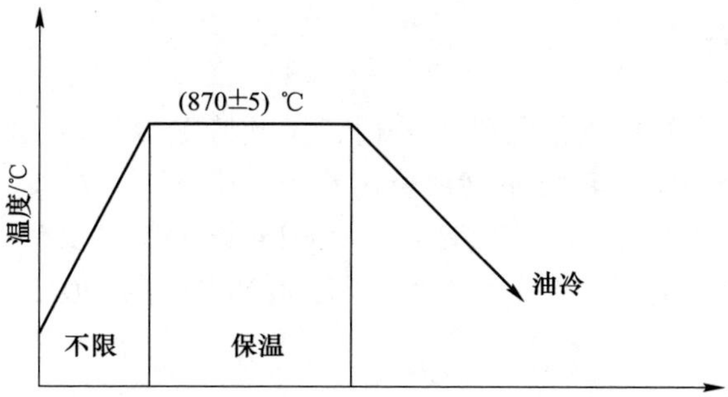


图 7-5　45CrNiMoA 钢的淬火工艺流程

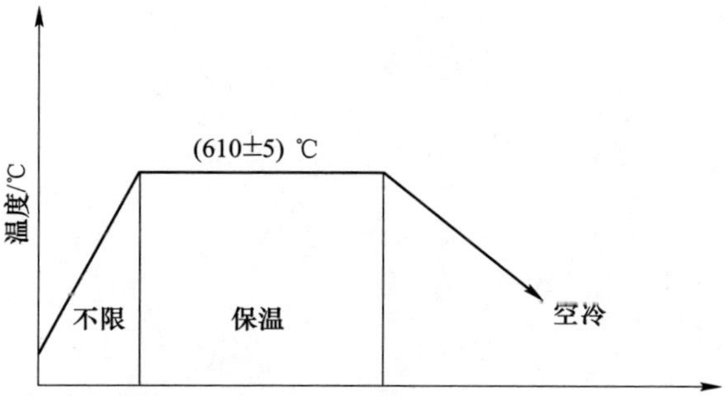


图 7-6　45CrNiMoA 钢的回火工艺流程

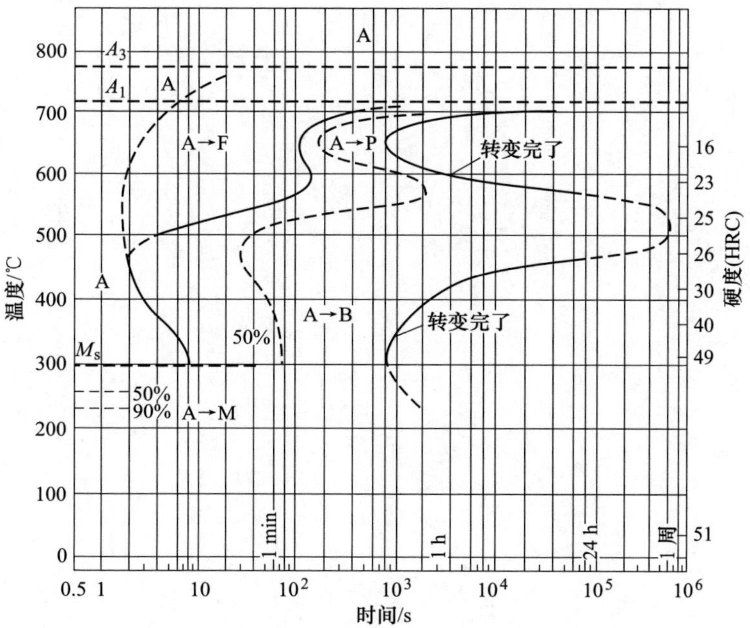


图 7-7　45CrNiMoA 钢的过冷奥氏体转变曲线

（用钢成分（质量分数,%）为 C 0.44，Mn 0.90，Ni 1.45，Cr 0.54，Mo 0.22）

### 7.2.5　主要生产厂

45CrNiMoA 钢主要由大冶特殊钢公司、抚顺特殊钢公司、南京钢铁股份有限公司、西宁特殊钢公司、石家庄钢铁公司等企业生产。

其他可制作凿岩牙轮钻头的钢种：18CrMnNi2MoA(EX55) 钢（见 2.9 节），15CrNiMo(SAE、Ex30) 钢（见 4.7 节），15MnNi4Mo(SN2025) 钢（见 6.4 节）。

# 8 截齿用钢

截齿分为采煤机截齿（与采煤机配套使用，用于煤矿开采）和掘进机截齿（与掘进机配套使用，适用于巷道掘进），由齿体和硬质合金头两部分组成。

截齿钢体通常用中碳Ni-Cr-Mo、Cr-Mo、Cr-Mn-Si、Si-Mn-Mo、Mn-B钢制作，并经过热处理，具有较高的强度、良好的韧性，同时在高温环境下有很好的抗蠕变性能和持久强度，较高的疲劳极限。

## 8.1 35MnB钢

35MnB钢多用于制造中小截面的重要调质零件，如汽车、拖拉机的转向轴、半轴、花键轴、蜗杆等，也可用作煤截齿齿体。

### 8.1.1 化学成分

35MnB钢的化学成分（推荐）如表8-1所示。

**表8-1 35MnB钢的化学成分（推荐）** （质量分数,%）

| C | Si | Mn | P | S | Ni | Mo | Cu |
|---|---|---|---|---|---|---|---|
| 0.32~0.36 | 0.15~0.35 | 1.10~1.40 | ≤0.025 | ≤0.025 | ≤0.20 | ≤0.05 | ≤0.20 |

### 8.1.2 临界温度

35MnB钢的临界温度如表8-2所示。

**表8-2 35MnB钢的临界温度** （℃）

| $A_{c_1}$ | $A_{c_3}$ | $A_{r_1}$ | $A_{r_3}$ |
|---|---|---|---|
| 720 | 810 | 630 | 720 |

注：用钢成分（质量分数,%）为C 0.36，Mn 1.28，B 0.0018，Ti 0.05。

### 8.1.3　力学性能

35MnB 钢的常规力学性能如表 8-3 所示。

**表 8-3　35MnB 钢的常规力学性能（GB/T 3077—2015）**

| 热处理制度 | | | | 力学性能 | | | | |
|---|---|---|---|---|---|---|---|---|
| 淬火 | | 回火 | | | | | | |
| 温度/℃ | 冷却介质 | 温度/℃ | 冷却介质 | $R_m$/MPa | $R_{eL}$/MPa | $A$/% | $Z$/% | $KU_2$/J |
| 850±10 | 油 | 500 | 水、油 | ≥930 | ≥735 | ≥10 | ≥45 | ≥47 |

注：35MnB 钢的布氏硬度（HBW）（退火状态）≤207。

### 8.1.4　工艺性能

#### 8.1.4.1　热成型工艺

35MnB 钢的热成型工艺参数如表 8-4 所示。

**表 8-4　35MnB 钢的热成型工艺参数**

| 加热温度/℃ | 开始温度/℃ | 终止温度/℃ | 冷却方式 |
|---|---|---|---|
| ≤1200 | 1160~1180 | 850 | 缓冷 |

#### 8.1.4.2　热处理工艺

热处理工艺对性能的影响（880 ℃加热，水（或油）淬火，0~500 ℃之间回火）如表 8-5 所示。

**表 8-5　不同的回火温度**

| 序号 | 1 | 2 | 3 | 4 | 5 | 6 | 7 | 8 |
|---|---|---|---|---|---|---|---|---|
| 回火温度/℃ | 0 | 200 | 250 | 300 | 350 | 400 | 450 | 500 |

35MnB 钢的回火温度对抗拉强度及屈服强度的影响如图 8-1 所示。

35MnB 钢的回火温度对冲击韧度的影响如图 8-2 所示。

由图 8-1 和图 8-2 可以看出：

（1）随着回火温度的升高，硬度降低；

（2）屈服强度和抗拉强度与硬度成正比关系，随硬度降低而降低；

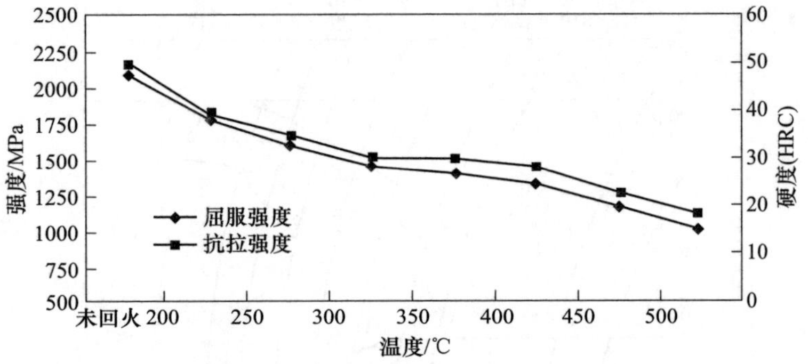


图 8-1 35MnB 钢的回火温度对抗拉强度及屈服强度的影响

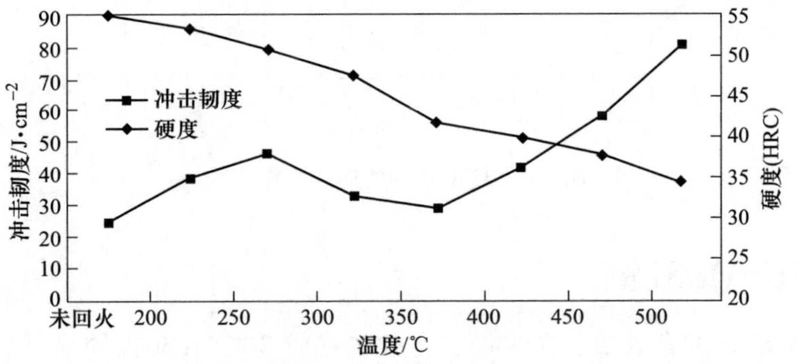


图 8-2 35MnB 钢的回火温度对冲击韧度的影响

（3）在 200~250 ℃进行低温回火时，材料具有较高的硬度与较好的冲击韧度，因此具有优良的耐磨性能；

（4）由硬度与冲击韧度的对比可以看出，在 250~400 ℃之间存在第一类回火脆性，在选择回火温度时应该避免在该温度范围内回火。400 ℃后随着温度的提高，回火硬度进一步降低，而冲击韧度则显著提高。

8.1.4.3 过冷奥氏体转变曲线

35MnB 钢的连续冷却曲线如图 8-3 所示。

### 8.1.5 主要生产厂

35MnB 钢主要由大冶特殊钢公司、抚顺特殊钢公司、南京钢铁股份有限公司、西宁特殊钢公司、石家庄钢铁公司等企业生产。

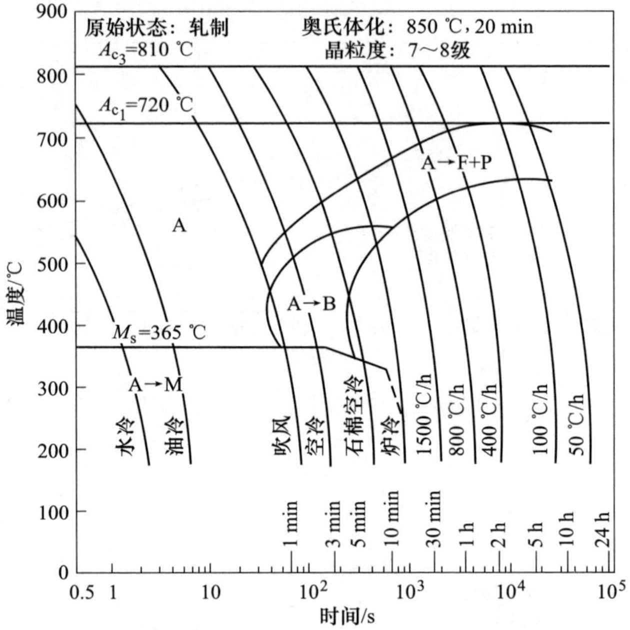


图 8-3　35MnB 钢的连续冷却曲线

## 8.2　35CrMnSi 钢

35CrMnSi 钢的含碳量、含铬量、含硅量都较 30CrMnSi 钢的高，故强度提高很多，而韧性下降不明显，此钢的其他特性和 30CrMnSi 钢相似。35CrMnSi 钢主要是低温回火或等温淬火后使用，因此综合性能较好。可用于制造重负荷、中等转速的高强度构件，可以部分代替相应强度或相应淬透性的铬镍钼等制造中小截面零件，如截齿钎头齿体。

### 8.2.1　化学成分

35CrMnSi 钢的化学成分如表 8-6 所示。

**表 8-6　35CrMnSi 钢的化学成分（GB/T 3077—2015）**　（质量分数，%）

| C | Si | Mn | Cr | P | S | Ni | Cu |
|---|---|---|---|---|---|---|---|
| 0.32～0.39 | 1.10～1.40 | 0.8～1.1 | 1.10～1.40 | ≤0.030 | ≤0.030 | ≤0.35 | ≤0.20 |

### 8.2.2　临界温度

35CrMnSi 钢的临界温度如表 8-7 所示。

**表 8-7　35CrMnSi 钢的临界温度**　(℃)

| $A_{c_1}$ | $A_{c_3}$ | $A_{r_3}$ | $A_{r_1}$ | $M_s$ |
|---|---|---|---|---|
| 775 | 830 | 755 | 700 | 330 |

注：用钢成分（质量分数,%）为 C 0.35，Si 1.18，Mn 0.98，Cr 1.27，Ni 0.05，Cu 0.09，P 0.019，S 0.007；880 ℃奥氏体化。

## 8.2.3　力学性能

35CrMnSi 钢的力学性能如表 8-8 所示。

**表 8-8　35CrMnSi 钢的力学性能（GB/T 3077—2015）**

| 热处理制度 | $R_m$/MPa | $R_{eL}$/MPa | $A$/% | $Z$/% | $KU_2$/J | 备注 |
|---|---|---|---|---|---|---|
| 880 ℃加热，280～310 ℃等温淬火，然后空冷① | ≥1620 | ≥1280 | ≥9 | ≥40 | ≥31 | ② |
| 880 ℃ 40 min 加热，280～320 ℃等温淬火，空冷 | $\frac{1588\sim1882}{1705}$ | $\frac{1245\sim1617}{1450}$ | $\frac{8.5\sim15}{11.5}$ | $\frac{42\sim55}{48.7}$ | $\frac{36\sim127}{91}$ | 44 炉钢 |
| 880 ℃ 60 min 油淬，230 ℃回火空冷 | $\frac{1747\sim1913}{1825}$ | $\frac{1537\sim1570}{1542}$ | $\frac{9\sim12}{10}$ | $\frac{40\sim49.6}{43.8}$ | $\frac{103\sim105}{104}$ | 12 炉钢 |

注：分子为数据范围，分母为平均值。退火或高温回火后硬度（HBW）≤229。
①也可用 950 ℃第一次淬火，890 ℃第二次淬火，均为油冷；230 ℃回火，水或油冷。
②实测值。

## 8.2.4　工艺性能

### 8.2.4.1　热成型工艺参数

35CrMnSi 钢的热成型工艺参数如表 8-9 所示。

**表 8-9　35CrMnSi 钢的热成型工艺参数**

| 加热温度/℃ | 开始温度/℃ | 终止温度/℃ | 冷却方式 |
|---|---|---|---|
| 1200 | 1180 | ≥ 850 | >$\phi$75 mm 时缓冷 |

### 8.2.4.2　热处理工艺参数

35CrMnSi 钢的热处理工艺参数如表 8-10 所示。

表 8-10 35CrMnSi 钢的热处理工艺参数

| 项目 | 退火 | 高温回火 | 正火 | 正火后回火 | 淬火 | 回火 | 等温淬火 |
|---|---|---|---|---|---|---|---|
| 温度/℃ | 840~860 | 680~710 | 860~880 | 680~730 | 860~890 | 200~500 | 870~900 |
| 冷却方式 | 炉冷 | 空冷 | 空冷 | 空冷 | 油冷 | 油冷 | 230~350 ℃盐浴 |
| 硬度(HBW) | ≤229 | ≤229 | | ≤229 | | 按需要 | ≤500 |

35CrMnSi 钢的等温转变曲线和连续冷却转变曲线如图 8-4 所示。

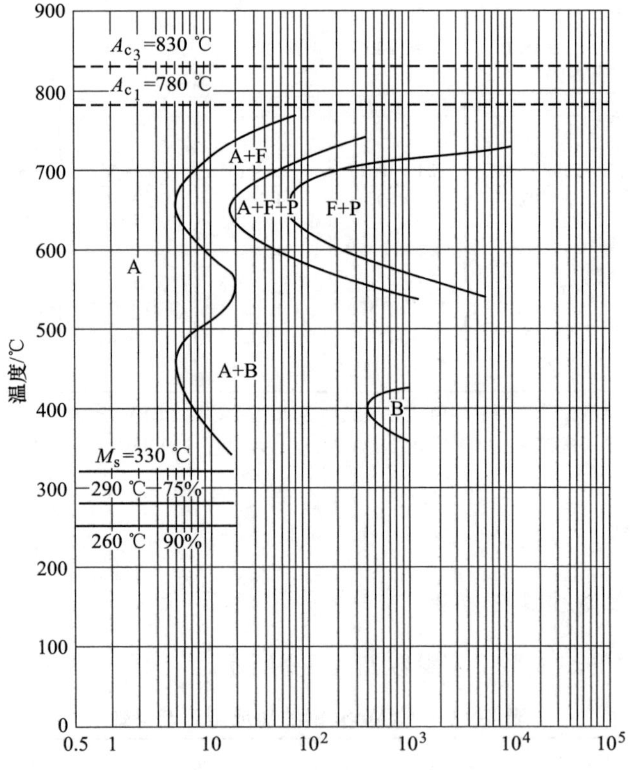


(a)

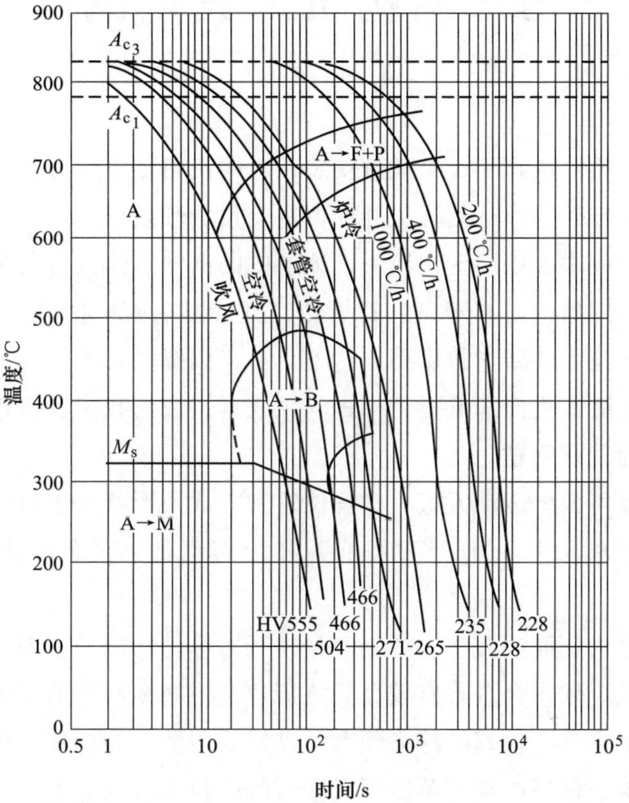


(b)

图 8-4 35CrMnSi 钢的等温转变曲线（a）和连续冷却转变曲线（b）

（用钢成分（质量分数,%）为 C 0.35，Si 1.18，Mn 0.98，Cr 1.27，Ni 0.05，Cu 0.09，P 0.019，S 0.007；原始状态为正火高温回火后，奥氏体化温度为 880 ℃）

### 8.2.5 主要生产厂

35CrMnSi 钢主要由大冶特殊钢公司、抚顺特殊钢公司、南京钢铁股份有限公司、西宁特殊钢公司、石家庄钢铁公司等企业生产。

其他可制作截齿的钢种：42CrMo 钢（见 4.2 节）。

# 9 盾构机刀具用钢

隧道开挖的盾构法施工，是通过安装在盾构机刀盘上的刀具，对岩土体进行切削破碎和碾压破碎，以达到隧道开挖掘进的目的和效果。

掘进开挖过程中，地层变化较大，地层中的磨蚀土体及石英物质对刀具的磨损极其严重，致使盾构刀具寿命大打折扣，直接影响盾构掘进施工成本和效率。因此，怎样把新技术、新材料用到盾构刀具上，以提高刀具自身的抗冲击、抗磨损、耐腐蚀的性能，进而降低隧道掘进施工成本，成为我国盾构机用刀具厂家最为迫切要解决的现状问题。

盾构机刀具可根据运动方式、布置位置和方式及形状等进行分类。按切削原理划分，盾构机的刀具一般分为切削刀和滚刀两种，其余形式的刀具为辅助刀具。

切削刀又分为正面刮刀、边缘刮刀和先行刀等。切削刀由刀体、硬质合金和表面耐磨层构成。硬质合金具有较高的抗折弯、耐磨损、高剪切强度，另外刀体采用优质合金钢，具有较好的淬火硬度及良好的耐磨性和韧性，再结合耐磨层的敷焊保护，可承受地层中高石英砂砾、卵石的磨粒磨损与冲击。

滚刀主要用在岩层硬度较高的地层下，其破岩原理是利用滚刀滚动特性对岩体进行碾压破碎。滚刀主要由刀圈、刀体、轴承和刀轴组成。刀圈选取优质模具钢，对其淬火后，有效地对岩体进行破除，已达到掘进的目的。滚刀能用在强度很高的岩石中，目前可在抗压强度超过 200 MPa 岩石中有效破岩。要求其具有较高的刚度和强度，以及良好的耐磨性和韧性，同时要求其淬透性好，具有较高的疲劳强度和抗冲击能力。

## 9.1 37CrNi3 钢

37CrNi3 钢具有良好的综合力学性能，用于制造重载、受冲击、截面较大的零件，或低温、受冲击的零件及热锻、热冲压的零件，如转子轴、叶轮、重要的紧固件等。其可用作盾构滚刀刀圈、切刀刀体。

## 9.1.1 化学成分

37CrNi3 钢的化学成分如表 9-1 所示。

表 9-1 37CrNi3 钢的化学成分（GB/T 3077—2015） （质量分数,%）

| C | Si | Mn | P | S | Cr | Ni | Cu |
|---|---|---|---|---|---|---|---|
| 0.34~0.41 | 0.17~0.37 | 0.30~0.60 | ≤0.025 | ≤0.025 | 1.20~1.60 | 3.00~3.50 | ≤0.20 |

## 9.1.2 临界温度

37CrNi3 钢的临界温度如表 9-2 所示。

表 9-2 37CrNi3 钢的临界温度 （℃）

| $A_{c_1}$ | $A_{c_3}$ | $M_s$ |
|---|---|---|
| 725 | 800 | 2800 |

注：用钢化学成分（质量分数,%）为 C 0.35，Si 0.19，Mn 0.37，Cr 1.32，Ni 3.60；奥氏体化温度为 850 ℃。

## 9.1.3 力学性能

### 9.1.3.1 常规力学性能

37CrNi3 钢的常规力学性能如表 9-3 所示。

表 9-3 37CrNi3 钢的常规力学性能（GB/T 3077—2015）

| 热处理制度 | | | | 力学性能 | | | | |
|---|---|---|---|---|---|---|---|---|
| 淬火 | | 回火 | | | | | | |
| 温度/℃ | 冷却介质 | 温度/℃ | 冷却介质 | $R_m$/MPa | $R_{eL}$/MPa | A/% | Z/% | $KU_2$/J |
| 820 | 油 | 500 | 水、油 | ≥1130 | ≥980 | ≥10 | ≥50 | ≥47 |

注：布氏硬度（HBW）（退火状态）≤269。

### 9.1.3.2 回火温度与硬度的关系

37CrNi3 钢的回火温度与硬度的关系（840 ℃油淬）如图 9-1 所示。

### 9.1.3.3 回火温度与冷却条件对冲击功（$A_K$）的影响

37CrNi3 钢的回火温度与冷却条件对冲击功（$A_K$）的影响如图 9-2 所示。

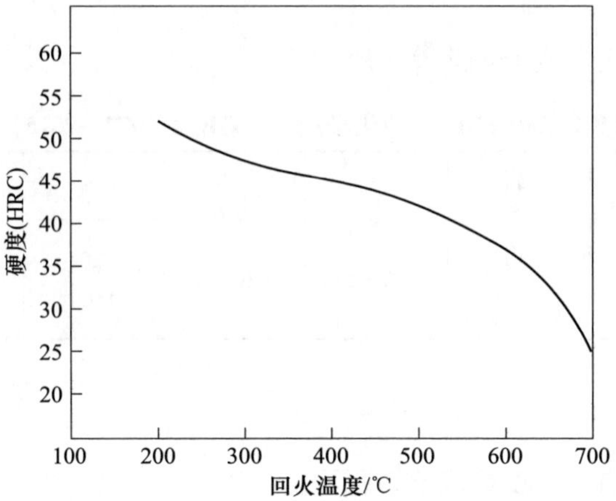


图 9-1　37CrNi3 钢的回火温度与硬度的关系（840 ℃油淬）

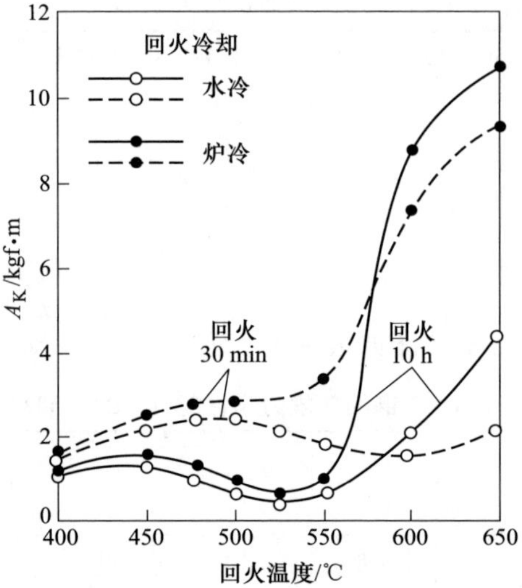


图 9-2　37CrNi3 钢的回火温度与冷却条件对冲击功（$A_K$）的影响

（1 kgf · m=9. 80665 J）

## 9. 1. 4　工艺性能

### 9. 1. 4. 1　热成型工艺参数

37CrNi3 钢的热成型温度：始锻 1050~1075 ℃，终锻 850 ℃。

### 9.1.4.2 热处理工艺参数

37CrNi3 钢的热处理工艺参数如表 9-4 所示。

**表 9-4 37CrNi3 钢的热处理工艺参数**

| 项目 | 正火 | 回火 | 淬火 | 回火 |
|---|---|---|---|---|
| 温度/℃ | 850 | 650(4~6 h) | 850~860 | 650~670 |
| 冷却方式 | | | 油冷 | 水冷 |
| 硬度（HRC） | | | 51~57 | 30~35 |

### 9.1.4.3 奥氏体等温转变曲线

37CrNi3 钢的奥氏体等温转变曲线如图 9-3 所示。

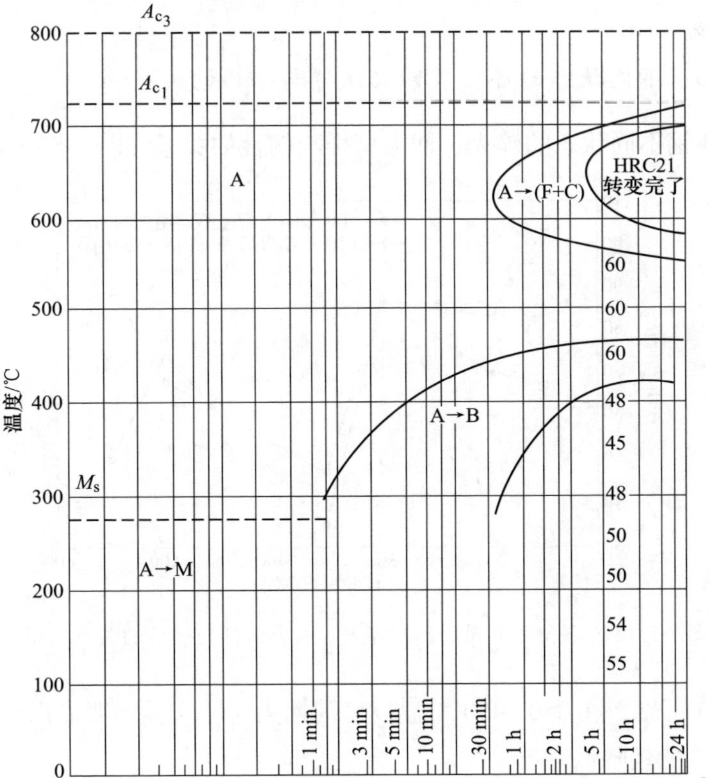


图 9-3 37CrNi3 钢的奥氏体等温转变曲线

（用钢化学成分（质量分数,%）为 C 0.40，Si 0.26，Mn 0.43，Cr 1.10，Ni 3.50；奥氏体化温度为 820 ℃）

#### 9.1.4.4　淬透性

37CrNi3 钢的淬透性曲线如图 9-4 所示。

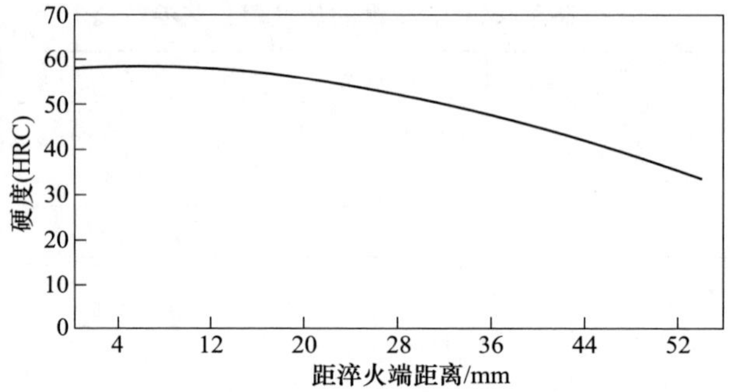


图 9-4　37CrNi3 钢的淬透性曲线

#### 9.1.4.5　不同状态的淬火、回火试样与韧性的关系

37CrNi3 钢不同状态的淬火、回火试样与韧性的关系如图 9-5 所示。

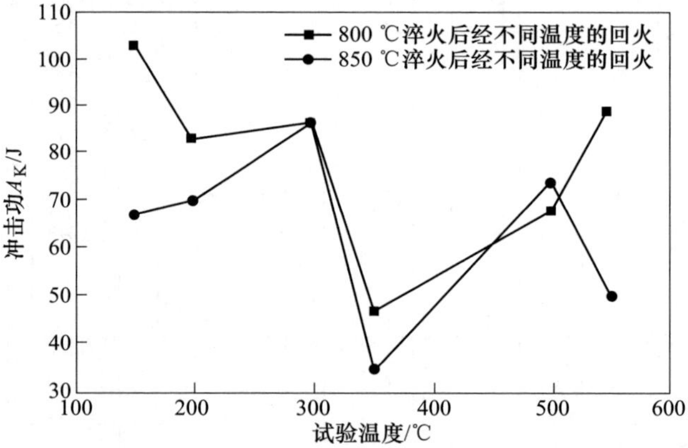


图 9-5　37CrNi3 钢不同状态的淬火、回火试样与韧性的关系示意图

由图 9-5 可见，在 350~450 ℃温度区间回火时，实验钢明显出现高温回火脆性，冲击吸收能量降低。

### 9.1.5　主要生产厂

37CrNi3 钢主要由大冶特殊钢公司、抚顺特殊钢公司、南京钢铁股份有限公司、西宁特殊钢公司、石家庄钢铁公司等企业生产。

# 9.2 9Cr2Mo 钢

9Cr2Mo 钢为典型的 Cr2 系冷轧辊用钢，用于制造冷轧用的轧辊、冷冲模及冲头等。其为高强韧性冷作模具钢，与 Cr12 型冷作模具钢和 W6Mo5Cr4V2 高速钢比较，具有更高的强度和韧性，而且有较好的耐磨性。冷、热加工的工艺性能优良，热处理变形小，通用性强。该钢除了适宜制造承受高负荷的冷挤、冷镦、冷冲模具外，还可用作盾构机滚刀刀圈用料，钢的硬度（HRC）控制在 54~58 时，可用于软岩滚刀刀圈。

## 9.2.1 化学成分

9Cr2Mo 钢的化学成分如表 9-5 所示。

**表 9-5 9Cr2Mo 钢的化学成分（GB/T 13314—2008）** （质量分数,%）

| C | Si | Mn | P | S | Cr | V | Mo | Cu |
|---|---|---|---|---|---|---|---|---|
| 0.85~0.95 | 0.25~0.45 | 0.20~0.35 | ≤0.025 | ≤0.025 | 1.70~2.10 | 0.05~0.15 | 0.20~0.40 | ≤0.25 |

注：$w(O) \leqslant 15\times10^{-6}$，$w(H) \leqslant 1.5\times10^{-6}$，$w(N) \leqslant 80\times10^{-6}$。

## 9.2.2 临界温度

9Cr2Mo 钢的临界温度如表 9-6 所示。

**表 9-6 9Cr2Mo 钢的临界温度** （℃）

| $A_{c_1}$ | $A_{c_{cm}}$ | $M_s$ |
|---|---|---|
| 755 | 850 | 190 |

注：用钢化学成分（质量分数,%）为 C 0.89，Si 0.49，Mn 1.30，Cr 1.83，Mo 0.33；奥氏体化温度为 840 ℃。

## 9.2.3 力学性能

9Cr2Mo 钢的淬火温度为 830~900 ℃，冷却方式为空冷，洛氏硬度(HRC)≥64。

## 9.2.4 工艺性能

### 9.2.4.1 热成型工艺

9Cr2Mo 钢的热成型工艺参数如表 9-7 所示。

表 9-7　9Cr2Mo 钢的热成型工艺参数

| 加热温度/℃ | 开始温度/℃ | 终止温度/℃ | 冷却方式 |
|---|---|---|---|
| 1080~1120 | 1100 | 750~850 | 缓冷（坑冷或砂冷） |

### 9.2.4.2　热处理工艺

9Cr2Mo 钢的热处理工艺具体如下。

（1）球化退火：790~810 ℃加热，650~670 ℃等温，≤500 ℃出炉空冷。

（2）淬火：加热温度 880~900 ℃，淬火冷却根据不同的工件结构、不同的要求，可以采用水、PAG 淬火液、油等冷却介质。

（3）冷压毛坯普通软化规范：（820±10）℃×(3~4 h)，以≤15 ℃/h 的冷却速度，随炉缓冷至≤650 ℃，出炉空冷。

（4）冷压毛坯等温球化软化规范：（820±10）℃×(3~4 h)，（720±10）℃×(6~8 h)，再随炉缓冷至≤600 ℃，出炉空冷。处理前硬度（HBW)≤217，处理后硬度（HBW)≥170。

（5）正火规范：正火温度为 900~920 ℃，硬度（HBW）为 302~388。

（6）成批等温球化退火规范：（790~810 ℃）×(2~3 h)，炉冷，（700~720 ℃)×(3~4 h)，硬度（HBW)≤217，珠光体组织 2~5 级，网状碳化物等级≤2 级。

（7）淬火、回火规范：

1）淬火温度 830~850 ℃，硬度（HRC）62~65，回火温度 130~150 ℃，硬度（HRC）62~65；

2）淬火温度 840~860 ℃，硬度（HRC）61~63，回火温度 150~170 ℃，硬度（HRC）60~62。

### 9.2.4.3　等温转变曲线

9Cr2Mo 钢的等温转变曲线如图 9-6 所示。

## 9.2.5　主要生产厂

9Cr2Mo 钢主要由大冶特殊钢公司、抚顺特殊钢公司、南京钢铁股份有限公司、西宁特殊钢公司等企业生产。

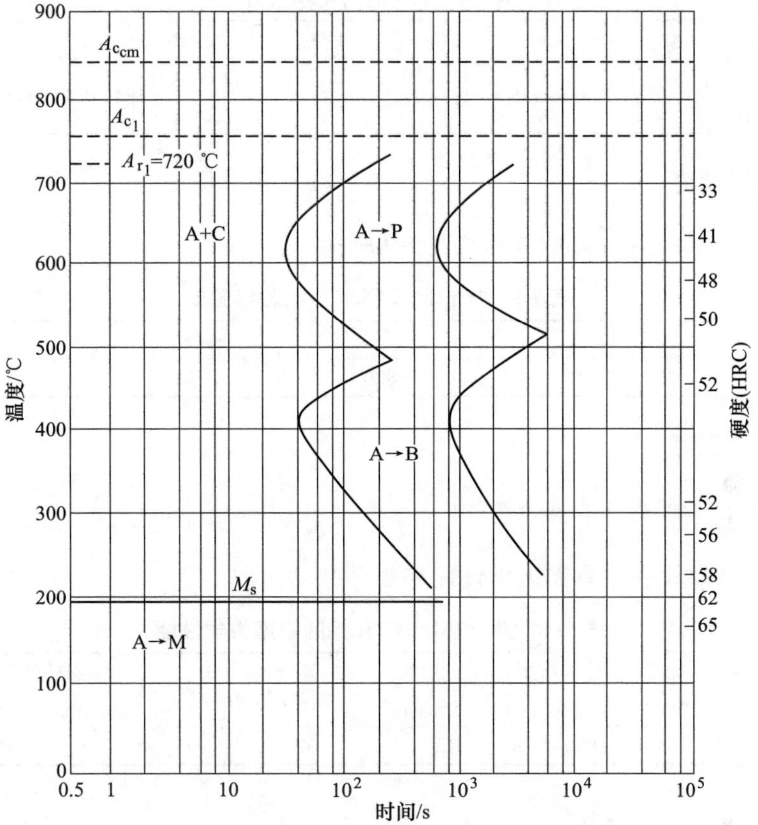


图 9-6 9Cr2Mo 钢的等温转变曲线

（用钢化学成分（质量分数,%）为 C 0.89，Si 0.49，Mn 0.30，Cr 1.83，Mo 0.33；奥氏体化温度为 840 ℃）

# 9.3 7Cr7Mo2V2Si(LD)钢

7Cr7Mo2V2Si(LD) 钢是一种由我国自行研制的高强韧性冷作模具钢，与 Cr12 型冷作模具钢和 W6Mo5Cr4V2 高速钢比较，具有更高的强度和韧性，而且有较好的耐磨性。冷、热加工的工艺性能优良，热处理变形小，通用性强。该钢适宜制造承受高负荷的冷挤、冷镦、冷冲模具等外，也可用作盾构机滚刀刀圈用料。

## 9.3.1 化学成分

LD 钢是 7Cr7Mo2V2Si 钢和 7Cr7Mo3V2Si 钢的统称，两者含 Mo 量相差仅 0.3%~0.5%，其化学成分如表 9-8 所示。

表 9-8　LD 钢的化学成分　　（质量分数,%）

| 钢号 | C | Cr | V | Si | Mo | Mn | P | S |
|---|---|---|---|---|---|---|---|---|
| 7Cr7Mo3V2Si | 0.7~0.8 | 6.5~7.5 | 1.7~2.2 | 0.7~1.2 | 2.3~3.0 | ≤0.5 | ≤0.030 | ≤0.030 |
| 7Cr7Mo2V2Si | | | | | 2.0~2.5 | | | |

## 9.3.2　临界温度

7Cr7Mo2V2Si 钢的临界温度如表 9-9 所示。

表 9-9　7Cr7Mo2V2Si 钢的临界温度　　（℃）

| $A_{c_1}$ | $A_{c_3}$ | $A_{r_3}$ | $A_{r_{cm}}$ | $M_s$ |
|---|---|---|---|---|
| 856 | 915 | 806 | 720 | 165 |

## 9.3.3　力学性能

### 9.3.3.1　室温力学性能

7Cr7Mo2V2Si 钢的室温力学性能如表 9-10 所示。

表 9-10　7Cr7Mo2V2Si 钢的室温力学性能

| 热处理条件 | $R_{bb}$（抗弯）/MPa | $R_{bc}$（抗压）/MPa | 挠度 $f$/mm | 硬度（HRC） | $KU_2$/J | 钢材退火或高温回火供应状态硬度（HBW） |
|---|---|---|---|---|---|---|
| 淬火/回火 | 2550~5491 | 5080~5590 | 12~16 | 61.0 | 75~98 | ≤220 |

### 9.3.3.2　弹性模量

7Cr7Mo2V2Si 钢的弹性模量 $E$（室温）为 225400 MPa。

### 9.3.3.3　力学性能对比

LD 钢与其他几种莱氏体钢的力学性能对比见表 9-11。

表 9-11　几种莱氏体钢的力学性能对比

| 钢钟 | 硬度（HRC） | 抗拉强度 $R_m$/MPa | 抗弯强度 $R_{bb}$/MPa | 冲击吸收能量 $KU_2$/J | 挠度 $f$/mm |
|---|---|---|---|---|---|
| LD | 61 | 2550~3020 | 5080~5590 | 75~98 | 12~16 |
| W18Cr4V | >63 | 3156~3254 | 2166~2969 | 19 | — |
| W6Mo5Cr4V2 | 61 | 2740 | 4500 | 19 | — |
| Cr12 | 61 | 2260 | 2950 | 15 | 3~4 |

### 9.3.3.4　不同淬回火工艺获得的力学性能

LD 钢经不同淬回火工艺获得的力学性能如表 9-12 所示。

表 9-12 LD 钢经不同淬回火工艺获得的力学性能

| 淬火 | 回火 | 抗拉强度 $R_m$/MPa | 抗压强度 $R_{bc}$/MPa | 抗弯强度 $R_{bb}$/MPa | 挠度 $f$/mm |
|---|---|---|---|---|---|
| 1100 ℃淬火 | 510 ℃回火三次 | 2400 | 2710 | 4690 | 6.7 |
| | 530 ℃回火三次 | 2480 | 2820 | 5520 | 8.9 |
| | 550 ℃回火三次 | 2580 | 2550 | 5430 | 16.5 |
| | 570 ℃回火三次 | 2500 | 2340 | 4990 | 16.5 |
| | 590 ℃回火三次 | | 2080 | 4380 | 16.5 |
| 1150 ℃淬火 | 510 ℃回火三次 | 1460 | 2720 | 3570 | 3.7 |
| | 530 ℃回火三次 | 2360 | 2920 | 4670 | 4.7 |
| | 550 ℃回火三次 | 2680 | 2865 | 5590 | 12.7 |
| | 570 ℃回火三次 | 2680 | 2865 | 5590 | 8.3 |
| | 590 ℃回火三次 | 2340 | 2230 | 4790 | 9.8 |

### 9.3.4 工艺性能

#### 9.3.4.1 热成型工艺

LD 钢的热成型（锻造）工艺参数如表 9-13 所示。

表 9-13 LD 钢的热成型（锻造）工艺参数

| 加热温度/℃ | 开始温度/℃ | 终止温度/℃ | 冷却方式 |
|---|---|---|---|
| 1080~1120 | 1100 | ≥850 | 缓冷（坑冷或砂冷） |

#### 9.3.4.2 热处理工艺

LD 钢的常规热处理工艺参数如表 9-14 所示。

表 9-14 LD 钢的常规热处理工艺参数 （℃）

| 淬火/回火温度 | 正火温度 | 高温回火温度 | 推荐淬火/回火温度 | 退火温度 |
|---|---|---|---|---|
| 1150/560 | 1150~1180 | 680~700 | 1150/560 | 840~860/710 |

LD 钢要求硬度下回火温度如表 9-15 所示。

表 9-15 LD 钢要求硬度下回火温度

| 硬度（HRC） | 63.5 | 60.3 | 62.9 | 62.1 | 60.7 |
|---|---|---|---|---|---|
| 回火温度/℃ | 未回火 | 400 | 510 | 550 | 570 |

LD 钢推荐热处理工艺具体如下。

（1）退火工艺：860 ℃加热，保温 3~4 h，冷却至 740 ℃左右，等温保持 4~

6 h，炉冷至 500 ℃出炉，退火后的硬度（HBW）为 187~206。退火后的组织为点状和小球状珠光体和共晶碳化物，LD 钢球化退火曲线如图 9-7 所示。还有一种快速球化退火工艺，如图 9-8 所示。

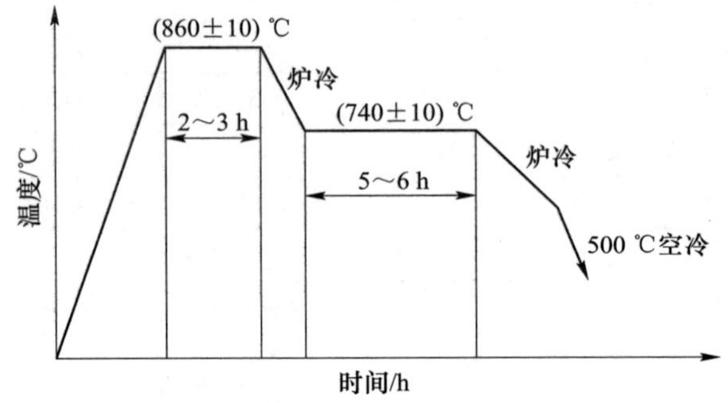


图 9-7　LD 钢球化退火工艺曲线

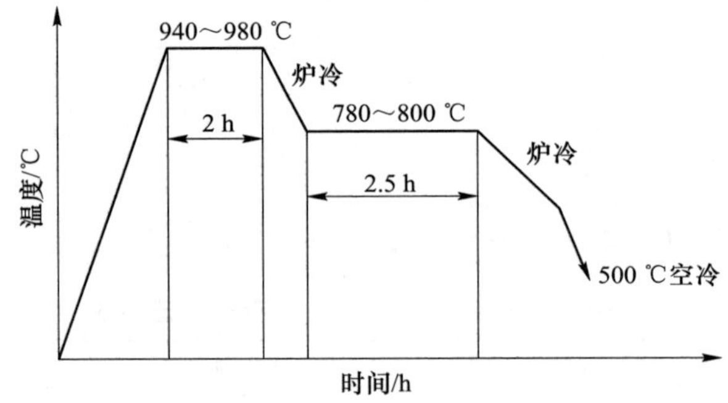


图 9-8　LD 钢锻后快速球化退火工艺曲线

（2）淬火-回火工艺：淬火加热温度为 1100~1150 ℃，热油淬火或分级冷却，淬火后的硬度（HRC）均在 63 以上。该钢经下限温度 1100 ℃淬火后的组织为细针马氏体+残余奥氏体+剩余碳化物。马氏体针长为 1~2 级，晶粒度为 10.5 级，残余奥氏体量为 33%，淬火硬度（HRC）为 64。该钢经上限温度 1150 ℃加热淬火后，马氏体针长为 3 级左右，晶粒度为 9.5 级，淬火硬度（HRC）为 63.5。回火时二次硬化峰值温度为 500~530 ℃，而韧性最佳的回火温度约为 560 ℃，因此，适宜的回火温度为 530~560 ℃，马氏体针长 3 级，每次 1 h，硬度（HRC）为 61~64，此时的组织为回火马氏体+剩余的碳化物。在硬度（HRC）为 61 时，抗弯强度 $\sigma_{bb}$ 为 5080~5590 MPa，C 型缺口试样的冲击吸收能量为 75~98 J。

9.3.4.3　淬透性

LD 钢的淬透性曲线如图 9-9 所示。

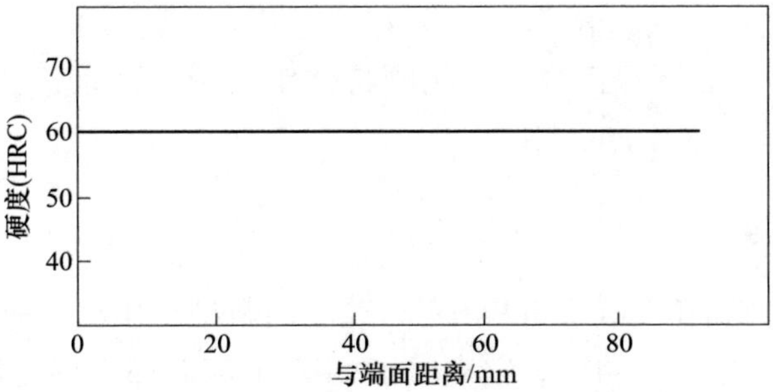


图 9-9 LD 钢的淬透性曲线

#### 9.3.4.4 硬度、晶粒度、残余奥氏体量

硬度、晶粒度、残余奥氏体量的关系如表 9-16 所示。

**表 9-16 LD 钢在不同的淬火温度下硬度、晶粒度、残余奥氏体量的关系**

| 淬火温度/℃ | 1050 | 1100 | 1150 | 1210 |
|---|---|---|---|---|
| 残余奥氏体量 *A*/% | 14 | 33 | 35 | 34 |
| 硬度（HRC） | 57 | 60 | 61 | 60 |
| 晶粒度/级 | 12~11 | 11~10 | 10~9 | 8~7 |

#### 9.3.4.5 过冷奥氏体等温转变曲线

LD 钢的过冷奥氏体等温转变曲线如图 9-10 所示。

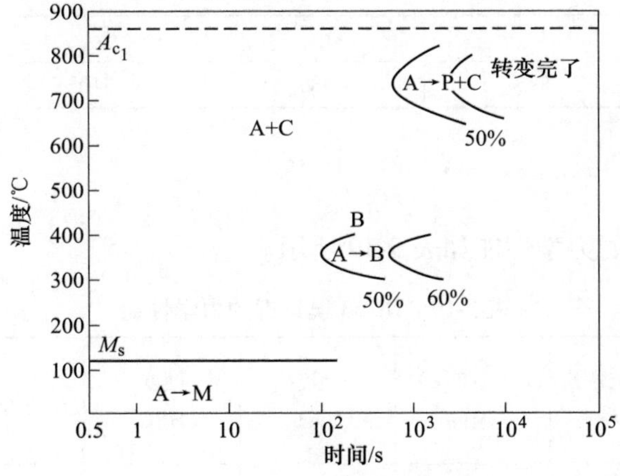


图 9-10 LD 钢的过冷奥氏体等温转变曲线

### 9.3.5　主要生产厂

LD 钢主要由大冶特殊钢公司、抚顺特殊钢公司、南京钢铁股份有限公司、西宁特殊钢公司等企业生产。

## 9.4　DC53 钢

DC53 钢是对 SKD11(Cr12MoV) 进行改良的新型冷作模具钢，其技术规范载于日本工业标准（JIS）G4404。它克服了 SKD11 高温回火硬度和韧性不足的弱点，在通用及精密模具领域全面取代 SKD11(Cr12MnV)。其可用作盾构机滚刀刀圈。

### 9.4.1　化学成分

DC53 模具钢的化学成分如表 9-17 所示。

**表 9-17　DC53 模具钢的化学成分**　　（质量分数,%）

| C | Si | Mn | P | S | Cr | Ni | Mo | V |
|---|---|---|---|---|---|---|---|---|
| 0.90～1.05 | 0.80～1.10 | 0.20～0.50 | ≤0.025 | ≤0.025 | 7.80～8.50 | 2.80～3.10 | 1.80～2.10 | 0.35～0.50 |

注：$w(O) \leqslant 15\times10^{-6}$，$w(H) \leqslant 1.5\times10^{-6}$，$w(N) = (80\sim120)\times10^{-6}$，$w(Cu) \leqslant 0.15\%$。

### 9.4.2　临界温度

DC53 模具钢的临界温度如表 9-18 所示。

**表 9-18　DC53 模具钢的临界温度**　　（℃）

| $A_{c_1}$ | $A_{cm}$ | $A_{r_3}$ | $A_{r_{cm}}$ | $M_z$ |
|---|---|---|---|---|
| 830 | 895 | 785 | 710 | 190 |

### 9.4.3　力学性能

DC53 模具钢的力学性能如表 9-19 所示。

**表 9-19　DC53 模具钢的力学性能**

| 热处理制度 | $R_{bb}$（抗弯）/MPa | $R_{bc}$（抗压）/MPa | 挠度 $f$/mm | 硬度（HRC） | $KU_2$/J | 钢材退火或高温回火供应状态（HBW） |
|---|---|---|---|---|---|---|
| 淬火/回火 | 2680 | 3740 | 7～9 | 60.4 | 32 | ≤250 |

### 9.4.4　工艺性能

#### 9.4.4.1　热成型工艺

DC53 模具钢的热成型工艺参数如表 9-20 所示。

**表 9-20　DC53 模具钢的热成型工艺参数**

| 加热温度/℃ | 开始温度/℃ | 终止温度/℃ | 冷却方式 |
| --- | --- | --- | --- |
| 1150~1170 | 1050~1100 | 850~900 | 缓冷（坑冷或砂冷） |

#### 9.4.4.2　热处理工艺

DC53 模具钢的热处理工艺参数如表 9-21 所示。

**表 9-21　DC53 模具钢的热处理工艺参数**　（℃）

| 淬火-回火温度 | 正火温度 | 高温回火温度 | 退火温度（等温球化） |
| --- | --- | --- | --- |
| 1040/550 | 1100 | 660~700 | 860~880/700 |

DC53 模具钢要求硬度下回火温度如表 9-22 所示。

**表 9-22　DC53 模具钢要求硬度下回火温度**

| 硬度（HRC） | 62 | 59 | 55 | 45 |
| --- | --- | --- | --- | --- |
| 回火温度/℃ | 500 | 550 | 580 | 620 |

推荐热处理工艺具体如下：

（1）DC53 模具钢的热处理工艺曲线如图 9-11 所示。

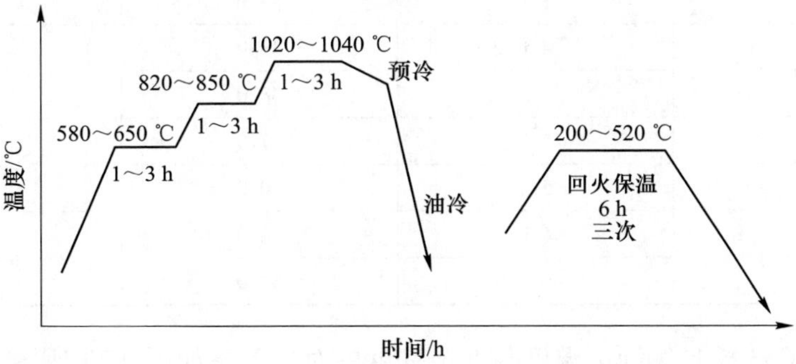


图 9-11　DC53 模具钢热处理推荐工艺

（2）DC53 模具钢的回火温度对硬度的影响如表 9-23 所示。

表 9-23　DC53 模具钢的回火温度对硬度的影响

| 温度/℃ | 试样编号 | 硬度（HRC） | | | 平均值 |
|---|---|---|---|---|---|
| 100 | 1-1 | 59.0 | 60.0 | 60.0 | 59.0 |
| | 1-2 | 58.5 | 58.6 | 59.0 | |
| 200 | 2-1 | 59.0 | 59.0 | 59.0 | 59.0 |
| | 2-2 | 59.0 | 59.0 | 59.0 | |
| 300 | 3-1 | 59.0 | 59.0 | 59.0 | 59.0 |
| | 3-2 | 60.0 | 60.0 | 60.0 | |
| 400 | 4-1 | 60.0 | 60.0 | 60.0 | 60.0 |
| | 4-2 | 59.0 | 59.0 | 59.0 | |
| 500 | 5-1 | 58.0 | 58.0 | 58.0 | 58.0 |
| | 5-2 | 52.0 | 52.0 | 53.0 | |
| 600 | 6-1 | 52.0 | 52.0 | 53.0 | 52.0 |
| | 6-2 | 53.0 | 52.0 | 53.0 | |

（3）DC53 模具钢不同回火温度下的冲击性能如表 9-24 所示。

表 9-24　DC53 模具钢不同回火温度下的冲击吸收能量

| 回火温度/℃ | 试样编号 | 冲击吸收能量 $KU_2$/J | 平均值 $KU_2$/J |
|---|---|---|---|
| 100 | 1-1 | 39.0 | 36.3 |
| | 1-2 | 34.0 | |
| 200 | 2-1 | 55.0 | 48.9 |
| | 2-2 | 43.0 | |
| 300 | 3-1 | 45.0 | 43.3 |
| | 3-2 | 42.0 | |
| 400 | 4-1 | 33.0 | 35.3 |
| | 4-2 | 38.0 | |
| 500 | 5-1 | 37.0 | 32.9 |
| | 5-2 | 30.0 | |
| 600 | 6-1 | 78.0 | 69.0 |
| | 6-2 | 60.0 | |

（4）DC53 模具钢回火温度与冲击韧度的对应关系如图 9-12 所示。

### 9.4.5　主要生产厂

DC53 模具钢主要由大冶特殊钢公司、抚顺特殊钢公司、南京钢铁股份有限

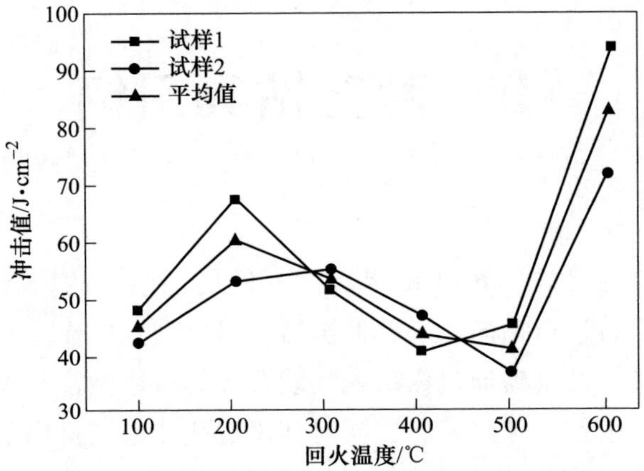


图 9-12 DC53 模具钢回火温度与冲击韧性的对应关系

公司、西宁特殊钢公司等企业生产。

其他可用于制作盾构机刀具的钢种：4Cr5MoSiV1（H13）钢（见 12.1 节），42CrMo 钢（见 4.2 节）。

# 10 潜孔钻具用钢

潜孔钻具通常与凿岩钻车（钻架）配套使用，钻车的回转机构带动冲击器及钻杆旋转，对岩石进行钻凿。潜孔冲击器是以压缩空气作为动力源并且潜入岩石孔底凿岩的工具。冲击器通过内部配气装置控制活塞做往复运动，冲击装在其前端的潜孔钻头，由钻头破碎岩石，同时利用潜孔冲击器排出的压缩空气，对钻头进行冷却和排渣。高气压潜孔冲击器及潜孔钻头具有钻进效率快、钻凿孔径大、钻孔平直度高、孔壁光整、钻杆轴向推进力小、扭矩相对较低、钻进成本低、钻孔深度长等优点。广泛应用于矿山、石油钻井、水电、交通、林业、地热钻井等领域，同时在多变地层、矿物勘探及工程勘探、锚固工程、灌注浆孔、桩基孔、水平定向钻进等领域中也有良好的应用前景。

潜孔钻具对钢材的要求：（1）表面硬度较高，心部韧性较好，具有良好的断裂韧度；（2）良好的淬透性；（3）具有一定的抗疲劳能力；（4）热稳定性好；（5）工艺性能好；（6）冶金质量良好。

## 10.1 23SiMnNi2Mo 钢

23SiMnNi2Mo 钢是一种高强度、高韧性的低碳马氏体、贝氏体双相淬火钢，可用作潜孔钻头。

### 10.1.1 化学成分

23SiMnNi2Mo 钢的化学成分如表 10-1 所示。

**表 10-1 23SiMnNi2Mo 钢的化学成分** （质量分数,%）

| C | Si | Mn | P | S | Cr | Ni | Mo | Cu |
|---|---|---|---|---|---|---|---|---|
| 0.18~0.26 | 1.30~1.70 | 1.20~1.50 | ≤0.025 | ≤0.025 | 0.35~0.55 | 1.65~2.00 | 0.20~0.45 | ≤0.20 |

注：$w(O)\leqslant 20\times10^{-6}$，$w(H)\leqslant 2.0\times10^{-6}$，$w(N)\leqslant 80\times10^{-6}$。

### 10.1.2 临界温度

23SiMnNi2Mo 钢的临界温度如表 10-2 所示。

表 10-2 23SiMnNi2Mo 钢的临界温度 (℃)

| $A_{c_1}$ | $A_{r_1}$ | $M_s$ |
|---|---|---|
| 800~847 | 710~786 | 325 |

## 10.1.3 力学性能

23SiMnNi2Mo 钢的力学性能如表 10-3 所示。

表 10-3 23SiMnNi2Mo 钢的力学性能

| 热处理制度 | | | | 力学性能 | | | | |
|---|---|---|---|---|---|---|---|---|
| 淬火 | | 回火 | | | | | | |
| 温度/℃ | 冷却介质 | 温度/℃ | 冷却介质 | $R_m$/MPa | $R_{p0.2}$/MPa | $A$/% | $Z$/% | $KU_2$/J |
| 950±5 | 油 | 200 | 空气 | ≥1600 | ≥1200 | ≥10 | ≥40 | ≥80 |

注：布氏硬度（HBS，退火或高温回火状态）≤260。

## 10.1.4 工艺性能

### 10.1.4.1 热成型工艺

23SiMnNi2Mo 钢的热成型工艺参数如表 10-4 所示。

表 10-4 23SiMnNi2Mo 钢的热成型工艺参数

| 加热温度/℃ | 开始温度/℃ | 终止温度/℃ | 冷却方式 |
|---|---|---|---|
| 1180~1200 | 1100~1180 | ≥850 | 坑冷 |

### 10.1.4.2 热处理工艺及淬透性

23SiMnNi2Mo 钢的热处理工艺及淬透性如表 10-5~表 10-7 所示。

表 10-5 23SiMnNi2Mo 钢要求硬度下回火温度

| 硬度（HRC） | 63.5 | 60.3 | 62.9 | 62.1 | 60.7 |
|---|---|---|---|---|---|
| 回火温度/℃ | — | 400 | 510 | 550 | 570 |

表 10-6 23SiMnNi2Mo 钢的热处理工艺参数 (℃)

| 推荐淬火-回火温度 | 正火温度 | 回火温度 | 渗碳温度 | 退火温度 |
|---|---|---|---|---|
| 890/400 | 920±20 | 高温回火 650~700 | 850~930 | 850±10 |

**表 10-7　23SiMnNi2Mo 钢的淬透性**

| 试样状态/mm | 3 | 9 | 15 | 21 | 27 |
|---|---|---|---|---|---|
| 硬度（HRC，端淬（水）） | 47 | 48 | 48.5 | 47 | 44 |

### 10.1.5　主要生产厂

23SiMnNi2Mo 钢主要由大冶特殊钢公司、抚顺特殊钢公司、南京钢铁股份有限公司、西宁特殊钢公司、石家庄钢铁公司等企业生产。

## 10.2　XGQ25 钢

XGQ25 合金结构钢是由西宁特殊钢公司研发的一种高强度合金结构钢，具有较高的镍，一定的铬和钼，国内牌号相当于 25Si2MnCrNi2MoV。空冷为贝氏体、马氏体和残余奥氏体的复相组织，具有很高的淬透性和良好的韧塑性，可作为具有较高强度与冲击韧性及高疲劳、高寿命钎具及大规格钎具制造用钢的选择品种（如潜孔钻具）；也可应用于具有高可靠性，交变载荷、高冲击的高速内燃机连杆、高速旋转轴类、斗齿、高强度高安全性拉杆、高强度螺栓等零件。西宁特殊钢公司拥有其发明专利。

### 10.2.1　化学成分

XGQ25 钢的化学成分如表 10-8 所示。

**表 10-8　XGQ25 钢的化学成分**　　（质量分数，%）

| C | Si | Mn | P | S | Cr | Ni | Mo | V |
|---|---|---|---|---|---|---|---|---|
| 0.23~0.26 | 1.55~1.85 | 1.35~1.65 | ≤0.025 | ≤0.025 | 0.25~0.45 | 1.30~1.70 | 0.60~0.70 | 0.07~0.15 |

注：$w(O) \leqslant 15\times10^{-6}$，$w(H) \leqslant 1.5\times10^{-6}$，$w(N)(80\sim120)\times10^{-6}$，$w(Cu) \leqslant 0.20\%$。

### 10.2.2　临界温度

XGQ25 钢的临界温度如表 10-9 所示。

**表 10-9　XGQ25 钢的临界温度**　　（℃）

| $A_{c_1}$ | $A_{c_3}$ | $A_{r_1}$ | $A_{r_3}$ | $M_s$ | $M_f$ |
|---|---|---|---|---|---|
| 710 | 789 | 680 | 740 | 347 | 213 |

### 10.2.3　力学性能

XGQ25 钢的圆坯（或方坯）试样经 950 ℃±10 ℃油淬，200 ℃回火（空冷）

后，纵向力学性能如表 10-10 所示。

**表 10-10　XGQ25 钢圆坯纵向力学性能（不小于）**

| $R_{p0.2}$/MPa | $R_m$/MPa | $A$/% | $Z$/% | $KV_2$/J |
|---|---|---|---|---|
| 1340 | 1650 | 10 | 45 | 64 |

注：钢材经退火或高温回火后 HBW≤270。

## 10.2.4　工艺性能

### 10.2.4.1　热成型工艺

XGQ25 钢的热成型工艺参数如表 10-11 所示。

**表 10-11　XGQ25 钢的热成型工艺参数**

| 加热温度/℃ | 开始温度/℃ | 终止温度/℃ | 冷却方式 |
|---|---|---|---|
| 1180 | 1150 | 900 | 坑冷 |

### 10.2.4.2　热处理工艺

XGQ25 钢的常规热处理工艺参数如表 10-12 所示。

**表 10-12　XGQ25 钢的常规热处理工艺参数**　（℃）

| 淬火回火温度 | 正火温度 | 高温回火温度 | 渗碳温度 | 退火温度 |
|---|---|---|---|---|
| 950 油淬，<br>200 回火（空冷） | 950 | 690 | 930 | 750 |

XGQ25 的等温淬火工艺如图 10-1 所示。

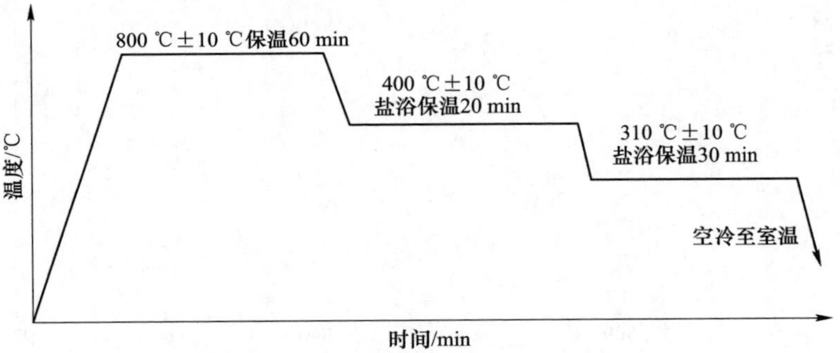


图 10-1　XGQ25 的等温淬火工艺

渗碳温度对碳浓度分布及对表面碳浓度的影响具体如下：

（1）XGQ25 钢渗碳温度对碳浓度分布的影响（渗碳时间 6 h）如图 10-2 所示。

（2）XGQ25 钢渗碳温度对表面碳浓度的影响（渗碳时间 6 h）如图 10-3 所示。

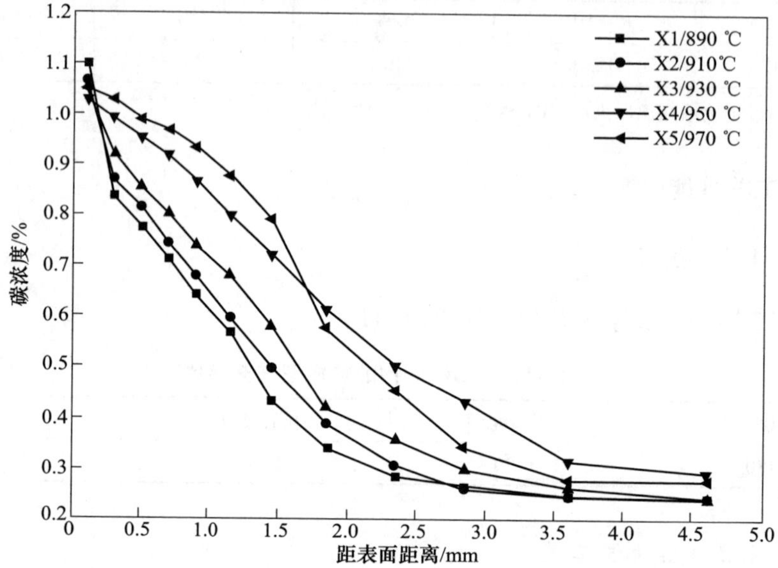


图 10-2　XGQ25 钢渗碳温度对碳浓度分布的影响（渗碳时间 6 h）

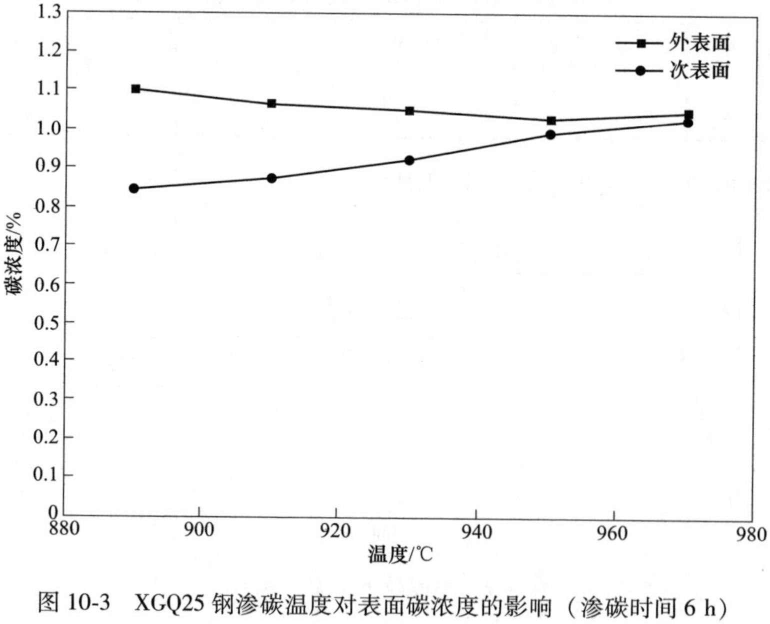


图 10-3　XGQ25 钢渗碳温度对表面碳浓度的影响（渗碳时间 6 h）

XGQ25 钢渗碳温度为 930 ℃时硬度梯度和碳浓度分布具体如下：

（1）XGQ25 钢渗碳温度为 930 ℃时的硬度梯度如图 10-4 所示。

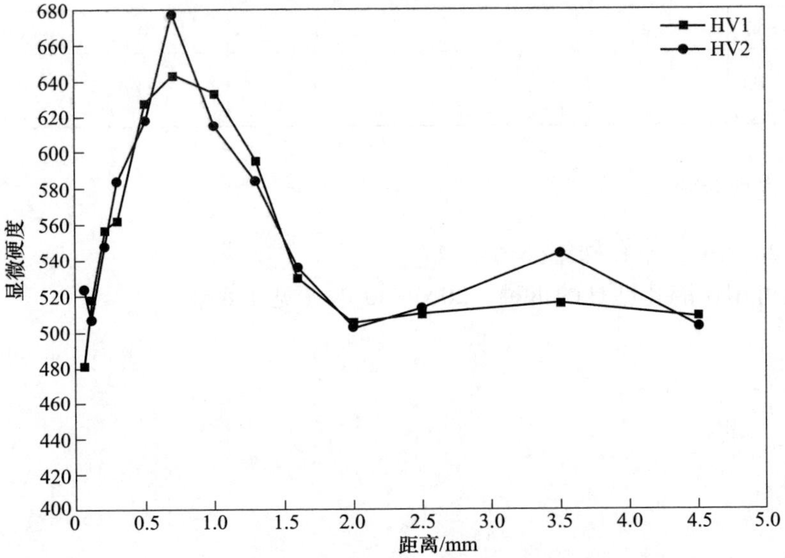


图 10-4　XGQ25 钢渗碳温度为 930 ℃时的硬度梯度

（2）XGQ25 钢渗碳温度为 930 ℃时的碳浓度分布（渗碳时间 6 h）如图 10-5 所示。

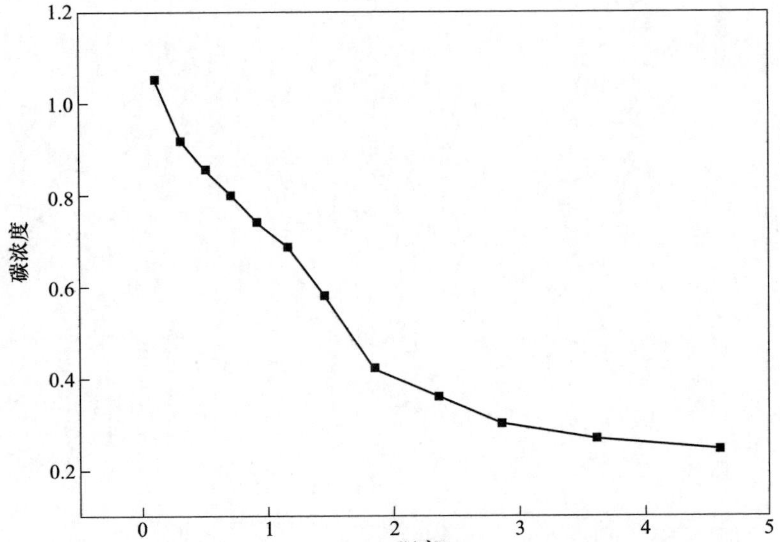


图 10-5　XGQ25 钢渗碳温度为 930 ℃时的碳浓度分布（渗碳时间 6 h）

XGQ25 钢的淬透性数据如表 10-13 所示。

**表 10-13　XGQ25 钢的淬透性数据**

| 试样状态/mm | 3 | 9 | 15 | 21 | 27 |
|---|---|---|---|---|---|
| 硬度（HRC，900 ℃水冷） | 50 | 49 | 49 | 47 | 47 |

### 10.2.5　主要生产厂

XGQ25 钢由西宁特殊钢公司生产。

其他可用作潜孔钻具的钢种：20Ni4Mo 钢（见 4.8 节）。

# 11 液压锤钎杆用钢

冲击式液压破碎锤是在工程施工场地中与液压挖掘机配套使用的一种岩土工程钻具产品。在使用过程中液压锤活塞将冲击能传递给液压锤钎杆，由液压锤钎杆对岩石、混凝土路面等场地进行冲击破碎。液压锤钎杆工作端头部形状可分为一字形、角锥形、钝形、圆锥形、宽一字形（铲形）等。

制造液压锤钎杆的钢材应具有较高的强度与韧性，良好的淬透性，无明显的回火脆性，调质后具有较高的疲劳极限和多次冲击韧性，并具有良好的低温冲击韧性。

可制作液压锤钎杆的钢种有 42CrMo4 钢、42CrMo 钢、23CrNi3MoA 钢等，本章重点介绍 42CrMo4 钢。

42CrMo4 钢用于制造要求较 35CrMo 钢强度更高调质截面更大的锻件，如机车牵引用的大齿轮、增压器传动齿轮、后轴、受载荷极大的连杆及弹簧夹，42CrMo4 也可用于制造 2000 m 以下石油深井钻杆接头与打捞工具及液压锤钎杆等。

42CrMo4 标准对照：中国 GB/T 3077—2015 42CrMo、俄罗斯 ГОСТ 38XM、美国 AISI 4140/4142、英国 BS 708M40/708A42/709M40、法国 NF 40CD4/42CD4、德国 DIN 41CrMo4/42CrMo4、日本 JIS SCM4、国际 ISO 683/13。

## 11.1 化学成分

42CrMo4 钢的化学成分如表 11-1 所示。

**表 11-1　42CrMo4 钢的化学成分（EN 10083/3—2006）**

（质量分数,%）

| C | Si | Mn | Cr | Mo | S | P |
|---|---|---|---|---|---|---|
| 0.38~0.45 | ≤0.40 | 0.60~0.90 | 0.90~1.20 | 0.15~0.25 | ≤0.035 | ≤0.025 |

## 11.2 临界温度

42CrMo4 钢的临界温度如表 11-2 所示。

**表 11-2　42CrMo4 钢的临界温度**　（℃）

| $A_{c_1}$ | $A_{c_3}$ | $M_s$ |
|---|---|---|
| 730 | 800 | 310 |

## 11.3　力学性能

42CrMo4 钢的常规力学性能如表 11-3 所示。

**表 11-3　42CrMo4 钢的常规力学性能**

| 热处理制度 | | | | 力学性能 | | | | |
|---|---|---|---|---|---|---|---|---|
| 淬火 | | 回火 | | | | | | |
| 温度/℃ | 冷却介质 | 温度/℃ | 冷却介质 | $R_m$/MPa | $R_{p0.2}$/MPa | $A$/% | $Z$/% | $KU_2$/J |
| 850±5 | 油 | 560 | 空气 | ≥1080 | ≥930 | 11～13 | ≥45 | ≥63 |

注：布氏硬度（HBW）为 260～350。

## 11.4　工艺性能

42CrMo4 钢的热成型工艺参数如表 11-4 所示。

**表 11-4　42CrMo4 钢的热成型工艺参数**

| 开始温度/℃ | 终止温度/℃ | 冷却方式 |
|---|---|---|
| 1200～1220 | 800～850 | >$\phi$50 mm 缓冷 |

42CrMo4 钢的热处理工艺参数如表 11-5 所示。

**表 11-5　42CrMo4 钢的热处理工艺参数**

| 项目 | 正火 | 高温回火 | 淬火 | 回火 |
|---|---|---|---|---|
| 加热温度/℃ | 860～880 | 530～670 | 840～860 | 根据需要选择 |
| 冷却方式 | 空冷 | 空冷 | 油冷 | 空冷 |

（1）退火：（760±10）℃退火，炉冷至 400 ℃空冷。HB220～230。

（2）正火：（860±10）℃正火，出炉空冷。

（3）调质：（840±10）℃淬水或油（视产品形状复杂程度），680～700 ℃回火。HBW<217。

（4）调质：（840±10）℃淬油，再 470 ℃回火处理。HRC41～45。

（5）调质：（840±10）℃淬油，再 480 ℃回火处理。HRC35～45。

（6）调质：850 ℃淬油，再 510 ℃回火处理。HRC38～42。

（7）调质：850 ℃淬油，再 500 ℃回火处理。HRC40～43。

(8) 调质：850 ℃淬油，再 510 ℃回火处理。HRC36~42。

(9) 调质：850 ℃淬油，再 560 ℃回火处理。HRC32~36。

(10) 调质：860 ℃淬油，再 390 ℃回火处理。HRC48~52。

(11) 软化退火规范：退火温度 680~700 ℃，炉中缓冷，硬度(HBW)≤217。

(12) 淬火、回火规范：淬火温度 830~860 ℃，油冷或 180~220 ℃盐浴冷却，硬度（HRC）为 52，强度 1780 MPa。回火温度 100 ℃、200 ℃、300 ℃、400 ℃、500 ℃、600 ℃，硬度（HRC）为 50、49、46、42、36、28。

## 11.5 主要生产厂及交货状态

42CrMo4 钢主要由大冶特殊钢公司、抚顺特殊钢公司、南京钢铁股份有限公司、西宁特殊钢公司等企业生产。交货状态：以热处理（正火、退火或高温回火）或不热处理状态交货，交货状态应在合同中注明。

其他可制作液压锤钎杆的钢种：42CrMo 钢（见 4.2 节），23CrNi3MoA 钢（见 2.6 节），40CrMnMo 钢（见 3.4 节），40CrNiMoA 钢（见 4.4 节），22(24,27)SiMnNi2CrMoA 钢（见 1.6 节）。

# 12　锻钎用热作模具钢

锻钎用模具钢一般均为热作模具钢，它在工作时要承受很大的冲击力，模腔和高温金属相接触，反复地加热与冷却，使用条件极其恶劣，这种钢材应具备：

（1）较高的高温强度（红硬性）和良好的韧性；

（2）良好的耐磨性；

（3）高度热稳定性；

（4）优良的耐热疲劳性；

（5）高的淬透性；

（6）良好的导热性；

（7）良好的热成型加工工艺性能。

## 12.1　4Cr5MoSiV1(H13)钢

4Cr5MoSiV1(H13) 钢为一种应用非常普遍的空冷硬化型热作模具钢，在使用温度不高于 600 ℃时，有良好的冷热疲劳性能，用作热挤压模和铝合金压铸模，有比较高的使用寿命。其可用作锻钎模具。

### 12.1.1　化学成分

4Cr5MoSiV1 钢的化学成分如表 12-1 所示。

表 12-1　4Cr5MoSiV1 钢的化学成分　　（质量分数,%）

| C | Si | Mn | P | S | Cr | V | Mo | Cu |
|---|---|---|---|---|---|---|---|---|
| 0.32～0.45 | 0.80～1.20 | 0.20～0.50 | ≤0.025 | ≤0.025 | 4.75～5.50 | 0.80～1.20 | 1.10～1.75 | ≤0.20 |

### 12.1.2　临界温度

4Cr5MoSiV1 钢的临界温度如表 12-2 所示。

表 12-2　4Cr5MoSiV1 钢的临界温度　　（℃）

| $A_{c_1}$ | $A_{c_3}$ | $A_{r_1}$ | $A_{r_3}$ | $M_s$ | $M_f$ |
|---|---|---|---|---|---|
| 860 | 915 | 775 | 815 | 340 | 215 |

## 12.1.3　力学性能

### 12.1.3.1　常规力学性能

4Cr5MoSiV1 钢的常规力学性能如表 12-3 所示。

**表 12-3　4Cr5MoSiV1 钢的常规力学性能**

| 热处理制度 | | | | 力学性能 | | | | |
|---|---|---|---|---|---|---|---|---|
| 淬火 | | 回火 | | | | | | |
| 温度/℃ | 冷却介质 | 温度/℃ | 冷却介质 | $R_m$/MPa | $R_{p0.2}$/MPa | $A$/% | $Z$/% | $KV_2$/J |
| 1000~1040 | 油 | 580~600 | 空气 | 1600~1800 | 1400~1500 | 8~12 | 45~50 | 32~40 |

注：洛氏硬度（HRC）为 48~50。

### 12.1.3.2　淬火温度同硬度、晶粒度的关系

4Cr5MoSiV1 钢的淬火温度同硬度、晶粒度的关系如图 12-1 所示。

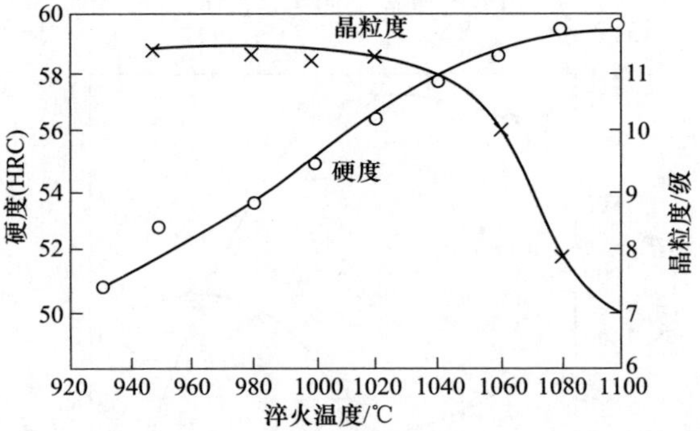


图 12-1　4Cr5MoSiV1 钢的淬火温度同硬度、晶粒度的关系

### 12.1.3.3　高温力学性能

4Cr5MoSiV1 钢的高温力学性能如图 12-2 所示。

### 12.1.3.4　不同温度回火后的室温力学性能

4Cr5MoSiV1 钢不同温度回火后的室温力学性能如图 12-3 所示。

## 12.1.4　工艺性能

### 12.1.4.1　热成型工艺

4Cr5MoSiV1 钢的热成型工艺参数如表 12-4 所示。

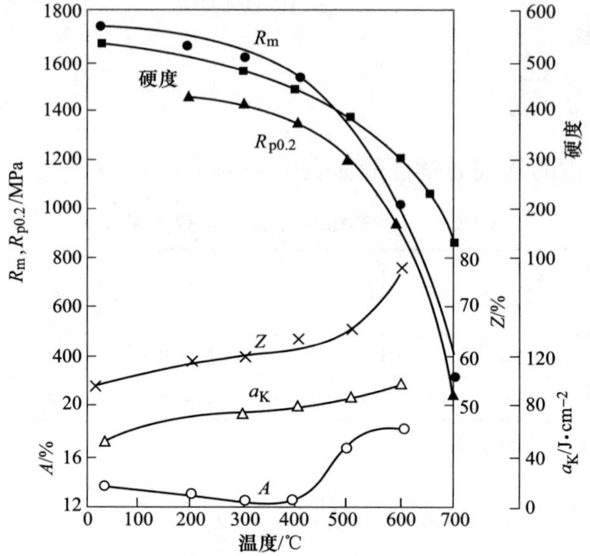


图 12-2　4Cr5MoSiV1 钢的高温力学性能

（1020 ℃油淬，580 ℃两次回火）

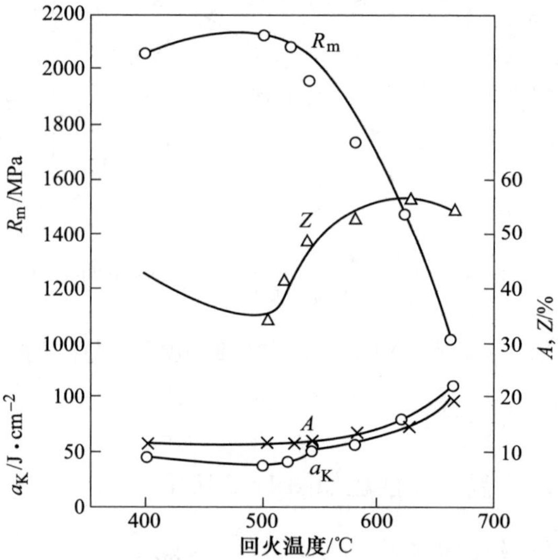


图 12-3　4Cr5MoSiV1 钢不同温度回火后的室温力学性能

（1020 ℃油淬，580 ℃两次回火）

**表 12-4　4Cr5MoSiV1 钢的热成型（锻造）工艺参数**

| 加热温度/℃ | 开始温度/℃ | 终止温度/℃ | 冷却方式 |
|---|---|---|---|
| 1065～1175 | 1065～1175 | ≥850 | 空冷 |

#### 12.1.4.2　热处理工艺

4Cr5MoSiV1 钢的常规热处理工艺参数如表 12-5 所示。

**表 12-5　4Cr5MoSiV1 钢的常规热处理工艺参数**

<table>
<tr><th>工艺名称</th><th colspan="8">工艺参数</th><th>硬度（HBW）</th></tr>
<tr><td>普通退火</td><td colspan="8">(860~890 ℃)×(3~4 h)，炉冷至 500 ℃以下出炉空冷</td><td>≤229</td></tr>
<tr><td>等温退火</td><td colspan="8">(860~890 ℃)×(2~3 h)，炉冷，(720~740 ℃)×(3~4 h)<br>炉冷至 500 ℃以下出炉空冷</td><td>≤229</td></tr>
<tr><td rowspan="4">淬火</td><td colspan="8">淬火温度与硬度及晶粒度的关系</td><td rowspan="4"></td></tr>
<tr><td>淬火温度/℃</td><td>930</td><td>950</td><td>980</td><td>1000</td><td>1020</td><td>1040</td><td>1060</td></tr>
<tr><td>硬度(HRC)</td><td>50.0</td><td>52.0</td><td>53.5</td><td>55.0</td><td>56.0</td><td>58.0</td><td>58.0</td></tr>
<tr><td>晶粒度/级</td><td>—</td><td>11</td><td>11</td><td>11</td><td>11</td><td>11</td><td>10</td></tr>
</table>

超常规工艺：H13 钢有较大的尺寸效应，国外采用炉外精炼、高温扩散退火、等向锻造等工艺，以改善其尺寸效应，减小 Cr 和 Mo 的成分偏析，国内多采用电渣重熔等工艺。若要进一步提高模具寿命，建议采用氮化处理，氮化温度与该钢的回火温度相同。也有人进行过渗硼处理，使用寿命也有所提高。

#### 12.1.4.3　过冷奥氏体转变曲线

4Cr5MoSiV1 钢的等温转变曲线如图 12-4 所示。

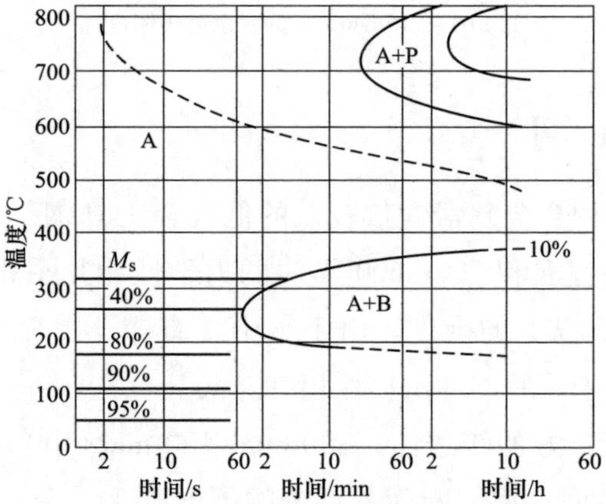


图 12-4　4Cr5MoSiV1 钢的等温转变曲线

4Cr5MoSiV1 钢的连续转变曲线如图 12-5 所示。

### 12.1.5　主要生产厂

4Cr5MoSiV1 钢主要由大冶特殊钢公司、抚顺特殊钢公司、南京钢铁股份有限公司、西宁特殊钢公司等企业生产。

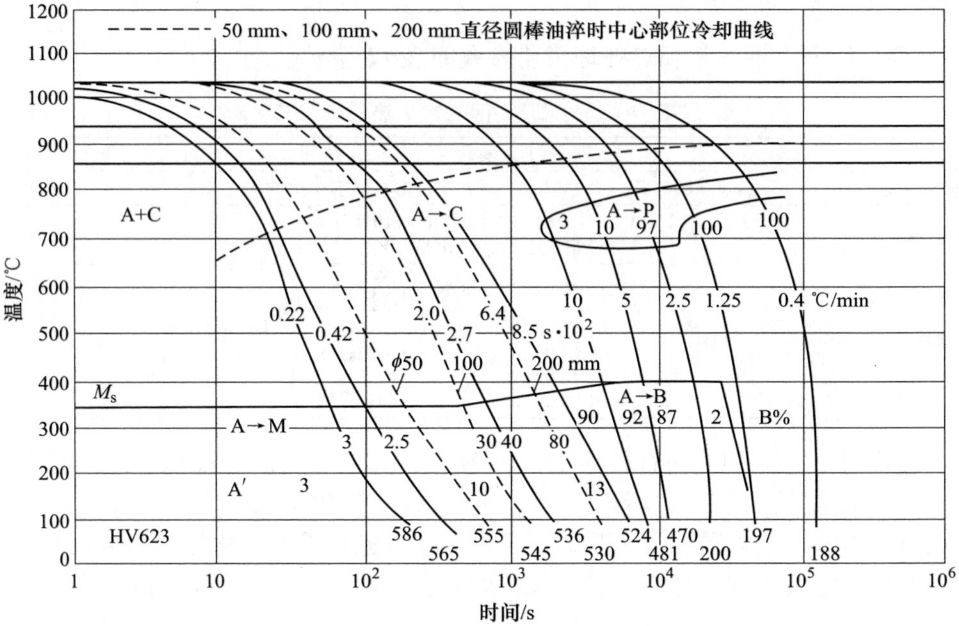


图 12-5　4Cr5MoSiV1 钢的连续转变曲线

（化学成分（质量分数,%）为 C 0.40，Cr 5.30，Mo 1.40，Si 1.00，V 1.00；奥氏体化温度为 1020 ℃，15 min，A′为残余奥氏体量）

## 12.2　5CrNiMo 钢

5CrNiMo 钢为一种合金元素含量较低的低合金工具钢，它具有良好的韧性、强度和耐磨性。它在室温和 500～600 ℃时的力学性能几乎相同。加热到 500 ℃时，仍能保持 HB300 以上的硬度。由于钢中含有钼，因而对回火脆性不敏感。从600 ℃缓慢冷却下来以后，冲击韧性稍有降低。

5CrNiMo 钢具有良好的淬透性，300 mm×400 mm×300 mm 的大块钢料，自 820 ℃油淬和 560 ℃回火后，断面各部分的硬度几乎一致。此钢广泛用来制造各种类型的大、中型锻模。此钢易形成白点，应严格控制冶炼工艺及锻轧后的冷却制度。

### 12.2.1　化学成分

5CrNiMo 钢的化学成分如表 12-6 所示。

表 12-6　5CrNiMo 钢的化学成分　（质量分数，%）

| C | Si | Mn | Cr | Mo | Ni | P | S |
|---|---|---|---|---|---|---|---|
| 0.50~0.60 | ≤0.40 | 0.50~0.80 | 0.50~0.80 | 0.15~0.30 | 1.40~1.80 | ≤0.03 | ≤0.03 |

## 12.2.2　物理性能

### 12.2.2.1　临界温度

5CrNiMo 钢的临界温度如表 12-7 所示。

表 12-7　5CrNiMo 钢的临界温度　（℃）

| $A_{c_1}$ | $A_{c_3}$ | $A_{r_1}$ | $A_{r_3}$ | $M_s$ |
|---|---|---|---|---|
| 730 | 780 | 610 | 640 | 230 |

### 12.2.2.2　线膨胀系数

5CrNiMo 钢的线膨胀系数如表 12-8 所示。

表 12-8　5CrNiMo 钢的线膨胀系数

| 温度/℃ | 100~250 | 250~300 | 350~600 | 600~700 |
|---|---|---|---|---|
| 线膨胀系数/$℃^{-1}$ | $12.55\times10^{-6}$ | $14.1\times10^{-6}$ | $14.2\times10^{-6}$ | $15\times10^{-6}$ |

## 12.2.3　力学性能

### 12.2.3.1　力学性能与回火温度的关系

5CrNiMo 钢力学性能与回火温度的关系（840 ℃淬火）如图 12-6 所示。

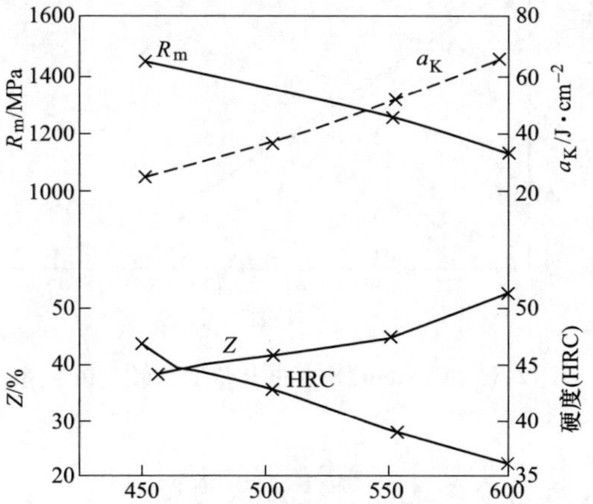


图 12-6　5CrNiMo 钢力学性能与回火温度的关系（840 ℃淬火）

### 12. 2. 3. 2　高温力学性能

5CrNiMo 钢的高温力学性能如图 12-7 所示。

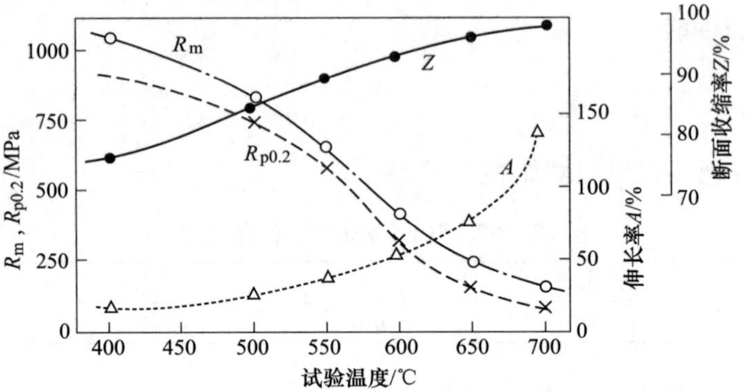


图 12-7　5CrNiMo 钢的高温力学性能
（试验用钢化学成分（质量分数,%）为 C 0. 52，Si 0. 32，Mn 0. 69，Ni 1. 63，Cr 0. 66，Mo 0. 23；试验试样调质硬度（HRC）为 41. 2）

### 12. 2. 3. 3　冲击韧度与硬度的关系

5CrNiMo 钢的冲击韧度与硬度的关系如图 12-8 所示。

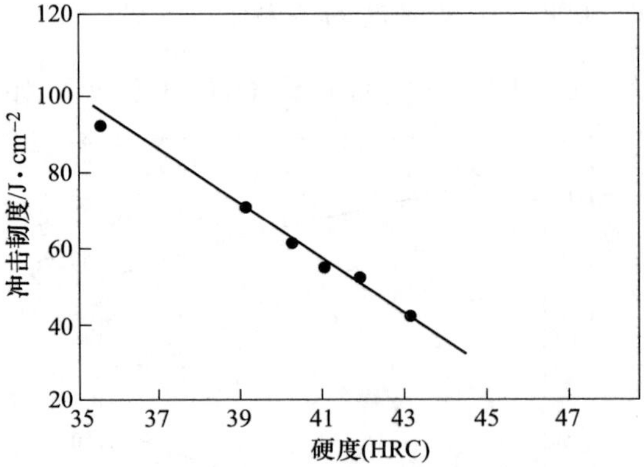


图 12-8　5CrNiMo 钢的冲击韧度与硬度的关系

### 12. 2. 3. 4　回火后的冷却速度对冲击值的影响

5CrNiMo 钢回火后的冷却速度对冲击值的影响如图 12-9 所示。

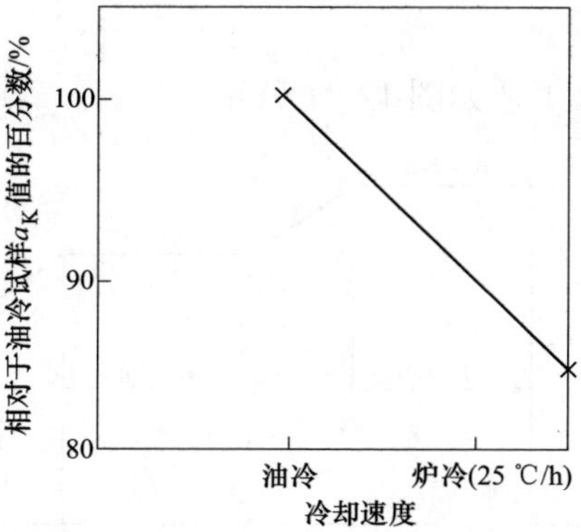


图 12-9　5CrNiMo 钢回火后的冷却速度对冲击值的影响

## 12. 2. 4　工艺性能

### 12. 2. 4. 1　热成型工艺

5CrNiMo 钢的热成型工艺参数如表 12-9 所示。

**表 12-9　5CrNiMo 钢的热成型（锻造）工艺参数**

| 项目 | 加热温度/℃ | 开锻温度/℃ | 终锻温度/℃ | 冷却方式 |
|---|---|---|---|---|
| 钢锭 | 1140~1180 | 1100~1150 | 800~850 | 砂冷或坑冷 |
| 钢坯 | 1100~1150 | 1050~1100 | 800~850 | 砂冷或坑冷 |

注：大锻模锻后需放到加热至 600 ℃的炉中保温，待温度一致后，再炉冷至 150~200 ℃后再出炉空冷。

### 12. 2. 4. 2　热处理工艺

A　一般退火工艺

5CrNiMo 钢一般退火工艺如图 12-10 所示。

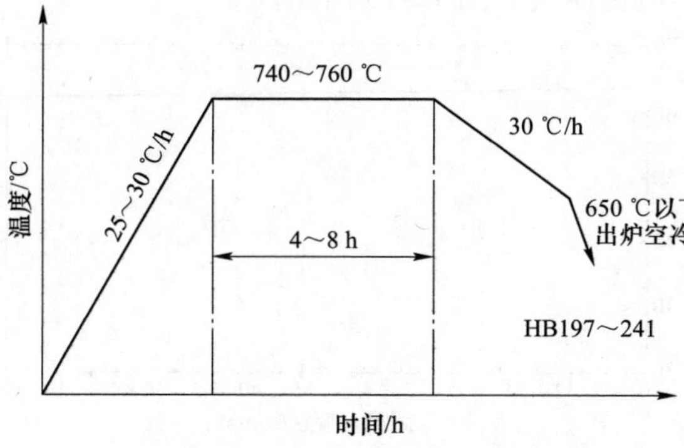


图 12-10　5CrNiMo 钢一般退火工艺

B　等温退火工艺

5CrNiMo 钢等温退火工艺如图 12-11 所示。

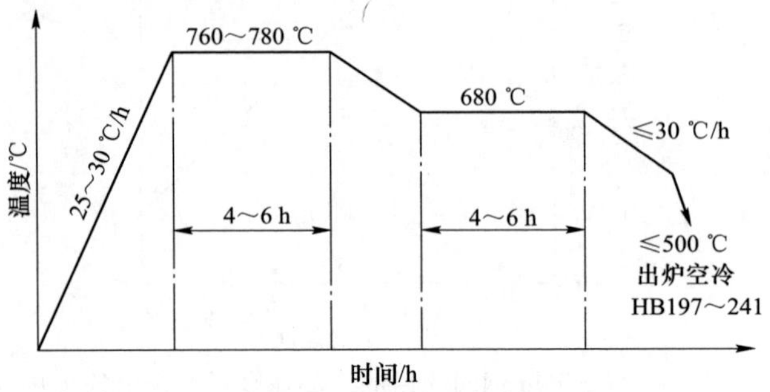


图 12-11　5CrNiMo 钢等温退火工艺

C　翻新退火工艺

5CrNiMo 钢锻模翻新退火工艺如图 12-12 所示。

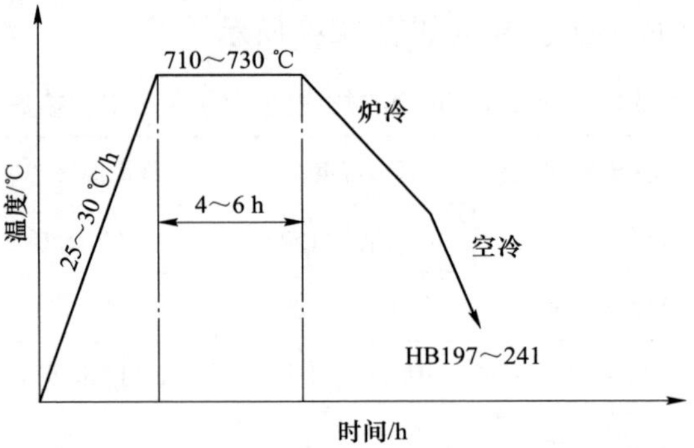


图 12-12　5CrNiMo 钢锻模翻新退火工艺

D　淬透性曲线

5CrNiMo 钢的淬透性曲线如图 12-13 所示。

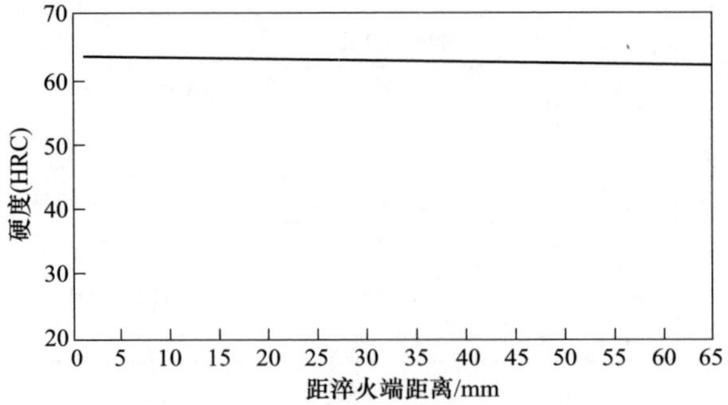


图 12-13　5CrNiMo 钢的淬透性曲线

（用钢成分（质量分数,%）为 C 0.59，Mn 0.58，Ni 1.35，Cr 1.89，Mo 0.33；845 ℃加热端淬）

### E　淬火工艺

5CrNiMo 钢的推荐淬火工艺如表 12-10 所示。

**表 12-10　5CrNiMo 钢的推荐淬火工艺**

| 淬火温度/℃ | 冷却方式 | | | 硬度（HRC） |
|---|---|---|---|---|
| | 介质 | 介质温度/℃ | 延续 | |
| 830~860 | 油 | 20~60 | 至 150~180 ℃后立即回火 | 53~58 |

注：1. 大型模具淬火加热温度采用上限值，小型模具（边长小于 200 mm）采用下限值。
2. 为了避免淬火时产生大的应力和变形，自 830~860 ℃均热后先在空气中预冷到 750~780 ℃以后再油冷到 150~180 ℃，取出后立即回火。
3. 对大型模具应先在 600~650 ℃的加热炉中预热。

### F　回火工艺

5CrNiMo 钢的回火工艺如表 12-11 所示。

**表 12-11　5CrNiMo 钢的推荐回火工艺**

| 方案 | 回火用途 | | 温度①/℃ | 加热设备 | 硬度（HRC） |
|---|---|---|---|---|---|
| Ⅰ | 锻模消除应力，稳定组织与尺寸 | 小型锻模 | 490~510 | 燃气炉或电炉 | 44~47 |
| | | 中型锻模 | 520~540 | | 38~42 |
| | | 大型锻模 | 560~580 | | 34~37 |
| Ⅱ | 锻模燕尾回火 | 中型锻模 | 620~640 | 燃气炉或电炉 | 34~37 |
| | | 小型锻模 | 640~660 | | 30~35 |

①锻模保温 2~3 h，燕尾保温 3~4 h。

### G　表面热处理工艺

5CrNiMo 钢的表面处理工艺如表 12-12 所示。

**表 12-12　5CrNiMo 钢的推荐表面处理工艺**

| 处理工艺 | 处理温度/℃ | 处理时间/h | 冷却介质 | 扩散层 | |
|---|---|---|---|---|---|
| | | | | 深度/mm | 显微硬度（HV） |
| 氰化 | 560 | 2 | 50%KCN+50%NaCN | 0.2~0.25 | 570~350 |
| 氮化 | 480~500 | 25~50 | 氨，α25%~40% | 0.2~0.4 | 890~570 |
| 氮化 | 560~580 | 10 | 氨，α35%~40% | 0.15~0.25 | |

### 12.2.4.3　等温转变曲线

5CrNiMo 钢的等温转变曲线如图 12-14 所示。

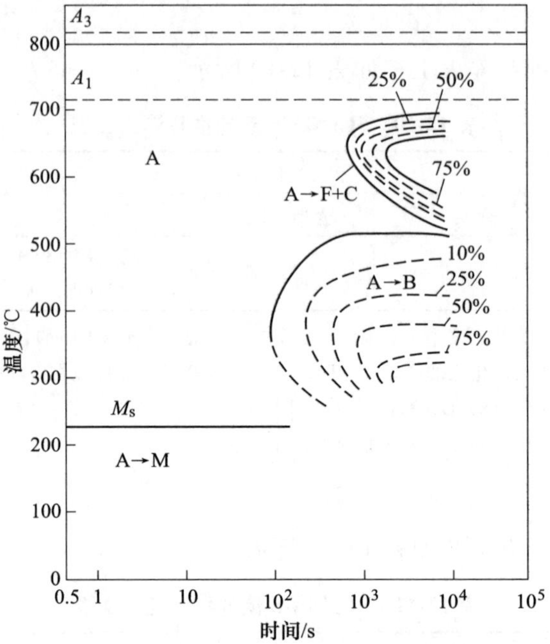


图 12-14　5CrNiMo 钢的等温转变曲线

（用钢成分（质量分数,%）为 C 0.55，Mn 0.77，Ni 1.80，Cr 0.87，Mo 0.23，Si 0.30；奥氏体化温度为 870~880 ℃）

### 12.2.5　主要生产厂

5CrNiMo 钢主要由大冶特殊钢公司、抚顺特殊钢公司、南京钢铁股份有限公司、西宁特殊钢公司等企业生产。

## 12.3　3Cr3Mo3VNb(HM3)钢

3Cr3Mo3VNb(HM3) 钢为铬-钼系高强韧性热作模具钢，是我国航空工业部门在 20 世纪 70 年代，为适应航空喷气发动机需要大量难变形合金钢、高温合金锻件及精密合金锻件而开发的，是参照美国和苏联有关钢种的改进型钢种。我国早在 20 世纪 80 年代就已将之列入当时的航空部的材料标准中（标准号为 HB/Z 137—80）。

该钢具有降低加热时的过热敏感性、高温强度高、热稳定性好、塑性韧性高、冷热疲劳性好和耐热磨损性能优良等优点，在锻态和正火空冷状态易形成贝氏体组织，在淬火态可得到板条马氏体组织，并随着淬火加热温度和冷却条件的不同，含有 5%~18%（体积分数）残留奥氏体和 1%~3%的碳化物。钢中的碳化物在退火态时为 $M_6C$、$M_4C_3$ 和 NbC，在淬火态时为 $M_2C$、$V_4C_3$ 和 NbC。大截面含铌钢模具在缓慢冷速下，有形成晶界链状碳化物的倾向。钢中除铬、钼、钒碳化物形成元素外，又加入微量的铌，使钢的高温强度和热稳定性有了进一步的提高，是铬-钼系热作模具钢中高温强度较高、热稳定性较好的钢种，该钢还具有较好的冷热疲劳性能。模具在预热至≥150 ℃使用时，可显著提高冲击吸收能量，防止模具早期脆裂。

### 12.3.1 化学成分

3Cr3Mo3VNb 钢的化学成分如表 12-13 所示。

**表 12-13 3Cr3Mo3VNb 钢的化学成分** （质量分数,%）

| C | Cr | Mo | V | Nb | Si | Mn | P | S |
|---|---|---|---|---|---|---|---|---|
| 0.24~0.33 | 2.60~3.20 | 2.70~3.20 | 0.60~0.80 | 0.08~0.15 | ≤0.60 | ≤0.35 | ≤0.030 | ≤0.030 |

### 12.3.2 临界温度

3Cr3Mo3VNb 钢的临界温度如表 12-14 所示。

**表 12-14 3Cr3Mo3VNb 钢的临界温度** （℃）

| $A_{c_1}$ | $A_{c_3}$ | $A_{r_1}$ | $M_s$ |
|---|---|---|---|
| 823 | 920 | 734 | 335 |

### 12.3.3 力学性能

3Cr3Mo3VNb 钢的室温力学性能如表 12-15 所示。

**表 12-15 3Cr3Mo3VNb 钢的室温力学性能**

| 淬火温度/℃ | 硬度(HRC) | 回火后硬度(HRC) | 晶粒度/级 | $R_m$/MPa | $R_{eL}$/MPa | $A$/% | $Z$/% | $KU_2$/J | $K_{IC}$/MPa·m$^{1/2}$ |
|---|---|---|---|---|---|---|---|---|---|
| 1060 | 47.0 | 48.0 | 9~10 | 1535 | 1352 | 11 | 60.0 | 21.0 | 36 |
| 1120 | 48.0 | 50.0 | 8~9 | 1646 | 1433 | 13 | 61.0 | 15.0 | 32 |

### 12.3.4 工艺性能

#### 12.3.4.1 锻造工艺

3Cr3Mo3VNb 模具钢锻造工艺具体如下。

（1）加热：将 3Cr3Mo3VNb 模具钢坯料加热至适宜的锻造温度。加热温度一般在 1050~1150 ℃的范围内，具体温度根据钢材规范和锻造要求来确定。

（2）锻造：将加热后的 3Cr3Mo3VNb 模具钢坯料放置在锻造设备上进行锻造操作。锻造可以通过多次的冲击、压缩和压延等步骤来改变坯料形状和减小尺寸。具体的锻造工艺包括自由锻造、压力锻造、横向锻造等。

（3）钝火冷却：完成锻造后，将锻件置于钝火炉中进行冷却。钝火是指将锻件放置在炉内或保温箱中，在逐渐降温的环境中使其自然冷却，以缓慢消除锻造应力。

（4）后续处理：根据需要，对 3Cr3Mo3VNb 模具钢进行进一步的热处理、机械加工和表面处理等。

#### 12.3.4.2 热处理

3Cr3Mo3VNb 钢的热处理工艺如表 12-16 所示。

**表 12-16 3Cr3Mo3VNb 钢的热处理工艺**

<table>
<tr><th>工艺名称</th><th>工艺参数</th><th>硬度</th></tr>
<tr><td>普通退火</td><td>（850~870 ℃）×（2~4 h），炉冷至 500 ℃以下出炉空冷</td><td></td></tr>
<tr><td>等温退火</td><td>（850~870 ℃）×（2~3 h），炉冷，（700~720 ℃）×（3~5 h），炉冷至 500 ℃以下出炉空冷</td><td>HBW≤255</td></tr>
<tr><td>快速球化退火</td><td>高温加热，1030 ℃×20 s/mm，油淬，油冷至 200 ℃左右出油空冷，（800~820 ℃）×（1~2 min/mm），待到均温后随即关电炉冷，炉冷至 550 ℃以下出炉空冷</td><td>HBW180~200</td></tr>
<tr><td>淬火</td><td>淬火：1060~1090 ℃，油冷<br>淬火温度与硬度及晶粒度的关系
<table>
<tr><td>淬火温度/℃</td><td>1020</td><td>1060</td><td>1080</td><td>1090</td><td>1120</td></tr>
<tr><td>硬度（HRC）</td><td>47</td><td>47.4</td><td>48.5</td><td>47.9</td><td>47.8</td></tr>
<tr><td>晶粒度/级</td><td>10</td><td>9~10</td><td>9</td><td>8~9</td><td>8~9</td></tr>
</table></td><td>HRC47~49</td></tr>
<tr><td>回火</td><td>锻造变形抗力小的工件，570~600 ℃<br>锻造变形抗力大的工件，600~630 ℃<br>1080 ℃淬火，不同温度回火后的硬度及残留奥氏体（$A_R$）量
<table>
<tr><td colspan="2">回火温度/℃</td><td>450</td><td>500</td><td>550</td><td>580</td><td>600</td><td>620</td><td>650</td></tr>
<tr><td rowspan="2">一次回火</td><td>硬度（HRC）</td><td>48.5</td><td>48.5</td><td>49</td><td>49</td><td>48</td><td>45.5</td><td>39</td></tr>
<tr><td>$\varphi(A_R)$/%</td><td>6.4</td><td>6.17</td><td>1.58</td><td>0.77</td><td>0</td><td>0</td><td>0</td></tr>
<tr><td rowspan="2">二次回火</td><td>硬度（HRC）</td><td>48.5</td><td>49.5</td><td>49.5</td><td>49.5</td><td>48</td><td>45.5</td><td>41.0</td></tr>
<tr><td>$\varphi(A_R)$/%</td><td>4.66</td><td>3.30</td><td>0.69</td><td>0.40</td><td>0</td><td>0</td><td>0</td></tr>
</table></td><td>HRC47~49<br>HRC42~47</td></tr>
</table>

### 12.3.5 性能及应用效果对比

#### 12.3.5.1 3Cr3Mo3VNb 钢与 5CrNiMo 钢、H13 钢、3Cr2W8V 钢等三种钢高温力学性能对比

3Cr3Mo3VNb 钢与 5CrNiMo 钢、H13 钢、3Cr2W8V 钢等三种钢高温力学性能对比如表 12-17 所示。

**表 12-17　3Cr3Mo3VNb 钢与 H13 钢等三种钢高温力学性能对比**

| 钢号 | 600 ℃ | | | | 650 ℃ | | | |
|---|---|---|---|---|---|---|---|---|
| | $R_m$/MPa | $R_{eL}$/MPa | $A$/% | $Z$/% | $R_m$/MPa | $R_{eL}$/MPa | $A$/% | $Z$/% |
| 5CrNiMo | 313 | 262 | 69.0 | 91.0 | 177 | 142 | 101 | 96.0 |
| H13 | 946 | 834 | 20.5 | 73.0 | 620 | 556 | 24 | 83.0 |
| 3Cr2W8V | 1104 | 959 | 11.0 | 15.0 | 808 | 718 | 5.0 | |
| 3Cr3Mo3VNb | 1104 | 922 | 11.0 | 41.0 | 855 | 749 | 9.0 | 23.0 |

| 钢号 | 700 ℃ | | | |
|---|---|---|---|---|
| | $R_m$/MPa | $R_{eL}$/MPa | $A$/% | $Z$/% |
| 5CrNiMo | 99 | 76 | 106 | 96.0 |
| H13 | 198 | 160 | 53.0 | 99.0 |
| 3Cr2W8V | 415 | 364 | 27.0 | 7.0 |
| 3Cr3Mo3VNb | 489 | 448 | 19.0 | 82.0 |

从表 12-17 的高温力学性能中可以看出，在热作模具型腔工作温度下，3Cr3Mo3VNb 钢的高温力学性能最好。在 600 ℃时，H13 钢的强度就已经明显不如 3Cr3Mo3VNb 钢；到了 650 ℃和 700 ℃时，3Cr3Mo3VNb 钢的 $\sigma_b$ 和 $\sigma_s$ 分别是 H13 钢的 2.5 倍和 2.8 倍，如此巨大的差距足以说明 3Cr3Mo3VNb 钢的使用寿命能够高于 H13 钢的一个内在原因。

### 12.3.5.2　3Cr3Mo3VNb 钢与 H13 钢的热稳定性的比较

3Cr3Mo3VNb 钢与 H13 钢的热稳定性的比较如表 12-18 所示。

**表 12-18　3Cr3Mo3VNb 钢与 H13 钢的热稳定性的比较**　(HRC)

| 钢号 | 620 ℃ | | | 640 ℃ | | |
|---|---|---|---|---|---|---|
| | 2 h | 4 h | 11 h | 2 h | 4 h | 11 h |
| H13 | 43.0 | 42.0 | 38.0 | 40.0 | 38.0 | 32.0 |
| 3Cr3Mo3VNb | 46.0 | 44.0 | 41.0 | 43.0 | 40.0 | 34.0 |

从表 12-18 中可以看出，在 620 ℃状态下以 HRC44 为标准。H13 钢保持不了 2 h，而 3Cr3Mo3VNb 钢可以保持 4 h；当温度在 640 ℃时，以 HRC40 为标准，H13 钢也只能坚持 2 h，而 3Cr3Mo3VNb 钢仍可坚持 2 倍于 H13 钢的时间即 4 h。

#### 12.3.5.3　3Cr3Mo3VNb 钢与 5CrNiMo 钢、4Cr5W2VSi 钢冲击吸收能量的对比

对于锻模来说，冲击吸收能量是一个很重要的指标。北京航空材料研究院曾对 4Cr5W2VSi 钢、5CrNiMo 钢和 3Cr3Mo3VNb 钢的冲击吸收能量做过对比试验，数据如表 12-19（三种试验材料的硬度均接近 HRC50）所示。由于 4Cr5W2VSi 钢与 4Cr5MoSiV1 钢除 W、Mo 不同外，它们其余所含元素的品种及数量均完全一致，而 W 与 Mo 在热作模具钢中的作用又相同，所以这两种钢在其余各种性能与实际应用效果上也无大的差异。

**表 12-19　3Cr3Mo3VNb 钢与 5CrNiMo 钢、4Cr5W2VSi 钢冲击吸收能量的对比**

($KU_2$/J)

| 钢号 | 200 ℃ | 250 ℃ | 300 ℃ | 350 ℃ | 400 ℃ |
|---|---|---|---|---|---|
| 3Cr3Mo3VNb | 7.0 | 55.0 | 66.0 | 60.0 | 63.0 |
| 4Cr5W2VSi | 12.0 | 30.0 | 31.0 | 31.0 | 32.0 |
| 5CrNiMo | 5.0 | 18.0 | 19.0 | 18.0 | 18.0 |

由表 12-19 可见，三种材料的室温冲击韧性都很低，但在实际工作温度下（烤模预热温度 25～300 ℃），3Cr3Mo3VNb 钢的冲击韧性显著提高，比 4Cr5W2VSi 钢高出 1 倍，比 5CrNiMo 钢高出约 2 倍。所以 3Cr3Mo3VNb 钢制模具在使用时很少出现早期开裂现象。

三种模具钢的试验对比结果如表 12-20 所示。

**表 12-20　三种模具钢的试验对比结果**

| 使用材料 | 模具名称 | 工作温度/℃ | 挤压轮转速 /r · $min^{-1}$ | 产量/t | 连续使用寿命/h | 失效形式 |
|---|---|---|---|---|---|---|
| H13（美国产） | 导料板 | 380～480 | 20～25 | 5～8 | 40～70 | 磨损 |
| | 挤压板 | 380～480 | 20～25 | 150～180 | 1200～1500 | 磨损，表面龟裂 |
| 3Cr2W8V（中国产） | 导料板 | 380～480 | 20～25 | 1～2 | 8～24 | 严重磨损，断裂 |
| | 挤压轮 | 380～480 | 20～25 | 60～80 | 480～640 | 表面龟裂 |
| 3Cr3Mo3VNb（中国产） | 导料板 | 380～480 | 20～25 | 10～15 | 100～120 | 磨损 |
| | 挤压轮 | 380～480 | 20～25 | 300 以上 | 3600 以上 | 正常磨损 |

### 12.3.6　主要生产厂

3Cr3Mo3VNb 钢是航空机械制造企业锻造高温高硬航空材料时使用的专用模具钢。国内主要特殊钢生产企业可以根据客户订货需求进行生产。

# 参 考 文 献


[1] 黎炳雄，赵长友，肖上工，等．钎具用钢手册［M］．贵阳：贵阳钎钢研究所情报室，1999.

[2] 崔崑．钢的成分、组织与性能（上册）［M］．北京：科学出版社，2013.

[3] 冶金工业部《合金钢钢种手册》编写组．合金钢钢种手册　第一册　合金结构钢［M］．北京：冶金工业出版社，1983.

[4] 冶金工业部《合金钢钢种手册》编写组．合金钢钢种手册　第三册　合金工具钢　高速工具钢［M］．北京：冶金工业出版社，1983.

[5] 冶金工业部钢铁研究总院．钢的过冷奥氏体转变曲线图集［M］．北京：冶金工业出版社，1979.

[6] 本溪钢铁公司第一炼钢厂、清华大学机械系金属材料教研组．钢的过冷奥氏体转变曲线：第一图册［M］．1978.

[7] 傅代直，林慧国，周人俊，等．钢的淬透性手册［M］．北京：机械工业出版社，1973.

[8] 胡志忠．钢及其热处理曲线手册［M］．北京：国防工业出版社，1986.

[9] 赵步青，等．工具用钢热处理手册［M］．北京：机械工业出版社，2014.

[10] 徐效谦．钢的临界温度参考值（第七版）．